职业教育水产养殖类系列教材

SHUICHAN DONGWU
YINGYANG YU SILIAO

水产动物营养与饲料

第二版

徐亚超 主编

化学工业出版社

·北京·

内容简介

本书按照水产动物营养与饲料的关键技能为主线进行编排，在让学生掌握饲料营养素的功能并学会其检测技术，在能正确选购水产动物饲料原料与饲料添加剂的基础上，重点阐述了饲料配方设计、配合饲料加工的关键技术知识，并讲述了投喂投饲的科学方法，适用于淡水、海水养殖品种。本书将案例分析和技能训练融入其中，并且引用了水产动物营养与饲料领域的相关资料，与实际生产结合紧密。

本书可作为高职高专水产养殖、动物营养与饲料及相关专业师生的教材，也适合中职院校相关专业师生、水产养殖企业和饲料生产企业的技术人员参考阅读。

图书在版编目（CIP）数据

水产动物营养与饲料/徐亚超主编. —2版. —北京：化学工业出版社，2023.2（2024.2重印）
ISBN 978-7-122-42596-6

Ⅰ.①水…　Ⅱ.①徐…　Ⅲ.①水产养殖-动物营养-教材②水产养殖-配合饲料-教材　Ⅳ.①S963

中国版本图书馆CIP数据核字（2022）第230584号

责任编辑：张雨璐　梁静丽　李植峰　　　　　　装帧设计：史利平
责任校对：田睿涵

出版发行：化学工业出版社（北京市东城区青年湖南街13号　邮政编码100011）
印　　装：河北鑫兆源印刷有限公司
787mm×1092mm　1/16　印张13$\frac{1}{2}$　字数332千字　　2024年2月北京第2版第2次印刷

购书咨询：010-64518888　　　　　　　　　　售后服务：010-64518899
网　　址：http://www.cip.com.cn
凡购买本书，如有缺损质量问题，本社销售中心负责调换。

定　　价：45.00元

《水产动物营养与饲料》（第二版）
编写人员

主　编　徐亚超

副主编　张新明

编　者（按姓名汉语拼音排列）

白　燕　锦州医科大学

陈　明　江苏农牧科技职业学院

董义超　山东科技职业学院

刘小飞　湖南环境生物职业技术学院

镡　龙　黑龙江农业工程职业学院

徐亚超　盘锦职业技术学院

张新明　日照职业技术学院

前言

　　《水产动物营养与饲料》第一版为高职高专农林牧渔类"十二五"规划教材，在教育部高等学校高职高专动物生产类专业教学指导委员会专家和高职高专农林牧渔类"十二五"规划教材建设委员会专家指导下，本书（第二版）以《关于推动现代职业教育高质量发展的意见》和《高等职业学校专业教学标准》为依据，旨在培养高技能、创新型人才，以体现职业教育职业岗位对接、中高职衔接、理论知识够用，职业能力适应岗位要求和个人发展要求的新时期内涵。

　　水产动物营养与饲料是水产养殖专业的核心课程之一，适用于淡水养殖、海水养殖、特种水产养殖和动物营养与饲料加工等专业，是以应用动物学、实用鱼类学、水生生物学和生物化学等为基础，结合水产养殖实践而发展起来的一门综合性较强的应用性课程。在编写过程中，为适应高职高专的办学宗旨，突出实用性、技能性，本书将案例分析和技能训练融入其中，并且引用了水产动物营养与饲料领域的相关资料，以便于指导实际生产。

　　本书的编排以水产养殖中涉及的营养与饲料的关键技能为主线，按照循序渐进的原则，让学生了解饲料营养素的功能并学会其检测技术，能正确选购水产动物的饲料原料与饲料添加剂，根据水产动物的营养需要设计饲料配方→进行配合饲料的加工→科学地投喂投饲，从而实现水产动物营养与饲料课程的培养目标。本书可作为高职高专水产养殖专业的教材，也适合水产养殖企业和饲料生产企业的技术人员参考阅读。

　　本书由高职高专水产专业院校的骨干教师联合编写，具体分工如下：徐亚超编写绪论、第二章、第六章，陈明、刘小飞编写第一章，白燕、徐亚超编写第三章，镡龙编写第四章，张新明、董义超编写第五章，附录由徐亚超整理。

　　本书的编写得到了各院校领导、行业专家及同仁的大力支持和帮助，同时也参考了同行专家的文献资料，在此深表谢意！

　　由于编者的水平有限，书中不妥之处在所难免，恳求广大师生和同仁提出宝贵意见，以求日臻完善。

编　者

2022年10月

第二章 饲料原料与饲料添加剂⋯⋯⋯⋯⋯⋯067

第三章　饲料的配方设计

第四章　配合饲料的加工

绪　论

一、水产动物营养与饲料简介

水产动物包括鱼、虾、蟹、贝类及两栖类等所有生活中离不开水的养殖动物。水产动物在中国的饲养已有三千多年的历史，随着社会的发展、人口的增长和自然资源的开发，水产动物的饲养会越来越显示出其重要性。

饲养水产动物首先要了解水产动物的食性，了解它们需要哪些营养物质，需要多少，这些营养物质在体内如何被摄食、转化和利用；其次要知道常用的饲料原料和添加剂有哪些，经过加工后怎样组合才能满足水产动物的营养需要，如何投喂才能提高饲料利用率，以便在生产应用上力求用最少的饲料消耗，饲养出量多质优的水产品。

1.水产动物营养

动物将外界物质经摄食、消化、吸收利用，转化为自身机体组织的过程，称为营养。在营养过程中，维持动物正常生命活动所必需的食物成分称为营养素或营养物质。动物所需要的营养素主要包括水、蛋白质、糖类、脂肪、矿物质和维生素六大类物质。具体内容将在后文介绍。

2.水产动物饲料

凡是直接或间接加工后可被动物摄食、消化、吸收利用，且在一定条件下无毒的物质，称为饲料。它既包括自然界中大量存在的一些饲料原料（如玉米、大豆），也包含人类加工、制造的部分产品（如米糠、麸皮）。当水产动物人工养殖水平低、规模小和进行粗放养殖时，用传统的养殖方法，如投喂鲜活饵料或少量混合饲料即可满足需要，但当前养殖大多为精养或半精养，规模大、产量高，仅靠投喂鲜活饵料或少量混合饲料远远不能满足需要，于是配合饲料为满足养殖生产的需要应运而生，成为高效养殖水产动物的要素之一。

配合饲料是将各种饲料原料和饲料添加剂按照特定水产动物的营养需要配合在一起，用以满足其生长、发育和繁殖等需要的营养物质。当不考虑其他因素的影响时，配合饲料的营养组成和配比与某种特定水产动物的营养需要越吻合，饲料的利用率越高，饲料系数越低。

饲料组成与水产动物的营养需求，无论在种类和结构上还是在数量方面均存在较大差异，如何按照水产动物的营养需要特点，制作出饲料系数更低的配合饲料，成为水产动物营养与饲料研究的最终目的。

二、水产动物的营养需要特点

与陆生动物相比较，水产动物的分类地位、进化程度和栖息环境的不同，在营养需求上存在很大的差异。主要体现在如下几个方面。

1. 对能量的需求量低

水产动物为变温动物，用于维持体温和基础代谢需要消耗能量少；鱼类的氮代谢废物主要是氨，畜禽的氮代谢废物主要是尿酸和尿素（消耗能量较多）；鱼类主要从鳃排出氨，陆生动物主要从肾脏以尿的形式排出（消耗能量较少）；水的浮力大，水产动物生活在水中，维持体态的能耗远比陆生动物低，鱼的体形为流线型，在水中运动克服水阻力小。综上，鱼类生长所需能量为陆生动物的50%～67%。

2. 对人工饲料的需求相对较少

水产动物生活在水中，不论哪种食性的水产动物，都可以直接或间接地从水环境中获得一部分天然饵料，通过鳃和皮肤直接吸收水中的无机盐，尤其是大水域的粗放养殖和池塘稀养的水产动物，这样对人工饲料的需求相对较少。

3. 对饲料的消化能力低

水产动物的消化器官分化简单，消化道与体长之比要比陆生动物小得多；消化腺也不发达，大部分消化酶活性不高；肠道中起消化作用的细菌种类和数量都不多；食物在消化道中停留的时间短，为畜禽的1/5～1/3。

4. 对蛋白质的需求量高，需要的氨基酸种类多

水产动物对饲料中蛋白质需求量比畜禽高2～3倍，一般畜禽饲料的蛋白质含量适宜范围为12%～22%，而水产动物饲料中蛋白质含量的适宜范围为22%～55%，因其食性、水温和溶氧有所差别。

鱼类的必需氨基酸有10种，且对精氨酸、赖氨酸和蛋氨酸的需求较高，对色氨酸的需求较低。

5. 对脂肪的消化率高

水产动物对脂肪有较高的消化率，尤其对低熔点脂肪，其消化率一般在90%以上。因为鱼类对糖类的利用率低，所以脂肪成为其重要而经济的能量来源。

对水产动物来说，鱼类的必需脂肪酸是ω_3和ω_6系列脂肪酸，甲壳动物另外还需要磷脂和固醇；哺乳动物的必需脂肪酸主要是ω_6系列脂肪酸。

6. 对糖类的消化率低

一般来说，糖类是主要的能源物质，淀粉等无氮浸出物是畜禽的主要营养素，其含量约为50%以上。而水产动物对糖的利用能力低，饲料中的适宜含量不超过50%。

7. 对饲料中矿物质的需求量较少

对饲料中矿物质的需求量，水产动物比陆生动物相对更少。因水产动物能通过鳃、皮肤渗透或通过大量吞咽运动从水中获取一部分矿物质，而陆生动物仅能从饲料和饮水中获得，相比之下，水产动物比陆生动物对矿物质的需求量较少。

8. 对饲料中维生素的需求量较多

水产动物比陆生动物对维生素的需求量更多，因为：①水产动物肠道短，且细菌种类和数量很少，因此，合成的维生素种类和数量均少；②陆生动物可以通过摄取粪便而从中获得部分维生素，而水产动物这种机会很少；③鱼类合成某些维生素的能力差，如将β-胡萝卜素转化成维生素A的能力差，将色氨酸转化成维生素B_5的能力也很差；④水产动物饲料中的维生素很容易在水中溶失，所以，对饲料中维生素的需求量较多；⑤水产动物能从水中摄取一些新鲜的天然活饵，但其中往往含有硫胺素酶，这种酶对硫胺素（维生素B_1）有很大的破坏作用，所以，对饲料中维生素B_1的需求量较多。

9.对营养素的需求受环境的影响大

水产动物是变温动物，生活在水中，因此对营养素的需求受水环境的影响要比陆生动物大许多。

10.摄食情况不易观察

水产动物多在水中摄食，因其摄食情况不易观察，所以，对其投喂量不易掌握。另外，饲料中的营养成分在水中有一定的溶失，特别是摄食慢的水产动物的饲料，对饲料的利用率和加工技术具有更高的要求。

三、水产动物的营养研究存在的问题

目前，我国水产动物营养研究与饲料开发方面已取得了一定成就，但仍然存在很多亟待解决的问题，主要表现在以下几个方面。

1.研究缺乏系统性

目前的研究主要集中于蛋白质、脂肪与糖类等大量营养素需要的研究以及配方的筛选，对维生素、微量营养元素的营养作用及其需要量缺乏深入系统的研究，这不利于饲料配方的进一步优化、完善和饲料利用率的提高。

2.应用基础研究不足

在研究方法上主要采用广撒网的筛选配方方式，忽视了消化生理、营养生理等基础研究。实验设计不是很规范、周密，不符合统计学要求，实验周期短，难以获得可靠的、可比较的研究结果，从而使研究的学术价值和应用价值受到很大影响。

3.饲料添加剂的开发不力

饲料添加剂的开发研究多热衷于开发"促生长剂"之类急功近利的产品，而对真正营养性添加剂、非营养性添加剂的研究不够重视。我国饲料添加剂研究与开发远落后于国际先进水平的状况仍未改变。

4.海水养殖鱼类营养研究滞后

与淡水养殖鱼类相比较，我国在海水养殖鱼类的营养和饲料研究方面稍显薄弱，如牙鲆、大菱鲆、大黄鱼、鲈鱼、黑鲷、真鲷、石斑鱼等，滞后于国际先进国家海水鱼类养殖业的发展。

5.水产饲料成套加工设备开发不足

对适用于水产饲料生产的成套加工设备的研究与开发未给予足够的重视。一直处于依赖进口主机的被动局面。

6.对饲料原料的开发与质量控制重视程度不够

我国人口众多，饲料原料缺乏，加上质量监控不足，是导致我国水产饲料质量与发达国家存在差距的另一个重要因素。例如我国虽然有生产鱼粉的设备能力，但是由于近海资源匮乏和原料质量控制不善，有些优质原料未能得到很好的开发利用，既浪费资源又污染了环境，同时还要购买国外同类产品。例如我国自己捕捞和进口的鱿鱼每年约30万吨，其加工副产品——鱿鱼内脏粉是水产饲料诱食剂、高度不饱和脂肪酸、脂溶性维生素、未知生长因子的良好来源。但我们未能有效地加工利用，甚至任其腐烂、污染环境，而我国水产饲料中的鱿鱼（或乌贼）内脏粉要从日本等国进口。

7.特种水产养殖饲料产品开发不足

与我国池塘养殖普通食用鱼中的滤食性鱼类与杂食性鱼类不同，特种水产养殖的对象主要是肉食性种类或偏肉食性的杂食性种类，它们具有各自不同的摄食习性。如技术上最为成熟的淡水鱼硬颗粒饲料，只适用于一部分特种养殖种类，如虾、蟹饲料，对水中的稳定性要求比普通的淡水鱼饲料要求高得多。而鳗鲡、甲鱼饲料则是用以 α-淀粉为黏合剂的团状湿饲料。蛙类用捕食时水面发生波动而产生动感的浮性饲料。有些肉食性种类依靠鲜活鱼或切碎的鱼肉或动物内脏等作饲料，需在合适的生长阶段进行驯化，使其转食人工配合饲料。如乌鳢、鳝鱼、大口鲶、鲟科鱼类等多种新养殖对象还缺乏定型的商品配合饲料。特种养殖对象种类多，分类地位不同，生态要求各异。对它们的营养需求和营养生理，大多未做过如鲤科鱼类、鲑鳟鱼类、罗非鱼、斑点叉尾鮰等所做的系统研究。

四、水产饲料工业的发展概况

1.我国水产饲料年产量发展趋势

根据2010～2017年中国饲料工业协会与全国畜牧总站发布的中国饲料生产形势报告中的数据，经过统计与处理，分析我国近8年来水产饲料和总饲料年产量走势结果表明，从2013年起，全国饲料总产量开始呈逐年下降的趋势，说明中国养殖行业自2013年起出现产业结构调整和改变，这反映出我国对饲料产业的结构性改革。其中，水产动物饲料的年产量有比较大的增长，从2012年的405万t增至2017年的543万t，而水产动物饲料产量占饲料总产量的比例从2010年的11.1%上升至2017年的18.8%，说明我国养殖业大水产养殖力度，以满足我国膳食结构中以水产品替代畜禽肉制品，反映了从陆生动物蛋白向水产动物蛋白的变迁过程。

2.我国水产饲料产量的季节性变化规律

根据2010～2017年中国畜牧总站发布的中国饲料生产形势报告中的数据统计与处理，水产饲料的产量均在每年1～3月产量最低，约10万t左右，原因是我国处于冬季，气温较低，能进行水产养殖的区域不多，对水产饲料的需求不大。但是这段时间属于我国传统节日，加上水产养殖产量较低，因此，鲜活水产品价格昂贵。而每年的6～9月则是水产动物饲料的生产旺季，产量在8月达到高峰，约80万t，因为这个季节适合水产养殖，而且经过前期的养殖，此时的水产动物处于快速生长期，养殖户对饲料需求量增大，进而导致水产动物的饲料产量增加。同时，每年8月份我国大部分地区均处于高温多雨天气，在这种环境条件下水产饲料容易霉变，对水产养殖和流通体系带来极大的隐患。这也提醒着水产饲料生产企业需要采取相对应的防范措施来控制水产饲料的质量。

【思考题】

1.名词解释：饲料　营养　营养素
2.动物所需要的营养素主要包括哪些？
3.简述水产动物的营养特点。
4.渔用配合饲料的特点有哪些？
5.试述我国饲料工业的发展概况。

第一章 饲料营养素的功能与检测技术

【学习指南】

　　本章主要学习饲料中各种营养素的营养功能及常规饲料营养成分的检测技术。饲料中各种营养素的组成直接关系到饲料的品质和养殖成败，因此本章是全书的学习重点。

　　在学习过程中，理论与技能训练的内容是一致的，学生应注意掌握学习规律，在理论学习和技能操作中能够细心观察、亲自动手，通过水产动物特异性和非特异性的表现，来推断各种营养素与水产动物生长、发育的关系；熟悉饲料中水分、蛋白质、脂类、粗纤维、粗灰分和其他营养素含量的测定方法及相关仪器的正确使用。

【学习目标】

　　1.掌握饲料中各种营养物质的营养作用及其水产动物的需求情况。

　　2.掌握营养物质缺乏或过量对动物健康和生产的影响。

　　3.掌握水产动物对各种营养物质的适宜需要量及其影响因素。

【技能目标】

　　1.在生产实践中能正确分析水产动物营养性疾病的原因，并提出对策。

　　2.能正确测定饲料中水分、蛋白质、脂类、粗纤维、粗灰分和其他营养素的含量，并正确使用相关仪器。

第一节　概　述

　　水产动物为了维持生存、生长和繁衍后代，必须从外界环境中摄取所需要的各种营养物质或含有这些营养物质的饲料。植物及其产品是水产动物饲料的主要来源，因此，了解水产动物与饲料的化学组成，特别是水产动物与植物性饲料的化学组成之间的相互关系，是学习水产动物营养学的重要基础。

一、水产动物与饲料的化学组成

　　饲料中凡能被水产动物用以维持生命、生产产品的物质，称为营养物质，又称养分。饲料中养分可以是简单的化学元素，如Ca、P、Mg、Na、Cl、K、S、Fe、Cu、Mn、Zn、Se、I、Co等，也可以是复杂的化合物，如蛋白质、脂肪、糖类、各种矿物质和维生素等。

1.组成水产动物与饲料的化学元素

　　自然界中动物与植物虽然营养方式不同，但在化学组成上却十分相近，目前已知的109种化学元素中，动、植物体内已发现60多种，其中多数处于第1～4周期内。在这些元素中，以C、H、O、N含量最多，占总量95%以上。矿物质元素的含量较少，总计约占5%。按照水产动物与饲料中含量的多少，又可以将其分为常量矿物质元素和微量矿物质元素两大类。其中含量超过0.01%的化学元素称为常量矿物质元素，如Ca、P、Mg、Na、Cl、K、S等；含量低于0.01%的化学元素称为微量矿物质元素，如Fe、Cu、Mn、Zn、Se、I、Co、F等。实验证明，组成水产动物与饲料的化学元素种类基本相同，但含量略有差异。

2.组成水产动物与饲料的化合物

　　组成水产动物与饲料的化合物，主要包括水、蛋白质、脂肪、糖类、矿物质和各种维生素。这些成分除水和矿物质外，绝大部分属于有机化合物。这些有机化合物在水产动物体内进行着一系列的化学变化，维持生物体新陈代谢的正常进行。

　　（1）水　　水是水产动物体的重要组成成分。因水产动物体不同，其水分含量也不同。饲料中的水分常以两种状态存在。一种是含于机体细胞间、与细胞内物质结合不紧密、容易挥发的水，称为游离水或自由水；另一种是与细胞内胶体物质紧密结合在一起、形成胶体水膜、难以挥发的水，称为结合水。构成水产动物体的这两种水分之和，称为总水分。水在水产动物体内的含量较多，是生命活动不可缺少的重要物质，体内各种营养物质的消化、吸收、运输和转化等都需要水的参与。

　　（2）无机化合物　　水产动物体内的无机化合物主要是无机矿物质盐，如Ca、P、Mg、Na、Cl、K、S、Fe、Cu、Mn、Zn、Se、I、Co、F等。这些元素在机体内的含量虽然不高，但均是动物体生命活动不可缺少的物质。

　　（3）有机化合物　　水产动物体内的有机化合物主要包括三种：一种是蛋白质，为鱼体组织含量最高的一种有机化合物；另一种是脂肪，其含量远远低于蛋白质，但它的营养价值对水产动物的健康非常重要；还有一种就是糖类，糖类在动物体内的存在形式主要是葡萄糖和糖原，在植物体内的存在形式主要是淀粉和纤维素等。

　　实验室中，通常采用1864年德国Hanneberg提出的常规饲料分析方案，即概略养分分析法，将饲料中的养分分为六大类（如图1-1所示）。尽管分析的是饲料中粗略的养分含量，但该分析方案概括性强、简单、实用，目前仍被世界各国所采用。

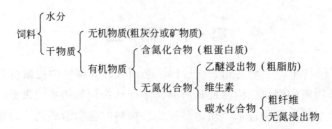

图 1-1　水产动物与饲料的化合物组成

3.水产动物和饲料所含营养物质的差异

饲料原料主要来源于植物，水产动物和植物饲料所含营养物质的种类大致相同，投喂植物性饲料基本可以满足水产动物的营养需要。其含量和组成上存在如下差异。

（1）水分　水占水产动物重量的45%～95%，且相对稳定；在植物体内含量差异较大，一般占5%～95%。

（2）粗蛋白质　粗蛋白质即饲料中所有含氮物质总称。在动物体内含量较稳定，一般占动物体重量的13%～19%，平均16%，且真蛋白占主要成分，非蛋白氮含量较低；粗蛋白质在植物体内的含量差异较大，且非蛋白氮含量较高，真蛋白质含量较低。

（3）粗脂肪　粗脂肪是饲料干物质中能溶于乙醚的所有物质的总称。动、植物体所含粗脂肪种类不同：植物脂肪多由不饱和脂肪酸组成，其粗脂肪中除了脂肪酸、磷脂和醇类外，还有蜡质和色素；动物脂肪多由饱和脂肪酸组成，其粗脂肪中主要含脂肪酸、磷脂和固醇类。

（4）碳水化合物　碳水化合物按照营养学分类分无氮浸出物和粗纤维。它们在动、植物体内的存在形式不同：植物体中的碳水化合物主要是无氮浸出物和粗纤维，其中无氮浸出物主要是淀粉；而动物体内不含粗纤维，其无氮浸出物主要是葡萄糖和糖原，且无氮浸出物含量小于1%。

总之，各种植物体所含营养成分差别较大，而动物体间差别较小。了解各种营养成分在植物体内的存在方式及其对动物体的营养作用，可以更好地利用植物体所含的营养成分，满足水产动物的生长发育和繁殖的需要，以获得更大的经济效益。

二、水分的营养作用

水分的营养生理作用很复杂，动物生命活动过程中，许多特殊生理功能都有赖于水的存在。

1.水是水产动物体的主要组成成分

水是动物体内细胞的一种重要结构物质。多数水产动物的水分含量在60%～85%，偶尔也有超出这一范围的，如海蜇水分含量在95%以上，刺参水分含量在83%。贝类原料水分含量较高（80%～90%）。

2.水是一种理想的溶剂

因为水有很高的电离常数，很多化合物容易在水中电离，以离子形式存在，动物体内水的代谢与电解质的代谢紧密结合。水在胃肠道中作为转运半固状食糜的中间媒介，还作为血液、组织液、细胞及分泌物、排泄物等的载体。所以，体内各种营养物质的吸收、转运和代谢废物的排出必须溶于水后才能进行。

3.水是一切化学反应的介质

由于水产动物体内酶的作用，使水参与很多生物化学反应，如水解、化合、氧化还原、有机化合物的合成和分解等。动物体内所有聚合和解聚合作用都伴有水的结合或释放。

4.水可维持体液浓度

水产动物以溶于水中的无机盐维持其体液浓度，使细胞质具有一定的渗透压。一般淡水鱼只能生活在淡水，海水鱼只能生活在海水，就起因于渗透压的调节机制。

5.水具有润滑作用

水产动物骨骼、体腔内各器官组织液中的水可以减少骨骼和器官间的摩擦力，起到润滑作用。

三、水产动物对水的需要

水是水产养殖动物最基本的生活环境。水的理化因子如水温、溶氧量、pH值、盐度、光照、水流、化学成分及有毒物质对水产动物的生活和生产都产生很大的影响。当这些因子变化速度过快或变化幅度过大，水产动物应激反应强烈，超过机体允许的限度，无法适应即引起疾病，甚至死亡。

1.水温

水产动物基本上都是变温动物，体温随水环境变化而变化，且变化是渐进式的，不能急剧升降。当水温变化迅速或变幅过大时，机体不易适应引起代谢紊乱而发生病理变化，产生疾病。但鱼类在不同的发育阶段，对水温的适应力有所不同，鱼种和成鱼在换水、分塘、运输等操作过程中，要求环境水温变化相差不过5℃，鱼苗不能超过2℃，否则容易引起强疾病，甚至死亡。

各种水产动物均有其生长、繁殖的适宜水温和生存的上、下限温度。如罗非鱼为热带鱼类，其生长的适宜温度为16～37℃，最适宜的水温为24～32℃，能耐受高温上限为40℃左右，耐受低温下限为8～10℃，高于或低于上下限水温即死亡，若长期生活在13℃的水中，就会引起皮肤冻伤，产生病变，并陆续死亡；虹鳟是冷水性鱼类，其生长的适宜水温为12～18℃，最适水温16～18℃，水温升高到24～25℃时即死亡；我国四大家鱼都属温水性鱼类，其生长最适水温为25～28℃，水温低于0.5～1℃或高于36℃即引起死亡。此外，各种病原生物在适宜水温条件下，生长迅速，繁殖加快，使水产动物发病严重甚至爆发性地死亡，如病毒性草鱼出血病，在27℃水温以上最为流行，水温25℃以下病情逐渐缓解。

2.溶氧量

水体溶氧量对水产动物的生存、生长、繁殖及对疾病的抵抗力都有重大的影响。当水体中溶氧量高时，水产动物摄食强度大，消化率高，饲料系数低，生长速度快，对疾病的抵抗力强；当水体溶氧量低时，水产动物摄食强度较小，消化率较低，残剩饵料及未消化完全的粪便污染水质，长期生活在此环境中，体质瘦弱，生长缓慢，易产生疾病。

多数养殖鱼类，在水体溶氧量在5mg/L以上时，有利于水产动物生存、生长和繁殖。若水体溶氧量下降到1.5mg/L以下时，鱼类则开始浮头，此时若不采取措施，增加水体溶氧，鱼类便会因窒息而死亡。当然，水体溶氧过饱和，气泡可能附着体表或进入水产动物苗种体内，如肠道、血管等处，引发气泡病死亡。

3.pH值

各种水产动物对pH值有不同的适应范围，但一般喜中性或弱碱性水质，如传统养殖的四大家鱼等品种，最适宜的pH值为7.0～8.5，pH值低于4.2或高于10.4，只能存活很短的时间，很快就会死亡。水产动物长期生活在偏酸或偏碱的水体中，生长不良，体质变弱，易感染疾病。如鱼类在过酸性水中，血液的pH值也会下降，使血液偏酸性，血液载氧能力降低，致使血液中氧分压降低，即使水体含氧量高，鱼类也会出现缺氧症状，引起浮头，并易被嗜酸卵甲藻感染而患打粉病；在过碱性水体中，水产动物的皮肤和鳃长期受刺激，使组织蛋白发生玻璃样变性。

水体pH值的高低，还会影响水体有毒或有害物质的存在，如水中的分子氨（NH_3）和离子铵（NH_4^+）在水中的比例与pH值的高低有密切关系。NH_3对鱼虾等水产动物有毒，而NH_4^+是营养盐，无毒。当pH值增高时，NH_3比例增大，对鱼、虾等水产动物毒性增强，当pH值降低时，NH_4^+的比例增大，对鱼、虾等水产动物毒性降低。又如，硫化氢（H_2S）对鱼、虾等水产动物也有很强的毒性，H_2S在碱性水体中可离解为无毒的HS^-，而在酸性水体中，H_2S的比例大，毒性增强。

4.盐度

海水中盐类组成比较恒定，一般测定氯离子的含量即可换算盐的总量。淡水和内陆咸水盐类组成多样化，不能从氯离子的含量换算总盐度，一般是按每升水所含阴离子和阳离子的总量来计算含盐量或盐度。不同的水产动物对盐度有一定的适应范围，海水动物适应海水，淡水动物适应淡水，洄游性种类在其生命周期不同的发育阶段均能适应海、淡水，这与其机体的渗透压调节机能有关。从养殖角度来看，盐度过高、过低均会影响到水产动物的抗病力，特别是在盐度突变时，机体不能立即适应，往往导致水产动物疾病和死亡。

5.水体化学成分和有毒物质

水体化学成分和有毒物质会影响到水产动物的生长和生存，当其含量超过一定指标时，会引起水产动物的生长不良或引发疾病，甚至会引起死亡。在养殖水体中，由于放养密度大，投饵量多，饵料残渣及粪便等有机质大量沉积在水底，经细菌的分解作用，消耗大量的溶氧，并在缺氧的情况下出现无氧醅解，产生大量的中间产物如硫化氢、氨等有害物质。

除养殖水体自身污染外，外来污染更为严重，来自矿山、工厂、农田等的排水，含有重金属离子（如铜、汞、铅、镉、锌等）和其他有毒物质（如氰化物、硫化物、酚类、多氯联苯等），这些有毒物质均能使水产养殖动物慢性或急性中毒，严重时引起大批死亡。

【思考题】

1.名词解释：营养物质　常量元素　微量元素
2.组成水产动物与饲料的化合物，主要包括（　　）、（　　）、（　　）、（　　）、（　　）、（　　）。
3.水是水产动物最基本的生活环境。对水产动物产生重要影响的理化因子如（　　）、（　　）、（　　）、（　　）、（　　）。
4.简述水产动物与饲料的化合物组成。
5.简述水分的营养生理作用。
6.简述水产动物与饲料的化合物组成。

技能训练一　饲料样本的采集、制备与保存

【目的要求】

通过实验，要求掌握各种饲料样本的采集、制备和保存的方法。

【仪器与用具】

饲料样品、分样板、粉碎机、标准筛、瓷盘、塑料布、粗天平、恒温干燥箱等。

【操作步骤】

1.样本的采集　采样是饲料检测的第一步。样本包括原始样本和化验样本。原始样本来自饲料总体，化验样本来自原始样本。

四分法：将原始样本置于一块塑料布上，提起塑料布的一角，使饲料反复多次混合均匀，然后将饲料展平，用分样板或药铲从中划"十"字或以对角线连接，将样本分成四等份，除去对角的两份，将剩余的两份，如前述混合均匀后，再分成四等份，重复上述过程，直到剩余样本数量与测定所需要的用量相接近时为止。

2.化验样本的制备　饲料中的水分以三种形式存在：游离水、吸附水、结合水。风干样本是指饲料或饲料原料中不含有游离水，仅有少量的吸附水的样本。

将所得化验样本经一定处理后，用样本粉碎机粉碎，将粉碎后的化验样本全部过筛（40目筛），粉碎完毕的样本（200~500g）装入磨口广口瓶内保存。

3.样本的登记与保存　制备好的样本应置于干燥且洁净的磨口广口瓶内，作为化验样本，并在样本瓶上登记如下内容。

① 样本名称（一般名称、学名和俗名）和种类（品种、种类等级）。

② 生长期（成熟程度），收获期，茬次。

③ 调制和加工方法及储存条件。

④ 外观性状及混杂度。

⑤ 采样地点和采集部位。

⑥ 生产厂家和出厂日期。

⑦ 重量。

⑧ 采样人、制样人和分析人的姓名。

技能训练二　饲料水分的测定

【目的要求】

掌握饲料水分的测定方法。

【适用范围】

本方法适用于测定配合饲料和单一饲料中水分含量，但用作饲料的奶制品、动物和

植物油脂、矿物质除外。

【原理】

饲料样品在105℃±2℃烘箱内，在大气压下烘干，直至恒重，逸失的重量即为水分。

【仪器设备】

1. 实验室用样品粉碎机。

2. 分样筛　40目筛。

3. 分析天平　感量0.0001g。

4. 电热恒温烘箱　可控温度105℃±2℃。

5. 称样器（称量瓶）　玻璃或铝质，直径40mm以上，高25mm以下。

6. 干燥器　用变色硅胶或氯化钙做干燥剂。

【试样的选取和制备】

1. 选取具有代表性的饲料样品。

2. 用四分法将原始样品缩减至50g，粉碎过40目筛。

【测定步骤】

1. 洁净称样皿，在105℃±2℃烘箱中开盖烘1h（以温度到105℃开始计时），取出，盖好称样皿盖，在干燥器中冷却30min后称重。再同样烘干，冷却称重，直至两次称重之重量差小于0.0005g。

2. 在已恒重的称量瓶称取2份平行试样，每份2～3g，准确至0.0002g。

3. 将盛有样品的称量瓶盖半开，在105℃±2℃烘箱中烘4～6h（以温度到105℃开始计时），取出，盖好瓶盖，在干燥器中冷却30min称重。

4. 同样再烘干1h，冷却后称重，直至两次称重之重量差小于0.0002g为止。

【测定结果的计算】

$$水分含量 = \frac{m_1 - m_2}{m_1 - m_0} \times 100\%$$

式中　m_1——105℃烘干前试样及称样器质量，g；

　　　m_2——105℃烘干后试样及称样器质量，g；

　　　m_0——已恒重的称样器质量，g。

重复性：每个试样应取两个平行样品进行测定，以其算术平均值为结果。两个测定值相差不得超过0.2%，否则应该重做。

第二节　蛋白质营养

一、蛋白质的组成、结构与分类

1.蛋白质的组成和结构

蛋白质是生命的物质基础，是所有生物体的重要组成成分，在生命活动中起着重要作用。经元素分析，蛋白质的组成基本相似，除含氮外，还含有碳、氢、氧及少量的硫，有些蛋白质尚含有磷、铁、铜、锰、锌、碘等元素。多数蛋白质的含氮量相当接近，一般在14%～19%，平均为16%，故测定蛋白质含量，只要测定样品中的含氮量，就可以计算出蛋白质的含量。计算公式如下：

$$蛋白质含量 = 含氮量 \div 16\% = 含氮量 \times 6.25$$

在动、植物体中除蛋白质外，还含有氨基酸、尿素等非蛋白氮，所以，由上述测定的含氮量求得的蛋白质，通常称粗蛋白质。

氨基酸是蛋白质的基本组成单位。由于构成蛋白质的氨基酸的数量、种类和排列顺序不同而形成了各种各样的蛋白质，因此可以说蛋白质的营养实质上是氨基酸的营养。目前，各种生物体中发现的氨基酸有300多种，但常见的构成动植物体蛋白质的氨基酸只有20种。氨基酸的分子结构可用通式表示。

$$
\begin{array}{c}
氨基 \quad R \quad O \\
\Vert \\
H-N-C-C-OH \\
\vert \quad \vert \\
H \quad H \quad 羧基
\end{array}
$$

2.蛋白质的分类

由于蛋白质种类繁多，性质各异，实际工作中难以准确分类。

（1）按形状、溶解度和化学组成分类，可分为三大类，即纤维状蛋白质、球状蛋白和结合蛋白。其中纤维状蛋白质包括胶原蛋白、弹性蛋白和角蛋白；球状蛋白包括清蛋白类、球蛋白类、谷蛋白类、醇溶蛋白类、组蛋白类和鱼精蛋白类；结合蛋白包括有核蛋白类、磷蛋白类、糖蛋白类、脂蛋白和色蛋白类等。

（2）按结构分类，可分为简单蛋白质，结合蛋白质和衍生蛋白质；按来源分动物蛋白质和植物蛋白质等。

二、蛋白质的营养功能

蛋白质是构成动物体的主要原料，鱼、虾类的生长要不断摄入蛋白质，构成其组织和器官。水产动物对蛋白质的需求量较高，是其主要的能量来源之一。蛋白质具有如下的营养生理功能。

1.供给机体组织细胞和器官的生长

水产动物的皮肤、肌肉、神经、结缔组织，精子、卵子细胞及心脏、肝脏、肾脏、胃肠等内脏器官，均以蛋白质为基本成分。肌肉、肝脏等组织器官的干物质中蛋白质含量达80%以上。

2.供给机体组织蛋白质更新、修补及维持体蛋白现状

动物在新陈代谢过程中，各种组织器官的细胞在不断地进行更新、损伤后修补，以维持体蛋白质现状。据同位素测定，动物全身的蛋白质经6～7个月可更新一半。

3.可作为能量的主要来源及转化为糖类、脂肪

蛋白质在分解过程中，可氧化释放能量。尤其是当食入蛋白质过量或蛋白质品质不佳时，多余的氨基酸经脱氨基作用后，不含氮的部分彻底氧化供能或转化为糖原、体脂肪储存起来，以备能量不足时动用。实践中应尽量避免蛋白质作为能源物质。

4.机体内一些具有特殊生物学功能的物质的组成成分

这些物质（如激素、酶、某些遗传物质和抗体等）是动物生命活动所必需的调节因子。激素中有蛋白质或多肽类的激素，如生长激素、催产素等，在新陈代谢中起调节作用；酶本身就是具有特殊催化活性的蛋白质，可促进营养物质的消化、吸收和细胞内生化反应的顺利进行；机体体液的免疫机能主要由抗体和补体完成，而构成白细胞、抗体和补体需要有充足的蛋白质。

体液分为细胞内液和细胞外液，细胞内液是细胞进行各种生化反应的场所；细胞外液是组织细胞直接生活的环境，也是组织细胞与外界环境进行物质交换的媒介，故称其为内环境。而蛋白质就是体液的重要成分。另外，运输脂溶性维生素和其他脂类代谢的脂蛋白，运输氧的血红蛋白，以及在维持体内渗透压和水分的正常分布上，蛋白质都起着非常重要的作用。

上述生理功能可用以下模式表示：

$$I=I_m+I_g+I_e+I_r$$

式中　　I——吸收的氨基酸；

I_m——用于体组织蛋白质的更新、修复以及维持体蛋白现状等的氨基酸；

I_g——用于生长的氨基酸；

I_e——分解后作为能源消耗的氨基酸；

I_r——生成具有特殊生物学功能的物质。

式中I_m和I_g是蛋白质特有营养效果，是其他营养素无法代替的，而I_e的营养作用，从理论上讲可由脂肪和糖来代替。

鱼、虾类吸收的氨基酸主要用于I_g、I_m、I_e。其比率受许多因素的影响，主要取决于饲料蛋白质的营养价值。也就是说，营养价值高的蛋白质被利用I_g、I_m和I_r的比例较高，用作I_e的比例则较低。相反，营养价值低的蛋白质，被利用为I_g、I_m和I_r的比例较低，而用作I_e的比例偏高。所以，在配合饲料中用同一质量的饲料蛋白源，如果适量增加糖和脂类含量时，则蛋白质用作I_g、I_m和I_r的比例较大，用作I_e的比例较小。因此，在配合饲料中适量搭配能量饲料，使蛋白质较多地用于鱼、虾的生长，对提高饲料效率是十分重要的。

三、蛋白质的代谢与氮平衡

1.蛋白质的代谢

蛋白质是构成鱼、虾机体的细胞、组织、器官的营养物质，同时也是遗传物质、酶、激素等的组分。饲料蛋白质（谷物、豆饼、鱼粉等）在消化酶的作用下分解成小肽和氨基酸，未被消化、吸收的部分以粪便的形式排出体外；被消化、吸收部分进入血液循环被运输至器官、组织和细胞，在合成酶的作用下，用于构成组织蛋白质、机体组织更新、修复及形成动物产品的需要；其次，可作为合成各种重要的生物活性物质的原料。未被利用部分则在细胞内进行分解代谢，经脱氨基作用，含氮部分以尿素、尿酸或氨的形式通过鳃或肾排出体外；无氮部分则彻底氧化分解为二氧化碳和水并释放能量，或者转化为脂肪和糖原作为能量储备。

2.蛋白质的氮平衡

水产动物摄取的蛋白质的氮量与从粪、尿排出的氮量之差，称为氮平衡。机体在摄入无蛋白质饲料时，从粪便排出的氮是来源于组织细胞更新、肠道脱落的黏液细胞和酶等。这种用无蛋白质饲料饲养的鱼、虾，从粪排出的氮称为代谢氮，用 F 表示。机体在无蛋白质饲料饲养下，主要是体内蛋白质修补更新时，部分蛋白质降解，最终由尿和鳃分泌的氮。这种从尿及鳃中排出的氮被称为内源氮，用 U 表示。蛋白质的氮平衡用公式表示：

$$B=I-(F+U)$$

式中，B 表示氮平衡；I 表示摄入的氮量；F 表示通过粪排出的氮量；U 表示通过尿排出的氮量。

氮平衡有三种情况。

（1）氮的零平衡 即摄入的氮量与排出的氮量相等，此时 $B=0$，$I=F+U$。表示体蛋白质的分解与合成处于动态平衡状态。表现为水产动物体重的恒定。

（2）氮的正平衡 即 $B>0$，摄入的饲料蛋白质除了补偿体蛋白的消耗外，还有一部分用于构成新的体组织，表现为鱼体的生长，体重的增加。

（3）氮的负平衡 即 $B<0$，通过粪、尿排出的氮量超过摄入氮量，水产动物体内蛋白质的分解代谢大于合成、代谢。表现为鱼体的消瘦，体重的减轻。

四、氨基酸与小肽的营养

1.氨基酸

氨基酸是蛋白质的基本单位，根据来源可分为必需氨基酸、非必需氨基酸和半必需氨基酸。

（1）必需氨基酸 必需氨基酸是指在动物体内不能合成或合成速度和数量不能满足机体需要，必须由饲料供给的氨基酸。经研究发现：鱼类的必需氨基酸有10种，赖氨酸、蛋氨酸、色氨酸、精氨酸、苏氨酸、组氨酸、亮氨酸、异亮氨酸、苯丙氨酸、缬氨酸。中国科学院海洋研究所认为，中国对虾不能有效合成甘氨酸。因此，甘氨酸对中国对虾可能是必需氨基酸。

（2）非必需氨基酸 非必需氨基酸是指动物体自身能够合成，而不需要从饲料中获得的氨基酸。鱼体内能够合成8种氨基酸：甘氨酸、丙氨酸、谷氨酸、天冬氨酸、丝氨酸、脯氨酸、胱氨酸、酪氨酸。非必需氨基酸并非不重要，它也是动物体内合成蛋白质所必需的，只是动物体能够自身合成而已，不一定非由饲料供给。仅仅从这一点来讲它是非必需的。

（3）半必需氨基酸 某些非必需氨基酸在鱼体内是由必需氨基酸转化而来的，如酪氨酸可由苯丙氨酸转变而来，胱氨酸可由蛋氨酸转变而来，那么，当饲料中酪氨酸和胱氨酸含量丰富时，鱼体就不必耗用苯丙氨酸和蛋氨酸来合成这两种非必需氨基酸了，因其具有节约苯丙氨酸和蛋氨酸这两种必需氨基酸的功用，故将酪氨酸和胱氨酸称为半必需氨基酸。

无论是必需氨基酸，还是非必需氨基酸，它们都是动物合成体蛋白所必需的，区别只是某些种类氨基酸动物体通过自身合成来满足，而有些种类必须由饲料提供。另外，半必需氨基酸不能完全代替必需氨基酸，只是在一定程度上节约必需氨基酸的用量。据统计，半必需氨基酸可节约60%的必需氨基酸。

（4）限制性氨基酸　鱼类所需要的10种必需氨基酸中只有少数几种氨基酸在常规饲料中明显缺乏，这些相对于其需要量明显不足的氨基酸限制着其他氨基酸的利用和蛋白质合成，营养学上称之为限制性氨基酸。饲料中所提供的相对于其需要量，数量最低的那种氨基酸为第一限制性氨基酸，而缺乏程度仅次于第一限制性氨基酸的必需氨基酸为第二限制性氨基酸，当第一限制性氨基酸得到满足后，第二限制性氨基酸则成为新的限制性因素。依次类推，有第三、第四限制性氨基酸。限制性氨基酸的顺序因鱼的需求及饲料原料种类的不同而不同。谷物类中的限制性氨基酸为赖氨酸、蛋氨酸，豆粕中的限制性氨基酸为蛋氨酸、苯丙氨酸，因而以豆粕为主要蛋白源的鲤鱼饲料中第一限制性氨基酸是蛋氨酸。

因此，对鱼、虾饲料不仅要注意蛋白质的数量，更重要的是要注意蛋白质质量。优质蛋白质中必需氨基酸种类齐全，数量、比例合适。

（5）氨基酸平衡　所谓氨基酸平衡是指配合饲料中各种必需氨基酸的含量及其比例，等于鱼、虾类对必需氨基酸的需要量。这是一种理想的氨基酸平衡的饲料，鱼、虾摄取这样的饲料，吸收到体内的氨基酸才能有效进行生物化学反应，合成新的蛋白质。事实上，任何一种饲料蛋白质的必需氨基酸达到这种理想的氨基酸平衡是不可能的，总是有某种必需氨基酸或多或少。

生产实践证明，饲料中无论缺乏哪一种必需氨基酸，都会影响其营养价值。假如配合饲料中某一种必需氨基酸只能满足鱼、虾需要量的一半，那么，其他必需氨基酸的含量再高，也要按这个必需氨基酸的半量为基准，按比例合成新的蛋白质。这一机理如同木桶盛水一样，把每一种必需氨基酸比作一块桶板，必需氨基酸就像组成木桶的桶板长短不一，盛不满水一样，长的桶板被白白浪费。多余的氨基酸经脱氨基作用，含氮的部分以氨、尿素和三甲胺形式等排出体外，不含氮的部分分解成H_2O和CO_2释放出能量或形成脂肪积蓄能量。

（6）氨基酸的互补与拮抗　各种饲料原料的必需氨基酸含量和比例不同，配合使用可以取长补短，弥补相互氨基酸的缺陷，使其比值接近鱼、虾需要的模式，提高蛋白质的营养价值，这种现象就是氨基酸的互补作用。

氨基酸的拮抗多发生在结构相似的氨基酸之间。有可能在肠道和肾小管吸收时与另一种或几种氨基酸产生竞争，增加机体对这些氨基酸的需要。最典型的具有拮抗作用的氨基酸是赖氨酸和精氨酸。当它们之间的平衡失调时将产生拮抗作用。因为它们在吸收过程中共用同一转移系统，存在相互竞争。亮氨酸与异亮氨酸因化学结构相似，也有拮抗作用。亮氨酸过多可降低异亮氨酸的吸收率，使尿中异亮氨酸排出量增加。

2.氨基酸营养

水产动物从本质上讲，不是需要蛋白质而是需要氨基酸。动、植物和微生物在合成蛋白质时所需要的起始物质各不相同。植物和有些微生物能从简单无机物（如二氧化碳、硝酸盐、硫酸盐等）合成氨基酸，也有某些微生物和绿色植物能直接利用空气中的氮来代替硝酸盐合成氨基酸，这一生命形式是蛋白质的最初来源。动物则不能从简单的无机物合成氨基酸，它必需依赖动物、植物或微生物，即它必需直接或间接地从摄取的食物中获得氨基酸。对鱼、虾类而言，几种必需氨基酸的作用如下。

（1）蛋氨酸 防止肝脏的脂肪浸润，使脂肪的代谢正常进行；提高肝脏的解毒机能；可构成胱氨酸的母体。

（2）赖氨酸 增进食欲，促进生长发育；增强对各种传染病的抵抗力。

（3）色氨酸 通过代谢可变成烟酸，调节体内代谢；与维生素B_6有密切关系。

（4）亮氨酸 对代谢来说，首先是转移氨基，最后成酰基辅酶A，合成组织蛋白和血浆，和异亮氨酸有拮抗作用。

（5）组氨酸 参与物质的合成，特别是在肝脏的合成；在肠内酶的催化反应中，起辅酶作用；使血管舒张和血管壁渗透性增强。

（6）异亮氨酸 与亮氨酸代谢机制相类似，作为糖的合成原料。在肝脏、肾脏和心脏中进行各种酶的反应。

（7）缬氨酸 作为糖原合成的原料，为神经系统所需。

（8）苯丙氨酸 作为体蛋白质、甲状腺素和肾上腺素的合成原料；可转化成酪氨酸。

3. 小肽的营养

寡肽是由10个以内氨基酸以肽键相连构成，是蛋白质消化的中间产物。其中小肽是由两个以上的氨基酸以肽键组成，为蛋白质的主要消化产物。在氨基酸消化、吸收以及动物营养代谢中起着重要的作用。活性肽是一类分子量较小、构象较松散、具有多种生物功能的小肽。这些活性小肽包括由体内的内分泌腺分泌的多肽激素（肽类激素），由血液或组织中的蛋白质经专一的蛋白酶分解而产生的组织激肽、多肽和小肽等。

在水产养殖中，小肽可增强水产动物的免疫力；提高其养殖成活率；提高饲料中各种矿物质元素的利用率；提高其饲料转换率；提高水产动物体内蛋白质的合成能力及养殖过程中的增重率，促进水产动物的生长。在一定量的低蛋白饲料中补充适量的含小肽物质，可以发挥高蛋白日粮的生产水平。在鱼苗的饵料中添加0.5%的小肽，能促进采食，增加生长速度及体长。

五、蛋白质的营养价值

蛋白质的营养价值，通常也称为蛋白质的质量，它主要由蛋白质的品质所决定。

1. 蛋白质的品质

蛋白质的品质是指饲料蛋白质转化成动物体蛋白质的效率。它主要取决于氨基酸的种类、数量和配比，特别是必需氨基酸的种类、数量和有效性。凡必需氨基酸的种类齐全，数量足够的蛋白质，其品质好，营养价值高，反之则品质差。对于水产动物来讲，动物性蛋白质的营养价值比植物性蛋白质的高些。

2. 提高蛋白质营养价值的方法

（1）利用蛋白质的互补作用 蛋白质的互补作用是指两种或两种以上的蛋白质通过相互组合，以弥补各自在氨基酸组成和含量上的营养缺陷，使其必需氨基酸取长补短，提高蛋白质的营养价值。

如谷类蛋白质含赖氨酸较少，色氨酸相对较多，某些豆类正好相反，配合饲喂，可以达到氨基酸的互补。实践证明：饲料多样化地合理搭配，确实能起到氨基酸的互补作用，大大地提高了蛋白质的利用率和饲养效果。

（2）添加相应的必需氨基酸 在配制饲料时，根据实际情况在饲料中添加相应的必需氨基酸添加剂，使饲料中氨基酸组成达到平衡，以提高蛋白质的营养价值。使用氨基酸添加剂时，首先要准确掌握氨基酸的有效成分，其次要严格控制用量。在添加添加剂时，要注意添加次序，首先要满足日粮中第一限制性氨基酸的需要，其次再添加第二限制性氨基酸，否则会加重氨基酸的不平衡。

（3）供给充足的非氮能量物质 饲料中蛋白质、脂肪、糖类是三大能源营养物质，脂肪、糖类过多或不足，都会影响蛋白质的营养价值及有效利用。正常情况下，饲料中应增加脂肪、糖类的含量，以维持足够的能量供给，避免将大量蛋白质作为能量使用，从而提高蛋白质的营养价值及有效利用率。

（4）加热处理 蛋白质的加热处理主要用于某些豆类籽实及其饼粕。因为其中含有某些蛋白酶抑制剂，抑制动物体内蛋白酶的活性，减弱对蛋白质的降解作用，从而降低蛋白质的利用率。但这些豆类籽实及其饼粕中的蛋白酶抑制剂耐热性能差，加热处理可使其破坏而丧失活性。

（5）抗氧化剂处理 饲料中的蛋白质可与碳水化合物、脂肪起反应，而降低氨基酸的利用率。用抗氧化剂处理饲料，不仅有利于维生素、脂肪的保存，也有助于氨基酸的保存。

六、水产动物对蛋白质的需求

水产动物对蛋白质的需求特点：①水产动物对蛋白质的需要量测得值不如其他动物精确；②饲料的蛋白质水平明显高于陆上恒温动物；③随着水产动物的生长、发育，其蛋白质需要降低；④鱼类对蛋白质需要量因鱼的食性而异；⑤饲料的能量蛋白比影响蛋白质需要量和利用率。

蛋白质是决定水产动物生长最关键的营养物质，也是饲料成本中花费最大的部分。确定配合饲料中蛋白质最适需要量，在水产动物营养学和饲料生产中具有重要意义。水产动物对蛋白质需要量包含三层意义：①维持体蛋白动态平衡所必需的蛋白质量，即维持体内蛋白质现状所必需的蛋白质量；②蛋白质最大需要量，即满足水产动物最大生长所需的蛋白质量；③实用饲料中最适蛋白质供给量，饲料蛋白质的最适供给量是以水产动物蛋白质最适需要量为基础的，但又有所不同，应考虑投饲率、氮的积蓄量和蛋白质的利用率等。只有投饲率为100%时，二者才相等。

1.确定水产动物对饲料蛋白质最适需要量的方法

（1）蛋白质浓度梯度法。采用不同蛋白质含量（浓度梯度的）的试验饲料来饲养鱼虾类，测定各试验组鱼、虾类饲料的增重率、蛋白质效率等指标，确定蛋白质需要量。

（2）使用营养价值高的蛋白质饲料，使氮的平衡达到最高的正平衡，由摄取的氮量计算出蛋白质的最大需要量。

（3）使用营养价值高的蛋白质饲料饲养鱼、虾类，经过一定时间达到鱼体氮的最大增加量，计算出蛋白质的最大需要量。

在确定鱼、虾类饲料蛋白质的最适需要量时，应考虑投饲率、氮的积蓄量和蛋白质的利用率等问题。

2.影响饲料蛋白质适宜添加量的因素

（1）水产动物种类和规格 水产动物种类不同，食性及代谢强度也有差异，即使在相同条件下，对蛋白质含量的要求也不同。一般肉食性鱼类要求蛋白质含量高，草食性鱼类要求蛋白质含量低些，杂食性鱼类要求蛋白质含量介于二者之间。即使是同一种类，规格不同或处于不同生长阶段，对蛋白质的需求也不一致。一般规律是鱼苗阶段高于鱼种阶段。

（2）水产动物的生理状态　一般水产动物处于急流、应激等生理状态时，饲料中的蛋白质含量应高些。

（3）蛋白质品质　蛋白质品质好，则必需氨基酸的比例以及必需氨基酸与非必需氨基酸的比例都比较符合水产动物的蛋白质需求，饲料蛋白质的营养价值就高，这样，饲料中的蛋白质含量低些即可满足需求。否则，氨基酸不平衡的饲料，饲料中的蛋白质含量高些才能满足水产动物对蛋白质的需求。

（4）饲料中其他物质的添加量　饲料中的淀粉含量、纤维水平、脂肪含量、蛋白酶抑制因子的存在等都会对蛋白质的利用产生影响。其他物质的含量适量，则蛋白质利用率高，其添加量就可以稍低些，反之则应稍高才能满足水产动物的营养需求。

（5）饲料加工工艺　饲料的粉碎粒度、调制时间、温度、蒸汽压力及饱和度、混合均匀度等都对蛋白质的利用产生影响。

（6）天然饵料　在一定条件下，水产动物对蛋白质的需求量是一定的。当养殖环境中天然饵料含量丰富，则人工饲料中蛋白质含量可低些，相反，蛋白质含量应高些。

（7）投饲率　投饲率是指投到水体中的饲料占鱼体重的百分数。在一定条件下，水产动物对蛋白质的需求是一定的，如果投饲率较高，饲料中有少量蛋白质即可满足需求，反之，则要求饲料中含有较高的蛋白质含量。

（8）环境因素　水温和溶氧是对水产动物蛋白质利用率产生影响最大的环境因素。在一定范围内，水温和溶氧越高，水产动物代谢强度越高，需要蛋白质含量较高，才能满足其快速生长的需要。另外，水体盐度、pH值、硬度及水质因素也影响蛋白质的适宜添加量。

【案例分析】

不同动植物蛋白比饲料对南方池养牙鲆生长的影响

1. 实验时间与地点　试验于某年5月31日至8月23日在南方某海水养殖场进行，实验期为85天。

2. 实验方法　在等蛋白的条件下，设计两种不同动植物蛋白比（3.8：1与2.2：1）的干粉料，与小杂鱼按1：2：1的比例混合制成软颗粒饲料，分别记为1号料和2号料，投喂南方池养牙鲆幼鱼进行饲养对比试验。

3. 实验结果及分析　投喂1号料的3个池尾平均日增重为0.74g、0.60g和0.72g，饲料系数分别为1.40、1.35和1.58；投喂2号料的2个池尾平均日增重为0.61g和0.72g，饲料系数分别为1.48和1.49。投喂1号料和2号料的牙鲆平均内脏比分别为6.2%和6.37%（$P>0.05$）。丰满度分别为1.11和1.07（$P>0.05$）。投喂2号料的牙鲆鱼肌肉粗蛋白含量比投喂1号料的低3.20%（$P>0.05$），粗脂肪含量高27.5%（$P<0.05$）。实验表明：植物性蛋白源组牙鲆脂肪含量显著高于动物性蛋白源组，动物性蛋白源组牙鲆的体蛋白增长显著高于植物性蛋白源组。

【思考题】

1. 名词解释：必需氨基酸　限制性氨基酸　氨基酸平衡　蛋白质品质　理想蛋白质
2. 简述蛋白质的营养生理功能。
3. 必需氨基酸与限制性氨基酸有何异同？
4. 简述鱼类对蛋白质的需求特点。

技能训练三　饲料粗蛋白的测定

【目的要求】

掌握用凯氏半微量定氮法测定饲料中粗蛋白的方法。

【适用范围】

本标准适用于配合饲料、浓缩饲料和单一饲料。

【实验原理】

凯氏法测定试样中的含氮量，即在催化剂作用下，用H_2SO_4破坏有机物，使含氮物转化成$(NH_4)_2SO_4$，加入强碱进行蒸馏使氨逸出，用硼酸吸收后，再用盐酸滴定，测出氮含量，将氮含量结果乘以换算系数6.25，即计算出粗蛋白含量。

【化学试剂】

1.硫酸　分析纯，含量为98%，无氮。

2.混合催化剂　0.4g硫酸铜（含5个结晶水），6g硫酸钾或硫酸钠（均为分析纯，磨碎，均匀）。

3.氢氧化钠　分析纯，配成含40%氢氧化钠溶液。

4.硼酸　分析纯，配成含2%硼酸溶液。

5.混合指示剂　甲基红0.1%乙醇溶液，溴甲酚绿0.5%乙醇溶液，两溶液等体积混合，在阴凉处保存期为3个月。

6.盐酸标准液　硼砂或无水碳酸钠标定。

7.0.1mol/L盐酸标准溶液　8.3ml盐酸，分析纯，注入1000ml蒸馏水中。

8.0.02mol/L盐酸标准溶液　1.67ml盐酸，分析纯，注入1000ml蒸馏水中。

9.硫酸铵　分析纯，干燥。

【仪器设备】

1.实验室用样品粉碎机或研钵。

2.分样筛　孔径40目。

3.分析天平　感量0.0001g。

4.凯氏烧瓶　100ml。

5.凯氏蒸馏装置　半微量水蒸气蒸馏式。

6.滴定管　酸式25ml。

7.消煮炉或电炉。

8.容量瓶　100ml。

9.锥形瓶　150ml、250ml。

10.移液管　10ml。

11.其他。

【操作步骤】

1.试样的消煮 称取0.5～1.0g试样，准确至0.0002g，放入凯氏烧瓶中，加入6.4g混合催化剂，与试样混合均匀，再加入12ml硫酸和两粒玻璃珠，将凯氏烧瓶置于消煮炉或电炉上加热，开始小火，待样品焦化、泡沫消失后，再加强火力（360～410℃）直至透明的蓝绿色，然后再继续加热至少2h。

2.半微量蒸馏 将上述消煮液冷却，加入20ml蒸馏水，转入100ml容量瓶中，洗净冷却后用水稀释至刻度，摇匀，将半微量水蒸气蒸馏装置的冷凝管末端浸入装有20ml、2%硼酸吸收液和两滴混合指示剂的锥形瓶内。用移液管移取10ml试样分解液，注入蒸馏装置的反应室中，用少量蒸馏水冲洗试样入口，塞好入口玻璃塞，再加10ml、40%氢氧化钠溶液，小心提起玻璃塞使之流入反应室，塞好玻璃塞，并在入口处加水密封，防止漏气。加热蒸馏4min，降下锥形瓶，使冷凝管末端离开吸收液面，再蒸馏1min，用蒸馏水冲洗冷凝管末端，洗液均加入锥形瓶内，然后停止蒸馏。

3.滴定 蒸馏后的吸收液立即用0.1mol/L和0.02mol/L HCl标准溶液滴定，溶液由蓝绿色变为灰红色为终点。

4.空白测定 在测定饲料样品含氮量的同时，应做一个空白对照测定，即各种试剂的用量及操作步骤完全相同，但不加样品，这样可以校正因试剂不纯而发生的误差。

【结果计算】

$$粗蛋白含量 = \frac{(V_2 - V_1) \times c \times 0.0140 \times 6.25}{m} \times 100\%$$

式中　　　V_2——滴定试样时，所需标准溶液体积，ml；

　　　　　V_1——滴定空白时，所需标准溶液体积，ml；

　　　　　c——盐酸标准溶液浓度，mol/L；

　　　　　m——试样质量，g；

　　0.0140——与1mol HCl标准溶液相当的以克表示的氮的质量，g；

　　　6.25——氮换算成蛋白质的平均系数。

第三节　糖类营养

糖类是一类重要的营养素，因来源丰富，成本低而成为动物生产中的主要能源物质。糖类含量可占其干物质的50%～80%，而在动物体内含量极少，但仍然是水产动物不可或缺的一类有机物质。不同食性的水产动物，对糖类的需求各不相同。因此，认识水产动物需要糖类的一般规律，对改善养殖其营养需求，降低饲料的成本和提高其效价都具有重要意义。

一、糖类的定义、组成和分类

1.糖类的定义

糖类的准确定义是指多羟基醛或多羟基酮以及水解后能够产生多羟基醛或多羟基酮的一

类有机化合物的总称。糖类主要存在于植物中，是植物性饲料的主要组成成分，是自然界分布极为广泛的一类有机化合物。

2.糖类的组成

糖类主要由C、H、O三种元素组成，其分子式通式$C_x(H_2O)_y$，其中所含H原子和O原子之比大都为2：1，与水中所含H与O的比例相同，故又称其为碳水化合物。实际上，这一类化合物并非碳、水化合而成，因为有些化合物组成符合该通式，但并不属于糖类，如甲醛（CH_2O）、乙酸（$C_2H_4O_2$）等；有些糖类的化学组成不符合上述通式但属于糖类，如脱氧核糖（$C_5H_9O_4$）。

3.糖的分类

（1）糖类按结构分类

① 单糖　单糖的化学结构乃是多羟基醛或多羟基酮，它们是构成低聚糖、多糖的基本单元，其本身不能水解为更小的分子。戊糖如核糖、脱氧核糖；己糖如葡萄糖、果糖和半乳糖等。

② 低聚糖　低聚糖是由几个单糖分子聚合而成。一般由2～10个单糖分子组成，根据其水解后生成单糖数目的多少，低聚糖又可分为双糖、三糖、四糖等。其中以双糖最为重要，如蔗糖、麦芽糖、纤维二糖、乳糖等。

③ 多糖　多糖是由10个以上单糖聚合而成的高分子化合物，经酶或酸水解后可生成许多中间产物，直至最后生成单糖。多糖按组成多糖的单糖种类可分为同型聚糖和异型聚糖。

同型聚糖按其单糖的碳原子数又可分为戊聚糖（木聚糖）和己聚糖（葡聚糖、果聚糖、半乳聚糖、甘露聚糖），其中以葡聚糖最为多见，如淀粉、纤维素都是葡聚糖。饲料中的异型聚糖主要有果胶、树胶、半纤维素、黏多糖等。

（2）按营养学分类

① 无氮浸出物　是指可溶于水的一类碳水化合物，包括单糖、双糖及同质多糖等，又称为可溶性碳水化合物。在动物营养方面，主要利用的无氮浸出物是淀粉，淀粉主要存在于植物的种子、块根、块茎中，分为直链淀粉和支链淀粉两类。直链淀粉呈线形，易溶于热水；支链淀粉则每隔24～30个葡萄糖单位出现一个分支，它不易溶于热水。

② 粗纤维　是指不溶于水的一类碳水化合物，包括纤维素、半纤维素、木质素和果胶等，是植物细胞壁的主要成分，是植物饲料中不容易被消化的部分，主要存在于子实的皮、壳及茎秆中。植物在幼嫩时期，细胞壁主要由纤维素组成，随着植物的发育成熟，细胞壁逐渐木质化，木质素含量比例增高。水产动物对糖类的消化率较低，为60%～70%，对纤维素基本不能消化。

二、糖类的营养功能

1.构成体组织成分

糖类普遍存在于动物体各种组织中。例如，核糖及脱氧核糖是细胞核酸的组成成分，黏多糖参与形成结缔组织基质，糖脂是神经细胞的组成成分。糖类也是动物体内某些氨基酸的合成物质。

2.动物体内能量的主要来源

在正常情况下，糖类的主要功用是在动物体内氧化供能。糖类的产热量虽然低于同等重量脂肪和蛋白质，但因来源广泛，动物主要依靠它氧化供能以满足生理上的需要。

3.合成体脂的重要原料

饲料糖类除供给动物所需的养分外，有多余时可转变为糖原和脂肪储备起来。糖原存在于肝脏和肌肉中，分别称为肝糖原和肌糖原。糖原在动物体内经常处于合成储备与分解消耗的动态平衡。动物采食的糖类在合成糖原后有剩余时，将用以合成脂肪储备于体内。

4.为非必需氨基酸的合成提供碳架

糖类代谢的中间产物，如丙酮酸、α-酮戊二酸、磷酸甘油酸可用于合成一些非必需氨基酸。

5.节约饲料蛋白质

由于糖类的摄入，增加了ATP的形成，减少了蛋白质用于供能的消耗，同时有利于氨基酸的活化及蛋白质的合成。

6.其他作用

如南极鱼能生活在温度为$-1.85℃$的表面水域中，因为南极鱼体中含有一类抗冻的糖蛋白（水解后呈特定形状），可使所系水分子不易冻结，降低水的冰点但不降低其熔点，提高抗低温能力。

三、水产动物对糖类的利用特点

水产动物利用糖类，是体内酶参与消化、使多糖分解为单糖的形式被吸收的。水产动物对糖类的利用具有以下特点。

1.水产动物对不同糖类的利用不同

糖类在鱼体内消化率的大小一般与其分子结构的复杂程度有着相反关系。换言之，单糖类较双糖类易于为鱼体吸收利用，同样，双糖类也较多糖易于为鱼体吸收利用。即鱼类对低分子量糖类利用率高于高分子糖类。如Buhler等以20%的不同种类糖类饲喂大鳞大麻哈鱼，其结果显示不同糖类对鱼生长的影响：葡萄糖>蔗糖>果糖>麦芽糖>糊精>马铃薯淀粉>半乳糖。

2.水产动物对糖利用能力有限，且不同水产动物对糖类的利用不同

鱼类对糖利用能力是有限的，其利用能力的高低又随鱼的种类而异。一般草食性鱼类和杂食性鱼类对糖的利用能力较肉食性鱼类高。究其原因：草食性和杂食性鱼类淀粉酶活性较高，并且分布在整个肠道；而肉食性鱼类淀粉酶活性较低，仅仅在胰脏中可见到淀粉酶。从肝脏糖代谢酶活性看，肉食性鱼糖原合成酶活性高，而糖分解酶活性低，因而对吸收的葡萄糖不能有效地利用，形成类似糖尿病的糖代谢。草食性鱼类等尽管利用糖的能力比肉食性鱼类强，但饲料中糖也不宜过多，过多了容易使鱼形成脂肪肝。

3.水产动物对粗纤维的消化

纤维素能促进肠道蠕动，有助于其他营养素扩散和消化吸收，有助于粪便的排出，是一种不可忽视的营养素。

中国传统是以水草或陆生草来饲养草鱼，草鱼生长良好。林浩然等（1978）应用放射性同位素^{14}C标记粗纤维并做成颗粒饲料投喂草鱼，测定放射性同位素在鱼体的吸收和分布情况，发现草鱼能利用一小部分粗纤维，但究竟利用粗纤维中的哪些成分尚需进一步分析测定。

四、水产动物对糖类的需求

糖类是水产动物生长所必需的一类营养物质，是三种可供给能量的营养物质中最经济、最廉价的一种，摄入量不足，则饲料蛋白质利用率下降。长期摄入不足还可导致鱼体代谢紊乱，鱼体消瘦，生长速度下降。但摄入量过多，超过了水产动物对糖类的利用能力限度，多余部分则用于合成脂肪；长期摄入过量，会导致脂肪在肝脏和肠系膜大量沉积，发生脂肪肝。从而使肝脏功能削弱，肝解毒能力下降，鱼体呈病态型肥胖。

1.常见水产动物饲料中糖的适宜含量

鱼、虾饲料中糖类适宜含量与鱼、虾食性关系密切：草食性鱼和杂食性鱼饲料中糖类适宜含量一般高于肉食性鱼；鱼的生长阶段、生长季节也会影响其对糖类的需要量。一般来说，幼鱼期对糖类需要量低于成鱼，水温高时对糖类的需求低于水温低时。此外，鱼类对糖类的需要量还与饲料中其他成分及评定指标等因素有关。几种水产动物对糖类的需求量见表1-1。

表 1-1　几种水产动物饲料中糖的适宜含量

水产动物种类	水产动物规格/g	试验水温/℃	糖源	糖的适宜含量/%	评定指标	资料来源
草鱼	5.3	25～28	淀粉	48	体重增加率、体蛋白增加率、饲料系数、生长速度	黄忠志等，1983
	250	27	淀粉	46.3		杨小林等，1993
团头鲂	幼鱼	—	糊精	25～30	生长、饲料系数、蛋白质效率	杨国华等，1985
鲤鱼	7	19.5～24.0	糊精	25	生长速度	Furuichi等，1980
青鱼	37.12～48.32	24～34	糊精	9.5～18.6	生长	王道尊等，1984
鲮鱼	—	—	—	24～26	增重率	毛永庆等，1985
异育银鲫	3	23.1～28.8	—	36	—	贺锡勤等，1988
鲈鱼	32	22～25	糊精	15	增重率	仲维仁等，1998
大口鲇	38～40	24～28.2	糊精	25.1～30	生长比速、蛋白质效率、饲料系数	张泽芸等，1995
胡子鲇	当年鱼种	—	糊精	30	生长比速、蛋白质效率	陈铁椰等，1992
中华鳖	98.42～105.34	28	α-淀粉	18.24	增重率、成活率	王凤雷等，1996
中国对虾	2.87～3.44	—	糊精	20	增重率	梁亚金等，1994

注：引自郝彦周《水生动物营养与饲料学》。

2.鱼虾饲料中粗纤维的适宜水平

粗纤维是植物细胞壁的主要组成成分，它包括纤维素、半纤维素、木质素、戊聚糖和角质等，是饲料中最难消化的部分。水产动物缺乏纤维素酶，不能消化纤维素，因此，粗纤维的营养价值不大。

常用水产动物饲料中或多或少含有粗纤维。少量的粗纤维可促进肠道蠕动，甚至提高生长速度和蛋白质利用率，大多数鱼类能耐受8%的粗纤维，进一步提高浓度（8%～30%）则会抑制生长。现已证实，草鱼能利用少部分粗纤维。水产动物饲料一般不需要另外添加纤维素，羧甲基纤维素作为黏结剂常被添加于水产饲料中。鱼、虾饲料中适宜粗纤维水平见表1-2。

表 1-2　鱼、虾饲料中适宜粗纤维含量

种类	含量 /%	资料来源
草鱼	10～20	王忠志，1984
罗非鱼	10	Anderson 等，1984
团头鱼	12	杨国华等，1989
鲤鱼　鱼种	6	李爱杰，1994
成鱼	10	
异育银鲫（鱼种）	12	贺锡勤，1990
青鱼	8	陈迪虎，1990
尼罗罗非鱼	14	曹任晔，1989
硬头鳟	10	Hilton，1983
对虾	4.5	徐新章等，1989

从表中可以看出，鱼虾饲料中的粗纤维水平基本在5%～15%，其中草食性鱼类较肉食性鱼类可耐受较高粗纤维水平，成鱼较鱼种可耐受较高的粗纤维，虾饲料含粗纤维应不高于2%（育苗期）和5%（养成期）。

壳多糖具有类似于纤维素的结构与性质，大量存在于甲壳类动物的外壳中。饲料中添加壳多糖主要是满足甲壳类动物蜕皮的需要，促进脱壳及生长。虾饲料中壳多糖最少含量为0.5%，通常由虾粉提供。

【思考题】

1.简述糖的营养生理功能。
2.饲料中粗纤维含量对水产动物营养生理有何影响？
3.鱼、虾类利用糖类的能力低，其原因何在？

技能训练四　饲料粗纤维的测定

【目的要求】

掌握粗纤维定量的方法，并了解粗纤维的含量情况。

【适用范围】

本方法适用于配合饲料、混合饲料、单一饲料和浓缩饲料。

【原理】

饲料中粗纤维含量是在特定条件下测定纤维素含量的一种方法。纤维素不溶于稀酸、稀碱和一般的有机溶剂。当用稀酸处理时，淀粉、果胶和部分半纤维素被溶解；当用稀碱处理时，又可除去蛋白质和部分半纤维素、木质素、脂肪；用乙醚、乙醇处理时，可以除去脂肪、色素、蜡质、单宁、部分蛋白质和戊糖。这样样本用一定浓度的硫酸、氢氧化钠以及乙醚、乙醇相继处理后，分别除去样本中可溶于酸、碱、醇、醚的物质，所得残渣经烧灰，减去样本中的粗灰分量，即可求得以粗纤维为主，同时含部分半纤维素和木质素的混合物。

【试剂】

1.硫酸溶液 （0.128±0.005）mol/L，每100ml含1.25g硫酸，溶液浓度用氢氧化钠标准溶液准确标定，以甲基橙为指示剂。

2.氢氧化钠溶液 （0.313±0.005）mol/L，每100ml含1.25g氢氧化钠，溶液浓度用滴定法准确标定。标定方法如下。

在玻璃杯中称取已于100℃烘箱内烘1h的邻苯二甲酸氢钾（$KHC_8H_4O_4$）（分析纯）4～6g（称至小数点后第4位）。加蒸馏水100ml，在电热板上加热，并加2滴酚酞指示剂，用氢氧化钠溶液滴定，由无色变为淡红色为止。

3.石棉制备 将中等长度的酸洗涤石棉薄铺在蒸发皿中，放入600℃马福炉中烧灼16h，用配制的（0.128±0.005）mol/L硫酸溶液浸没石棉，煮沸30min，过滤，用蒸馏水洗净酸，同样用（0.313±0.005）mol/L氢氧化钠煮沸30min，过滤，用少量硫酸溶液洗一次，再用蒸馏水洗净，烘干，放入600℃马福炉中烧灼2h，使有机物质完全燃烧。1g石棉经酸、碱处理的空白试验，测得的粗纤维含量极微小（约1mg）。

【仪器设备】

1.实验室用样品粉碎机或研钵。

2.分样筛 孔径40目。

3.分析天平 感量0.0001g。

4.电热恒温烘箱 可控温度在130℃。

5.马福炉 有高温计，可控温度在500～600℃。

6.普通电炉 可调节温度。

7.消煮器 有冷凝球的600ml高型烧杯或有冷凝管的锥形瓶。

8.抽滤装置 抽真空装置，吸滤瓶及漏斗。滤器使用200目不锈钢或尼龙滤布。

9.古氏坩埚（带盖30ml）预先加入酸洗石棉悬浮液30ml（内含酸洗石棉0.2～0.3g），再抽干，以石棉厚度均匀，不透光为宜。上下铺两层玻璃纤维有助于过滤。

10.干燥器 以氯化钙或变色硅胶为干燥剂。

【步骤】

1.准确称取1～3g经乙醚提去脂肪的样本（如样本中粗脂肪含量小于1%，不需经乙醚提取）或将测粗脂肪后的残渣全部转入无嘴烧杯中。

2.在烧杯中加入煮沸的0.128mol/L硫酸200ml（必要时加防泡沫剂1滴，不宜过多，否则测定的结果偏高，一般不用）。

3.将烧杯放电炉上加热，使瓶内液体在2min内煮沸。然后迅速移到电热板加热，继续煮沸30min。为防止水分蒸发而使浓度改变，在无嘴烧杯上放置一个冷凝球。在煮沸过程中注意经常转动烧杯，以充分混合瓶内物质。但须避免饲料沾贴在液面以上的瓶壁上（在煮沸后即上好定时钟，30min后铃响，立即移开烧杯）。

4.30min酸处理完毕，立即移开烧杯，趁热在铺有滤布的布氏漏斗上抽滤（开真空泵）。调节漏斗抽气速度，使200ml滤液在10min内全部滤净（如超过10min应重新测定）。然后用煮沸的蒸馏水冲洗烧杯与残渣（每次用50ml），直至滤液用蓝色石蕊试纸检查呈中性反应为止。

5.用200ml煮沸的0.313mol/L氢氧化钠溶液冲洗滤布上的残渣至原烧杯内（用带橡皮头的玻棒刮洗）。每次用少量氢氧化钠液冲洗，至滤布上残渣全部洗入原烧杯为止。

6.立即将烧杯放电炉上加热，使之在1min内煮沸。重复步骤3。

7.经碱煮沸30min后，在古氏坩埚内抽滤（古氏坩埚中铺上致密薄层石棉，安装于抽滤瓶上）。用硫酸25ml洗涤后，再用热蒸馏水冲洗烧杯和残渣至用红色石蕊试纸检查呈中性反应为止，并将全部残渣全部转移入坩埚内。

8.用15ml乙醇冲洗坩埚内残渣，然后用25ml乙醚冲洗坩埚内残渣（测粗脂肪后的残渣进行粗纤维测定者，不必再用乙醚处理）。

9.将古氏坩埚及残渣放入100～105℃烘箱内烘干约3h，称至恒重。

10.将坩埚盖半开，置于电炉上用小火慢慢炭化至无烟。然后将坩埚转移入马福炉在550～600℃中烧灼，至残渣中含碳物质全烧尽，约30min(也可直接在马福炉中炭化，开始温度约200℃，等炭化完后，再使马福炉温度上升到550～600℃继续烧灼，进行灰化）。

11.待炉温降低至20℃左右，再用长柄坩埚钳将坩埚移入干燥器内冷却20～30min，称至恒重。

【结果计算】

$$粗纤维含量（\%）=\frac{m_1-m_2}{m}\times100\%$$

式中　m——样本质量，g；

m_1——坩埚及内容物在烘箱内干燥后的质量，g；

m_2——灰化后坩埚及内容物的质量，g。

【注意事项】

1.能量饲料如玉米、大麦等淀粉含量高，在2g样本中加入0.5g处理过的石棉，再加硫酸溶液，便于过滤。

2.制备古氏坩埚时，将制的石棉放入盛蒸馏水的玻璃瓶内，振摇玻璃瓶，使石棉成稀薄的悬液。将混匀的石棉悬液约30ml倒入坩埚内，使其中的水自动漏出。再用抽滤瓶抽干。将坩埚取下，用眼向有光处检查，如该坩埚内所铺石棉无小孔，即可使用，但石棉层不可太厚，以免过滤困难。

第四节　脂类营养

水产动物配合饲料中脂类的营养作用仅次于蛋白质，饲料中脂肪含量不足或缺乏可导致鱼体代谢紊乱、饲料蛋白质利用率下降，还可并发脂溶性维生素和必需脂肪酸缺乏症；但饲料中脂肪含量过高，又会导致鱼体脂肪沉积过多，尤其是肝脏中脂肪积聚过多，引起"营养性脂肪肝"，使鱼体抗病力下降，不利于饲料的储藏和加工成型。因此，饲料中脂肪含量必须适宜。另外，脂类原料的价格较高，在配合饲料中出现的问题也较多。

一、脂类的组成和分类

脂肪是广泛存在于动、植物体组织中的一类脂溶性化合物的总称。在饲料常规营养成分分析中叫粗脂肪，因其易溶于有机溶剂乙醚，所以又称乙醚浸出物。根据其结构的不同，可分为真脂肪和类脂肪两大类。

1.真脂肪

真脂肪即中性脂肪，它是由1分子甘油与3分子脂肪酸构成的酯类化合物，故又称甘油三酯或三酸甘油酯。其表示通式如下。

$$
\begin{array}{l}
CH_2-O-\overset{\displaystyle O}{\overset{\displaystyle \|}{C}}-R_1 \\
CH-O-\overset{\displaystyle O}{\overset{\displaystyle \|}{C}}-R_2 \\
CH_2-O-\overset{\displaystyle O}{\overset{\displaystyle \|}{C}}-R_3 \quad \text{R是烃基}
\end{array}
$$

其中3分子脂肪酸的烃基有的是相同的，有的是不同的。前者称为同酸甘油酯或单纯甘油酯，后者称为异酸甘油酯或混合甘油酯。动植物体所含脂肪大都是混合甘油酯。

构成脂肪的脂肪酸种类很多，自然界约有40种，其中绝大多数是含偶数碳原子的直链脂肪酸，包括饱和脂肪酸和不饱和脂肪酸。脂肪酸碳链上的每个碳原子有4个化合键，除两个用来互相连接外，另两个键如果全部与氢结合，则脂肪酸分子中就不含双键，这样的脂肪酸就是饱和脂肪酸，主要由饱和脂肪酸组成的脂肪，熔点较高，常温下多为固态的脂；如果分子中的碳键未全被氢占据，脂肪酸就含有双键，这样的脂肪酸就是不饱和脂肪酸，主要由不饱和脂肪酸组成的脂肪，熔点较低，常温下多为液态的油。

脂肪酸结构通式可用 $C_{x:y}$ 来表示，x 代表碳链中碳原子数目，y 表示不饱和双键的数目。例如，丁酸为 $C_{4:0}$、硬脂酸为 $C_{18:0}$、亚油酸为 $C_{18:2}$ 等。饱和脂肪酸和不饱和脂肪酸特点不同。一般来说，水产动物对不饱和脂肪酸消化率较高。

2.类脂肪

类脂肪是指含磷或含糖或其他含氮物的脂肪。它虽不属真脂肪，但它在结构上或性质上却与真脂肪相接近。主要包括磷脂、糖脂、固醇及蜡等。

（1）磷脂是动植物细胞的重要组成成分，其中以卵磷脂、脑磷脂和神经磷脂最为重要。在动物的脑、肝、心、肾、卵、脊髓及在植物的种子中含量较多。它与甘油三酯的不同在于：甘油的三个羟基中只有两个与高级脂肪酸结合，另一个羟基则通过酯键与磷酸结合，磷酸又通过酯键与含氮碱基相结合。如果这个含氮碱基为胆碱，则为卵磷脂；如果这个含氮碱基为胆胺，则为脑磷脂，卵磷脂在大豆籽实和油料籽实中含量较高，油厂精炼油后的油料中含有丰富的磷脂，既可作饲料，又可工业提纯；脑磷脂在动物脑中含量最多，他们在动物体的生命活动中起重要作用。

（2）糖脂是一类含糖的脂肪。与磷脂的区别是甘油的另一个羟基不是与磷脂和含氮碱基相结合，而是与糖（1～2个半乳糖或甘露糖）相结合。另外，糖脂的另一个脂肪酸多为不饱和脂肪酸。主要存在于动物外周和中枢神经中，也是禾本科青草和三叶青草中脂肪的主要组成成分。

（3）固醇是一类高分子量的一元醇，在动植物界中分布很广。因为它们是含有羟基的甾醇类固体化合物，所以称为固醇。根据其来源可分为动物甾醇和植物甾醇。动物甾醇中比较重要的有胆固醇和7-脱氢胆固醇，前者存在于动物的各种组织中，而后者主要存在于皮肤中，经过紫外线照射后能转化为维生素D_3；植物固醇中重要的是存在于植物叶片中的麦角固醇，经紫外线照射后能转化为维生素D_2。

另外，按照脂类在水产动物体内的储存部位分，脂类可分为储存脂和结构脂。储存脂是鱼体的能库，构成水产动物的主要脂肪，其组成通常反映日粮脂肪的组成，同时含有相对较少的必需脂肪酸（EFA）。结构脂由构成细胞膜的脂质组成，其对日粮脂质变化反映慢于储存脂，同时含有相对较多的EFA。

二、脂类的营养功能

1.脂类的性质

（1）脂类一般不溶于水　脂类一般不溶于水，易溶于有机溶剂如乙醚、石油醚、氯仿、二硫化碳、四氯化碳等，某些低级脂肪酸具有亲水性质。脂肪的相对密度小于1，故浮于水面上。脂肪虽不溶于水，但经胆酸盐的作用而变成微粒，就可以和水混匀，形成乳状液，此过程称为乳化作用。

（2）脂肪的熔点与其结构密切相关　饱和脂肪酸的熔点依其分子量而变动，分子量越大，其熔点就越高。不饱和脂肪酸的双键越多，熔点越低。纯脂肪酸和由单一脂肪酸组成的甘油酯，其凝固点和熔点是一致的。而由混合脂肪酸组成的油脂的凝固点和熔点则不同。

脂肪的熔点各不相同，所有的植物油在室温下是液体，但几种热带植物油例外。例如棕榈果、椰子和可可豆的脂肪在室温下是固体。动物性脂肪在室温下是固体，并且熔点较高。脂肪的熔点决定于脂肪酸链的长短及其双键数的多寡。脂肪酸的碳链越长，则脂肪的熔点越高。带双键的脂肪酸存在于脂肪中能显著地降低脂肪的熔点。

（3）皂化作用　脂肪内脂肪酸和甘油结合的酯键容易被氢氧化钾或氢氧化钠水解，生成甘油和水溶性的肥皂。这种水解称为皂化作用。通过皂化作用得到的皂化价（皂化1g脂肪所需氢氧化钾毫克数）可以求出脂肪的分子量。

$$脂肪的分子量=3×氢氧化钾分子量×1000÷皂化价$$

（4）加氢作用　脂肪分子中如果含有不饱和脂肪酸，其所含的双键可因加氢而变为饱和脂肪酸。含双键数目越多，则吸收氢量也越多。

植物脂肪所含的不饱和脂肪酸比动物脂肪多，在常温下是液体。植物脂肪加氢后变为比较饱和的固体，它的性质也和动物脂肪相似，人造黄油就是一种加氢的植物油。

（5）加碘作用　脂肪分子中的不饱和双键可以加碘，每100g脂肪所吸收碘的克数称为碘价。脂肪所含的不饱和脂肪酸越多，或不饱和脂肪酸所含的双键越多，碘价越高。根据碘价高低可以知道脂肪中脂肪酸的不饱和程度。

（6）氧化酸败作用　脂肪分子中的不饱和脂肪酸可被空气中的氧或各种细菌、霉菌所产生的脂肪酶和过氧化物酶氧化，形成一种过氧化物，最终生成短链的酸、醛和酮类化合物，这些物质能使油脂散发刺激性的不良气味，这种现象称为氧化酸败作用。

酸败过程能使油脂的营养价值遭到破坏，脂肪的大部分或全部转变成有毒的过氧化物，蛋白质在其影响下发生变性，维生素亦同时遭到破坏。酸败产物在加热中不会被破坏。长期食用变质的油脂，机体会出现中毒现象，轻则会引起恶心、呕吐、腹痛、腹泻，重则使机体内几种酶系统受到损害或罹患肝疾。

2.脂类的营养功能

脂类在水产动物生命代谢过程中具有多种营养功能，是水产动物所必需的营养物质之一。

（1）脂类是水产动物组织细胞的重要组成成分　一般组织细胞中均含有1%～2%的脂类物质。磷脂、糖脂和蛋白质，参与构成细胞膜。蛋白质与类脂质的不同排列与结合构成功能各异的各种生物膜。水产动物的各组织器官都含有脂肪，水产动物组织的修补和新组织的生长都要求经常从饲料中摄取一定量的脂类。此外，脂肪还是体内绝大多数器官和神经组织的防护性隔离层，可保护和固定内脏器官，并可避免机械摩擦，并使之能承受一定压力。

（2）脂类可为水产动物提供能量　脂肪是饲料中的高热量物质，其产热量高于糖类和蛋白质，1g脂肪在体内氧化可释放出37.656kJ的能量。积存的体脂是机体的"燃料仓库"，当机体需要时，即可分解供能。脂肪组织含水量低，占体积少，所以储备脂肪是水产动物储存能量，以备越冬利用的最好形式。

（3）脂类有助于脂溶性维生素的吸收和在体内的运输　维生素A、维生素D、维生素E、维生素K等脂溶性维生素只有当脂类存在时方可被吸收。脂类缺乏或不足，则影响这类维生素的吸收和利用。饲喂脂类缺乏的饲料，水产动物一般都会并发脂溶性维生素的缺乏症。

（4）提供鱼类生长的必需脂肪酸　某些高度不饱和脂肪酸为水产动物生长所必需，但鱼、虾机体本身不能合成，所以必需依赖于由饲料直接提供。

（5）脂类可作为某些激素和维生素的合成原料　如植物固醇中的麦角固醇可转化为维生素D_2；动物固醇中的7-脱氢胆固醇可转化为维生素D_3；而胆固醇则是合成性激素的重要原料。

（6）节省蛋白质，提高饲料蛋白质利用率　鱼类对脂肪有较强的利用能力，其用于鱼体增重和分解供能的总利用率达90%以上。因此，当饲料中含有适量脂肪时，可节约饲料蛋白质用量，减少蛋白质的分解供能，这一作用称为脂肪对蛋白质的节省。

三、水产动物对脂类的吸收利用

鱼类摄取的脂类在肠道被胆汁酸盐乳化及受酯酶作用被限度地加以分解，甘油三酯被分解为游离脂肪酸和甘油一酯等。游离脂肪酸、甘油一酯和甘油二酯及未分解的甘油三酯与胆汁酸盐形成胶团，通过肠管前半部的上皮细胞进行吸收。

通过对几种淡水硬骨鱼组织学研究发现，前肠对中性脂质的吸收作用较大，中肠具有中等吸收作用，而后肠具有较低的吸收作用。对于稚鳕，研究表明胃和肠道均可能有脂类的吸收作用，并且对脂类的吸收可能具有选择性。而对大西洋鳕的研究表明，大多数脂肪在前肠和幽门垂处被吸收，喂食整条鱼时则吸收位置可能向消化道后端移动。

水产动物能有效地利用脂肪并从中获取能量。但水产动物对脂肪的吸收利用受下列诸多因素的影响。

1.脂肪的种类

水产动物对熔点较低的脂肪消化吸收率很高，但对熔点较高的脂肪消化吸收率较低。另外，鱼体的最适脂肪源因种而异。如鳗鲡的最适脂肪源为鱼油。

2.饲料中其他营养物质的含量

饲料中钙含量过高，多余的钙可与脂肪发生螯合，从而使脂肪消化率下降。饲料含有充足的磷、锌等矿物质元素，可促进脂肪的氧化，避免脂肪在体内大量沉积。维生素与脂类代谢的关系极为密切，尤其脂溶性维生素，能防止并破坏脂肪代谢过程中产生的过氧化物。

3.胆碱含量

胆碱是合成磷脂的重要原料，胆碱不足，脂肪在体内的转运和氧化受阻，结果导致脂肪在肝脏内大量沉积，发生脂肪肝。所以，集约化养殖条件下，饲料中都要添加一定量的胆碱。

4.脂肪对蛋白质的节约效果与食性密切相关

对水产动物而言，当饲料中消化能较低时，饲料中添加适量脂肪，可以提高饲料可消化能的含量，从而减少蛋白质作为能源的消耗。脂肪对蛋白质的节约效果与食性密切相关，肉食性鱼类效果明显，非肉食性效果不显著。另外，脂肪对蛋白质的节约作用是有限的，仅限于把蛋白质分解功能降到最低，对于蛋白质的其他功能，则是脂肪无法替代的。

四、水产动物对脂类的需求

1.水产动物对必需脂肪酸的需求

凡是那些本身不能合成，必须由饲料直接供给，或能通过体内特定的先体物形成，对机体正常机能和健康具有重要保护作用的脂肪酸称为必需脂肪酸（EFA）。EFA如同蛋白质、氨基酸、维生素、矿物质一样，是动物生长发育、繁殖等的必需营养素和限制性因素。从其化学组成和结构看，EFA均系含有两个或两个以上双键的不饱和脂肪酸。鱼、虾自身可合成 n-7 和 n-9 系列不饱和脂肪酸，但不能合成 n-3 和 n-6 系列不饱和脂肪酸。因此 n-3、n-6 系列不饱和脂肪酸即为水产动物的必需脂肪酸。

EFA是组织细胞的组成成分，在体内主要以磷脂形式出现在线粒体和细胞膜中。EFA对胆固醇的代谢也很重要，胆固醇与其结合后才能在体内转运。此外，EFA还与前列腺素的合成及神经、脑的活动密切相关。

（1）淡水鱼对EFA的需要　一般认为，淡水鱼的EFA有四种：亚油酸（18：$2n$-6）、亚麻酸（18：$3n$-3）、二十碳五烯酸（EPA，20：$5n$-3）和二十二碳六烯酸（DHA，22：$6n$-3）（其中"："前的数字表示脂肪酸的碳原子数，"："后的数字表示双键数，"n"后面的数字为自末端甲基开始计数第一个双键开始的位置数）。对不同的鱼来说，这四种EFA的添加效果却有所不同。罗非鱼主要需要 n-6 脂肪酸，鳗、鲤、斑点叉尾鮰则需要 n-3 和 n-6 两类脂肪酸，而对虹鳟来说，n-3 脂肪酸起主要作用。当虹鳟饲料EFA不足时，添加亚油酸只能在某种程度上改善鱼的生长，但不能防止其他EFA缺乏症；而添加亚麻酸才能彻底消除各种EFA缺乏症。

（2）海水鱼对EFA的需要　EFA对海水养殖鱼类的生长发育、健康和繁殖影响显著。亚油酸和亚麻酸不是海水鱼的EFA，而碳原子数20以上的 n-3 高度不饱和脂肪酸才是海水鱼的

EFA，如20：5n-3和22：6n-3等。海水鱼与淡水鱼EFA不同的原因在于两者有不同的脂肪酸代谢途径。因为参与脂肪代谢的磷脂质中所含的脂肪酸主要是20：5n-3和22：6n-3，而淡水鱼由于能将18：3n-3有效地转化为22：6n-3，因而18：3n-3在淡水鱼类便具有EFA的效果。当然对某些冷水鱼而言，直接由饲料提供22：6n-3，效果更好，且添加量可以减半（如硬头鳟）；而海水鱼如大鳞鲆、真鲷、黑鲪和鲕等不能将饲料中的18：3n-3有效地转变为组成磷脂质的22：6n-3，所以，必须由饲料直接提供22：6n-3。

（3）甲壳类对EFA的需要　通过饲养实验和脂肪酸生物合成的研究均已证明，18：2n-6及18：3n-3是甲壳类的EFA，且18：3n-3比18：2n-6更为有效。虾、蟹类与淡水鱼具有相似的脂肪酸代谢过程，即可将18：3n-3转变为22：6n-3，但转化能力较弱，若直接由饲料中提供22：6n-3，效果更佳，且添加量可减半。在美洲龙虾的试验发现，n-3和n-6系列脂肪酸生物转化作用，存在着与鱼类相同的拮抗机制。如锯额长臂虾饲料中18：2n-6与18：3n-3比例为2.2：1时生长最好。

（4）水产动物对EFA的需要量　鱼类对EFA的需要量依鱼的种类和发育阶段而不同，一般占饲料的0.5%～2.0%。长期添加不足，容易引起EFA缺乏症，如果添加量过多，则不仅造成浪费，还容易引起鱼类脂肪肝，实际生产中应视具体情况而定，合理添加。

（5）EFA缺乏症　水产动物因从饵料中摄取的EFA不足而表现出的各种生长异常，称为EFA缺乏症。EFA缺乏，会导致一系列的营养缺乏症。虹鳟投喂缺乏EFA的饵料，一个月后表现出生长缓慢，饲料效率低，严重时引起鳍糜烂、心肌炎症、休克等症状。此外还表现为血液中血红蛋白含量降低，整个鱼体含水量增加，蛋白质和脂肪含量减少，死亡率升高。EFA缺乏还会导致鱼类生长缓慢，抗病力降低，尤其对仔稚鱼影响较大。香鱼和真鲷的仔鱼饵料中如果缺乏二十碳五烯酸、二十二碳六烯酸，则鳔发育不完全，脊椎侧凸；青鱼饲料中缺乏EFA时，生长速度和成活率低下，并出现竖鳞、眼球突出、鳍条充血等症状。这些症状在其他鱼类身上也会出现。

一般来说，以植物性原料为主要来源的饲料，其中主要为不饱和脂肪酸，故不易缺乏EFA。并且由于水产动物对EFA的需要量不大，而且EFA一旦吸收到体内，就可以有效地储藏在肝脏中，所以，一般情况下，鱼类不易出现缺乏症，特别是成鱼。

2.水产动物对脂肪的需求

水产动物对脂肪的需要量受鱼的种类、食性、生长阶段、饲料中糖类和蛋白质含量及环境温度的影响。一般来说，淡水鱼比海水鱼对饲料脂肪的需要量低，但在淡水鱼中，其脂肪需要量又因鱼种类而异。

水产动物对脂肪的需要量还与饲料中其他营养物质的含量有关。对草食性、杂食性鱼而言，若饲料中含有较多的可消化糖类，则可减少对脂肪的需要量；而对肉食性鱼类来说，饲料中粗蛋白越高，则对脂肪的需要量越低。这是因为饲料中绝大多数脂肪以氧化供能的形式发挥其生理作用，若饲料中有蛋白质可供利用，就可减少其对脂肪的依赖。

3.鱼类对类脂质的需求

（1）磷脂　磷脂在水产动物的生理生化功能上起着重要作用，是脑和神经组织的重要组成成分。在动物体内，磷脂在脂类中占有较大比例，尤其是PC（卵磷脂）在所有磷脂中含量最高。

日本对虾日粮中缺乏磷脂，虾幼体不能变态为后期幼体，在7天内全部死亡，这说明日本对虾幼苗的生长和成活需要磷脂。磷脂改善生长和成活率的效果因其类型和来源不同有所差异，日粮中最佳磷脂水平亦因同时存在的日粮脂肪的种类而发生变化，日粮中含有3%大豆卵磷脂成活率较好。而对于美洲龙虾，在各个胆固醇的添加水平下，日粮中添加卵磷脂对生长和成活没有显著的影响。

（2）固醇　胆固醇广泛存在于动物体内，是动物组织细胞所不可缺少的重要物质。尤以脑及神经组织中最为丰富，在肾、脾、皮肤、肝和胆汁中含量也较高。其溶解性与脂肪类似，不溶于水，而易溶于有机溶剂。

由于固醇与甲壳类的蜕皮激素合成有关，因此对于甲壳类，固醇显得十分重要。鱼虾体组织内胆固醇的含量与其大小、性别、日粮及性成熟阶段有关。一般动物（昆虫除外）可从乙酸盐，经由3-甲基-3,5-二羟基戊胺、鲨烯等合成固醇，但某些虾、蟹不能从乙酸盐-C^{14}或3-甲基-3,5-二羟基戊酸-C^{14}合成固醇，是否全部虾和蟹都无固醇合成能力尚待研究。但可以认为，几乎所有的甲壳类缺乏胆固醇体内合成的能力，因此，胆固醇是甲壳类动物的必需营养素。

五、脂类的氧化酸败

油脂作为一种高能饲料来源，一方面能为动物提供EFA、提高饲料适口性和转化率等；另一方面在储存加工和利用过程中易发生氧化酸败。脂类氧化酸败是指在储存、运输和加工过程中，饲料脂肪易氧化，经存在于饲料中脂肪酶的催化而生成游离的脂肪酸，游离的脂肪酸氧化形成醛、酮及其他低分子化合物的复杂混合物，这些产物有些产生不良气味，有些具有毒性，这一过程称为脂肪的氧化酸败。

1.脂类氧化酸败的类型

（1）油脂中的NUFA的双键被空气中的氧气所氧化，生成分子量较低的醛、酮的复杂混合物。这个反应在光、热和适当催化剂（如Cu、Fe、叶绿素）存在时更易发生，而且为自身催化型反应。它是油脂酸败中最常见、最主要的变化。

（2）由于微生物的作用使油脂氧化酸败。在温度高、湿度大和通风不良的情况下，微生物（如霉菌）或植物细胞内部脱出的脂肪酶可使油脂水解为甘油和脂肪酸，再进一步氧化生成醛和酮等复杂的化合物。这类反应在油脂和米糠中更容易发生。

2.脂肪氧化酸败的危害

脂类一旦氧化，不仅自身质量下降，而且产生的氧化物、过氧化物还会破坏饲料中的维生素，特别是维生素A、维生素E、维生素D等，改变了饲料品质，致使适口性下降，降低了水产动物的摄食量，且氧化脂肪是有毒的，其毒性因脂肪种类而不同。

3.预防脂类氧化酸败的措施

（1）饲料中应用过氧化值低的新鲜油类　过氧化值是表示油脂和脂肪酸等被氧化程度的一种指标。是1kg样品中的活性氧含量，以毫摩尔数表示。一般来说，过氧化值越低越不易发生氧化酸败。

（2）提油后储存　饲料在储存之前，用机械法或溶剂法等将油脂提取出来，形成脱脂饲料储存。使用时再按需要临时加入。

（3）添加抗氧化剂　避免脂类的氧化酸败，对脂肪含量较高的饲料应加入抗氧化剂，而且应该在未氧化时加入。常用的抗氧化剂有维生素E、BHT（2,6-二叔丁基-4-甲基苯酚）、

BHA（叔丁基羟基茴香醚）、EMQ（乙氧基喹）、抗坏血酸棕榈酸酯等。

（4）合理储存饲料　温度、湿度、水分、光线、氧的浓度和微量金属离子等对油脂及含油饲料品质的影响极大。如：温度升高10℃，氧化速度便增加1倍；而光，特别是紫外线能使饲料油脂氧化反应爆发性进行；金属离子能使油脂氧化，其作用很强。

（5）应用抗氧化油脂　抗氧化油脂又称稳定化动物脂肪或固化脂肪，是鱼油经特殊工艺制成的，呈白色粉末状的油脂，因不饱和脂肪酸被处理，减弱了油脂氧化及酸败反应的发生。在国外水产界已经应用多年，国内因价格较高未得到应有的普及和推广。

（6）充N_2储存　向仓库内充N_2，与氧气隔离，不仅防止了饲料氧化，而且各种敌害生物也无法生存。

防止饲料脂肪氧化酸败的关键在于改善仓储条件，缩短储存时间，防止饲料霉变。

【案例分析】

氧化鱼油对鲤鱼生产性能的影响

1.试验动物及分组　60g左右2龄鲤鱼种。依体重相近原则随机分为7个处理组，每个处理设4个重复，共28个试验水族箱，每个水族箱投放20尾鱼种。

2.试验方法　用新鲜鱼油作对照和6个氧化程度不同的鱼油按3%加入各试验饲料中，投喂试验鱼，饲养9周后与新鲜鱼油比较。

3.试验结果及分析　与新鲜鱼油比较，氧化鱼油各处理组增重率显著下降、饲料系数显著增加，但氧化鱼油处理组增重率下降和饲料系数增加未显示出与鱼油氧化程度升高相一致的趋势（$P>0.05$）。在成活率指标上，各处理组间没有显著差异（$P>0.05$）。试验结果表明：氧化鱼油降低鲤鱼生产性能，主要表现为鲤鱼增重率下降和饲料系数上升。

【思考题】

1.名词解释：必需脂肪酸　脂肪氧化酸败

2.脂类的营养作用是什么？

3.水产动物必需脂肪酸的种类有哪些？

4.影响水产动物脂肪利用的因素有哪些？

5.如何防止油脂的氧化酸败？

技能训练五　饲料中粗脂肪的测定

【目的要求】

掌握饲料中粗脂肪定量的操作方法，并了解饲料中粗脂肪含量情况。

【适用范围】

本标准适用于各种单一饲料，混合饲料和配合饲料。

【原理】

索氏脂肪提取器中用乙醚提取试样，称取提取物的重量，除脂肪外还有有机酸、磷脂、脂溶性维生素、叶绿素等，因而测定结果称粗脂肪或乙醚浸出物。

【试剂】

无水乙醚（分析纯）。

【仪器设备】

1. 实验室用样品粉碎机或研钵。
2. 分样筛　孔径40目。
3. 分析天平　感量0.0001g。
4. 电热恒温水浴锅　室温至100℃。
5. 恒温烘箱　50～200℃。
6. 索氏脂肪提取器（带球形冷凝管）100ml或150ml。
7. 滤纸或滤纸筒　中速，脱脂。
8. 干燥器　用氯化钙或变色硅胶为干燥剂。
9. 称量瓶（称样皿）直径80mm以上。

【操作步骤】

1. 抽提瓶在105℃±2℃烘箱中烘干60min，干燥器中冷却30min，称重再烘干30min，同样冷却称重，两次重量之差小于0.0008g为恒重。

2. 称取试样1g，准确至0.0002g，于滤纸筒中，或用滤纸包好并编号，放入105℃烘箱中，烘干120min（或称测定水分后的干试样，折算成风干样重），滤纸包长度应以可全部浸泡于乙醚中为准，将滤纸包放入抽提管，在抽提瓶中加入无水乙醚60～100ml，在60～75℃的水浴上加热，使乙醚回流，控制乙醚回流次数为每小时约10次，共回流约50次（8～16h），样品中的脂肪全部提出，并残留于提取瓶中。或检查抽提管流出的乙醚挥发后不留下油迹为抽提终点。

3. 取出试样，仍用原提取器回收乙醚直至抽提瓶全部回收完，取下抽提瓶，在水浴上蒸去残余乙醚。擦净瓶外壁，将抽提瓶放入105℃±2℃烘箱中烘干120min，干燥器冷却30min后称重，再烘干30min，同样冷却称重，两次重量之差小于0.001g为恒重。

【计算】

$$粗脂肪含量(\%) = \frac{m_2 - m_1}{m} \times 100\%$$

式中　m——风干试样质量，g；

m_1——已恒重的抽提瓶质量，g；

m_2——已恒重的盛有脂肪的抽提瓶质量，g。

【注意事项】

1. 乙醚易燃烧，使用时须远离明火。室内不准点酒精灯、擦火柴、吸烟等。

2. 盛醚瓶称重前后的取放宜用坩埚钳或垫纸张，不准用手直接接触，以免将手上油汗沾染盛醚瓶，影响测定结果。

3. 包扎样本时，应先将手洗净，以免影响测定结果。

4. 滤纸及线可继续使用，但应保持洁净。防止污染，以免影响测定结果。

5. 估计样本中粗脂肪含量在20%以上时，浸提时间需增加至16h。5%以下时则只需8h。

6. 样本滤包经乙醚提取后容易吸潮，称量速度要快，称量时须放称量瓶内，并盖严。

第五节　维生素营养

一、维生素的分类和命名

维生素是维持动物健康、促进动物生长发育所必需的一类低分子有机化合物。单位是mg、μg或IU。动物体对它的需要量很少，但维生素是调节水产动物的新陈代谢、维持鱼体生命活动所必需的生理活性物质。水产动物的合成数量很少，有些维生素种类不能合成，主要从食物中获取。

1.维生素的分类

维生素的种类很多，在动物体内已发现的有30多种。根据其对水的溶解性分水溶性维生素和脂溶性维生素两大类，这些维生素不仅化学特性各异，生理功能也是各不相同。它们在水产动物食物中的含量虽然微小，但其作用却不容忽视。

2.维生素的命名

（1）以英文字母顺序排列命名　如维生素A、B族维生素、维生素C、维生素D、维生素E、维生素K，有些物质起初发现时误认为是维生素，但后来证实并非维生素，所以在命名顺序上出现空缺。同类的维生素用数字区别，如B族维生素又有维生素B_1、维生素B_2，维生素B_3等。

（2）以化学组成命名　维生素B_1由含硫的噻唑环和含氨基的嘧啶环组成，所以又叫硫胺素。

维生素B_2因其结构中含有核糖和异咯嗪，呈黄色，所以叫核黄素。

维生素B_{12}因其结构中含有一个钴原子和一个氰原子，所以又叫氰钴素。

（3）以主要营养功能命名　如维生素A对维持视网膜的感光性有重要作用，所以叫抗干眼因子和抗瞎眼因子；维生素C因能防治坏血病，又叫抗坏血酸；维生素D有预防幼体动物患佝偻病的作用，所以被称为抗佝偻病因子；维生素E具有抗不育功用，又叫生育酚；维生素K因有促进凝血作用，所以被称为凝血维生素等。

二、维生素的营养功能

维生素与其他营养素不同，既不是构成组织和细胞的原料，也不是能量来源。但它在体内起着极其重要的作用：能促进主要营养素的合成或分解，从而控制机体代谢。另外，参与新陈代谢的调节，提高机体的抗病能力，控制机体的生长发育等过程。若缺少维生素就会导致代谢紊乱、机能失调、生长停滞和产生各种维生素缺乏症，严重者甚至死亡。

水产养殖生产中，添加和使用维生素的意义主要是利用维生素的特殊作用，将其添加在优质的配合饲料中形成全价配合饲料，每天只需几毫克甚至几微克的维生素就足以调节日粮中部分脂肪、蛋白质和无机物质等营养成分，从而使科学的水产养殖成为可能。饲料中添加适量的维生素能提高动物的生长速率和饲料转化率，防止疾病的发生和促进鱼类繁殖，从而使水产养殖业获得更高的经济效益。相对来讲，添加维生素所增加的费用与其所提供的经济效益相比，成本是低廉的。水产动物对维生素的需要量因种类和生长阶段而有很大差别，下面分别讲述一下脂溶性维生素和水溶性维生素的理化特性、营养作用、缺乏症及水产动物对它们的需要情况。

1.脂溶性维生素

脂溶性维生素常用的有4种，即维生素A、维生素D、维生素E和维生素K，此外，维生素A原（胡萝卜素），也具有一定的生理活性。

（1）维生素A 维生素A又称视黄醇或抗干眼因子等。已知维生素A有维生素A_1和维生素A_2两种。维生素A_1又称视黄醇，存在于动物肝脏、血液和眼球的视网膜中；维生素A_2又称3-脱氢视黄醇，主要存在于鱼肝油、肝、蛋黄和奶油内，绿叶和黄色蔬菜如胡萝卜、番茄、绿叶蔬菜、玉米等富含类胡萝卜素，如α-胡萝卜素、β-胡萝卜素、γ-胡萝卜素、隐黄质、叶黄素等。其中有些类胡萝卜素具有与维生素A_1相同的环结构，在动物体内可转变为维生素A，故又称为维生素A原。

① 维生素A的化学性质 维生素A属于高度不饱和脂肪酸，分子中有不饱和键，化学性质活泼，在空气中易被氧化或受紫外线照射而失去生理作用，故维生素A的制剂应装在棕色瓶内避光保存。不论是维生素A_1或维生素A_2，都能与三氯化锑作用，呈现深蓝色，这种性质可作为定量测定维生素A的依据。

② 维生素A的生理功能 维生素A是一般水产动物细胞代谢和细胞结构必不可少的重要成分，具有促进生长发育、维护骨骼健康的作用。对水产动物眼和鳃的正常结构及功能也很重要，可促进新生细胞生长，并有助于增强动物的抗感染能力，维持视紫质的正常效能，保护夜间视力。

③ 维生素A的缺乏症 美洲红点鲑在缺乏维生素A时，生长缓慢、死亡率增加、腹腔积水、表皮色素减退、眼球肿大和晶体移位；虹鳟缺乏维生素A时，贫血、鳃盖扭曲，眼和鳍的基部出血。斑点叉尾鮰缺乏维生素A时，眼球突出、水肿，肾脏出血。

④ 水产动物对维生素A的需要 饲喂幼龄鳟鱼，每千克饲料需添加2500～5000IU维生素A。对于温水鱼需要添加多少脂溶性维生素，目前没有统一的说法。

海水鱼的肝脏、脂肪和鱼粉以及人工合成的维生素A酯（醋酸酯、棕榈酸酯和丙酸酯）都可用作鱼饲料的组成部分。上述物质以及人工合成的维生素A微粒可添加到维生素预混合饲料中，增强维生素A的稳定性和有效性。

（2）维生素D 维生素D又称钙（或骨）化醇，是类固醇的衍生物，是一类关系钙、磷代谢的活性物质。自然界中以多种形式存在，如维生素D_2、维生素D_3、维生素D_4等，至少有10种，但在天然饲料中不一定都存在，其中主要以维生素D_2和维生素D_3对动物的营养意义最为重要。

① 维生素D的化学性质 维生素D_2是植物麦角固醇经日光或紫外光抑或人工光照（230～300nm）后激活转化而成的，又叫麦角钙（骨）化固醇、钙化固醇。白色至黄色的结晶粉末，无臭味；易溶于有机溶剂，微溶于脂肪，但几乎不溶于水；熔点为113～118℃，遇光、氧和酸迅速破坏，故应保存于避光的密闭棕色容器内，以氮气填充。

维生素D_3又称胆钙化固醇，来自于动物体的7-脱氢胆固醇。与维生素D_2的结构相似，缺少了一个甲基和一个双键。也会因光或氧气而变化，但比维生素D_2稳定。

② 维生素D的生理功能 维生素D的生理功能主要是促成骨作用，是保持钙、磷在鱼体内平衡所必不可少的物质。可促使鱼机体很好地利用饲料中的钙、磷，增强肠对钙的吸收并影响甲状腺素对骨骼的作用。鱼类对维生素D_2的利用效率低，故一般选用维生素D_3。

③ 维生素D的缺乏症 维生素D缺乏时，鲑鳟鱼会出现生长发育不良，白色骨骼肌痉挛，肝脏脂类物质增加，体内钙平衡失调等变化。缺乏维生素D的鳟鱼呈现一种类似脊柱前凸状的尾部下垂综合征，很明显，这种现象与同轴上肌肉组织衰弱有关，因为X线检查没有显示脊柱不正常的现象。斑点叉尾鮰则出现生长缓慢，体肌钙和磷的含量较低，躯体的总灰分含量也较低。如果维生素D摄入量过多（需要量的500～1000倍）时，鱼将出现骨骼易碎、肝细胞坏死、食欲下降和生长缓慢等。

（3）维生素E 维生素E又称生育酚，是一组具有生物活性的，化学结构相近似的酚类化合物的总称。目前已知的至少有8种，其中有四种（α、β、γ、δ）较为重要，而以α-生育酚分布最广，效价最高，最具代表性。

① 维生素E的化学性质 维生素E为淡黄色黏稠油状液；不溶于水，易溶于有机溶剂和植物油中；熔点2.5～3.5℃，沸点200～220℃。在无氧环境中稳定，但暴露于氧、紫外线、碱、铁盐和铅盐中易遭破坏。

维生素E还具有吸收氧的能力，具有重要的抗氧化特性，常用作抗氧化剂，用以防止脂肪、维生素A等的氧化分解，但能被酸败的脂肪所破坏。维生素E不稳定，经酯化后可提高其稳定性，最常用的是维生素E乙酸酯。

② 维生素E的生理功能 维生素E是一种生理性抗氧化剂。其主要作用如下。

第一，抑制脂类过氧化物的生成，减少过氧化物的产生，终止体脂肪的过氧化降解作用，使不饱和脂肪酸稳定，阻止细胞内和细胞膜上不饱和脂肪酸等易氧化物的氧化和破坏，从而保护了细胞膜的完整。

第二，维生素E可以防止红细胞破裂溶血，延长红细胞的寿命。在胃肠或体组织中，维生素E还保护了对氧敏感的类胡萝卜素和维生素A以及糖类代谢的中间产物免受氧化破坏而失效，从而提高维生素A的供应。

第三，维生素E保护巯基不被氧化，以保持某些酶的活性。

第四，维生素E能调节性腺的发育和功能，有利于受孕和受精卵着床，防止流产，提高生育机能等。

③ 维生素E的缺乏症 鱼类缺乏维生素E将出现肌肉萎缩、脂肪肝、生长缓慢、饲料转化率低等症状，但不同的鱼类所表现出的缺乏症不同。例如，鲤鱼发生瘦脊病、脊柱前弯、

肌肉营养不良等；鳟鱼和鲑鱼可出现贫血，运输时出现显著敏感的应激现象，死亡率增高，腹腔内有黄棕色腹水，色素减退，体液增加等症状；美国河鲶则表现为生长缓慢，眼球突出，心脏周围水肿等。

④ 水产动物对维生素E的需要　水产动物对维生素E的需要量受许多因素的影响，如饲料和鱼体组织中不饱和脂肪酸的含量；矿物质元素硒的含量以及其他抗氧化剂、助氧化剂的含量；鱼体的大小、品种、生长速度以及饲喂的生育酚同分异构体的类型等，均影响鱼类对维生素E的需要量。

有适量硒存在时，每千克饲料含维生素E醋酸酯30IU，完全可以防止鲑鱼的维生素E缺乏症；每千克鲤鱼饲料添加α-生育酚100mg，可以保持鲤鱼正常生长和健康。

（4）维生素K　维生素K又称凝血维生素，是一类甲萘醌衍生物的总称。它们共分两大类，一类为脂溶性化合物，是从绿色植物中提取的维生素K_1和来自腐败的鱼粉、微生物的代谢产物及动物合成的维生素K_2。另一类水溶性化合物，是人工合成的，包括亚硫酸氢钠和甲萘醌的加成物——维生素K_3和乙酰甲萘醌——维生素K_4。其中最重要的为维生素K_1、维生素K_2和维生素K_3。

① 维生素K的化学性质　饲料工业中一般用维生素K_3与亚硫酸氢钠的加成物即亚硫酸氢钠甲萘醌。外观为白色结晶、无臭味，易溶于水，难溶于乙酸，几乎不溶于乙醚和苯；常温下稳定，遇光易分解；对皮肤和呼吸道有刺激性。维生素K_3的活性最强，约比维生素K_2高3.3倍。

② 维生素K的生理作用　第一，维生素K具有促进血液凝固的作用，若缺乏维生素K则使肝脏产生的凝血酶原减少，血中几种凝血因子的含量降低，导致出血后血液凝固迟缓或发生障碍。

第二，维生素K参与鱼体内的氧化还原过程，缺乏时肌肉中的三磷酸腺苷和磷酸肌酸含量减少，三磷酸腺苷的活力下降。

第三，维生素K还能增加胃肠蠕动和分泌功能，缺乏时平滑肌张力及收缩减弱。除此之外，维生素K还可预防细菌感染。

③ 维生素K的缺乏症　缺乏维生素K时，不同的鱼表现出的症状也不同。虹鳟出现血液凝固迟缓、贫血以及肝脏萎缩；大麻哈鱼出现轻度出血、贫血；美洲红点鲑出现血液凝固速度减慢，血球比率降低；美国河鲶则出血过多而死亡；鲤鱼出现鳍淤血以及其他症状。但也有报道认为各种鱼类在130天的饲养期内未发现外表性缺乏症。

④ 水产动物对维生素K的需要　一般来说，动物肠内细菌可合成维生素K，但冷水性鱼类肠内细菌所合成的维生素K似乎不多，一般要在饲料中添加1mg/kg左右。维生素K的毒性不大，饲料中含量为2g/kg时，对鱼的生长未产生影响。

2.水溶性维生素

水溶性维生素的生理作用及化学组成彼此间有许多相似之处，故在动物营养上，常常使用B族维生素这一概念。维生素C是水溶性维生素组里唯一不属于B族维生素的成员。经研究证实，各水溶性维生素及其部分代谢物都是某些酶的组成部分，而这些酶是糖类、脂类和蛋白质代谢所不可缺少的。事实上，每一种维生素都起着其他物质所不能替代的特殊生理作用。水产动物对维生素需要量虽少，但一般在体内不能合成或虽然能够合成但不能满足需要，必须从饲料中供给。

（1）维生素 B_1　维生素 B_1 又称硫胺素，别名抗神经炎素。

① 维生素 B_1 的化学性质　维生素 B_1 由一个吡啶分子和一个噻唑分子通过一个亚甲基连结而成。主要以盐的形式被利用，一种是盐酸硫胺素，另一种是单硝酸硫胺素。盐酸硫胺素外观呈白色结晶粉末，带有类似酵母或陈坚果气味；易溶于水，微溶或不溶于有机溶剂；熔点 245℃，约 250℃分解，在黑暗干燥条件下不易被空气中的氧气所氧化，在酸性溶液中稳定，在碱性溶液中易氧化失活；单硝酸硫胺素外观呈白色结晶或微黄色晶体粉末，无臭味或稍具特异性臭味；稍溶于水，微溶于乙酸和三氯甲烷；熔点 190～200℃，吸湿性较小，稳定性较好。

② 维生素 B_1 的生理作用　硫胺素作为能量代谢的一种辅酶，参与糖代谢的三羧酸循环，是鱼、虾类糖代谢不可缺少的，它能增进食欲，维持水产动物的正常消化、生长发育和繁殖，也为神经组织正常机能所必需。

③ 维生素 B_1 的缺乏症　当维生素 B_1 缺乏时，不同的水产动物表现的症状不尽相同。鱼、虾一般表现为食欲不振或拒食、生长缓慢、水肿、激动异常、易于受惊等。鲤鱼对缺乏维生素 B_1 有较强的抵抗力，但饲料中若糖类含量较高而又缺乏维生素 B_1 时，鲤鱼则表现为厌食，生长减慢，体色变淡，鳍条（鳍基部）和皮下充血或出血。鳗鱼出现生长不良，死亡率增高，鳍充血或淤血，躯体弯曲，运动失调，游动异常，体色暗化。虹鳟和斑点叉尾出现痉挛，身体扭曲，神经失调，皮肤变黑，严重时导致死亡。美国河鳗表现迟钝，丧失平衡感觉。

鲤鱼和鳟鱼摄入氨丙啉、吡啶硫胺或羟基硫胺等硫胺拮抗剂，会导致维生素 B_1 缺乏症，延长饲料组分的储藏时间，会使硫胺素遭到破坏；但在不含矿物质微量元素或氯化胆碱的维生素预混合饲料中，单硝酸硫胺素是稳定的。

④ 水产动物对维生素 B_1 的需要　根据饲料中的其他组分，鱼体大小，水温和生长速度，饲料中糖类含量和总能的摄入，每千克虹鳟鱼饲料需添加硫胺素 1～10mg。多数鱼、虾的维生素 B_1 最低需要量还没有很准确的规定，但鲤鱼对维生素 B_1 的需要量比虹鳟鱼所需要的低，每千克饲料含维生素 B_1 0.5mg。大菱鲆对维生素 B_1 的需要量也远比大多数淡水鱼所需要的低，以每千克饲料计算，添加量一般是在 0.6～2.6mg。对大多数鱼类，硫胺素的中毒剂量是其需要量的数百倍，甚至上千倍。

（2）维生素 B_2　维生素 B_2 又名核黄素，别名卵黄素、尿黄素，因其结构中含有核糖和异咯嗪，呈黄色，故有此化学名称。

① 维生素 B_2 的化学性质　核黄素的外观呈橙黄色针状晶体或结晶性粉末，稍具臭味；易溶于稀碱液，稍溶于水，在水溶液中呈黄绿色荧光，微溶于有机溶剂中；熔点约为 280℃，在 280～290℃分解；在酸性溶液中加热很稳定，但在碱性溶液中很快分解，特别是对紫外线辐射很敏感，易分解失活。但在干燥情况下，光对核黄素影响不显著。

② 维生素 B_2 的生理作用　饲料中的核黄素大多数以 FAD（黄素腺嘌呤二核苷酸）和 FMN（黄素单核苷酸）的形式存在，在肠道随同蛋白质的消化被释放出来，经磷酸酶水解成游离的核黄素，进入小肠黏膜细胞后再次被磷酸化而生成 FMN。在门脉系统与血浆白蛋白结合，在肝脏转化为 FAD 或黄素蛋白质。FAD 和 FMN 以辅基的形式与特定的酶蛋白结合形成多种黄素蛋白酶。这些酶与糖、脂肪和蛋白质的代谢密切相关。

③ 维生素 B_2 的缺乏症　缺乏维生素 B_2 的鳟鱼和鲑鱼表现厌食、生长缓慢和饲料转化率低、鱼体色素增深和眼球晶体不透明（如白内障、角膜基底及内皮增厚）、角膜晶体黏着、模糊等症状。用缺乏维生素 B_2 的饲料饲喂斑点叉尾鲴，表现厌食，生长缓慢，鱼体短小以及白内

障。缺乏维生素B_2的鲤鱼显示厌食，消瘦，死亡率高，心肌出血和前肾坏死。用缺乏维生素B_2的饲料饲喂日本鳗鲡6周，除厌食、生长缓慢和嗜睡等常见的缺乏症外，还有皮炎，鳍和腹部出血的症状。

> **小知识**
>
> 　　鳟鱼因缺乏维生素B_2发生白内障的类型，与用缺乏蛋氨酸的饲料饲喂的鳟鱼，由眼球晶体前叶皮层变化发生的白内障截然不同，由缺乏维生素B_2引起的白内障发生于眼球晶体的后叶被膜层，并且向内发展，可能形成眼球晶体纤维全部退化以及晶体模糊。另外，使用缺乏锌的饲料饲喂的鳟鱼所发生的白内障却是从眼球晶体的外周开始的。

　　④ 水产动物对维生素B_2的需要　鱼类对维生素B_2的需要量一般为$2 \sim 4mg/kg$。核黄素的中毒剂量是其需要量的数十倍到数百倍。

　　（3）维生素B_3　维生素B_3通常称泛酸，因为它在自然界中分布十分广泛，所以又称为遍多酸。

　　① 维生素B_3的化学性质　维生素B_3外观呈淡黄色黏滞油状，能溶于水和乙醚中，吸湿性极强，在酸性和碱性溶液中易受热被破坏，在中性溶液中比较稳定，对氧化剂和还原剂极为稳定。泛酸是辅酶A的组成成分，约占辅酶A分子重量的10%左右。

　　② 维生素B_3的生理作用　由于维生素B_3为辅酶A的组成部分，它参与经过三羧酸循环从糖类、脂类和蛋白质代谢中转移乙酰基的作用，另外，有助于体内生物合成脂肪酸和脂肪酸氧化，同时作为醋酸盐基团的受体和供体，是各种需要能量的生化过程所必需的因素。

　　③ 维生素B_3的缺乏症　饲料中缺乏维生素B_3可使鱼体出现富含线粒体细胞的代谢功能受损，导致有丝分裂加快和能量的消耗增高。虹鳟缺乏维生素B_3，从饲养第三周开始，即出现严重的厌食和停止生长，饥饿，消瘦和被称为营养性鳃病的其他症状，包括贫血、鳃表面有渗出液覆盖、鳃瓣融合、鳃增生、鳃盖肿胀、游动不规则和死亡率提高等。组织学解剖结果显示：肾脏和胰腺损伤，线粒体凝集。斑点叉尾鮰鱼种用缺乏维生素B_3的饲料饲养，出现厌食，鳃变形，贫血，体重减轻，死亡率增高和鱼体表皮腐蚀现象。用缺乏泛酸的饲料饲喂鲤鱼，出现生长缓慢、厌食、嗜睡和贫血等较为缓和的症状，而日本鳗鲡缺乏泛酸后，则出现包括出血，充血，生长不良、游动不规则和皮炎等症状。

　　④ 水产动物对维生素B_3的需要　据试验报道，鲑鱼、鳟鱼和鲤鱼种对维生素B_3的需要量分别为$10 \sim 20mg/kg$、$40 \sim 50mg/kg$和$30 \sim 45mg/kg$。斑点叉尾鮰鱼苗用1mm或更小直径的颗粒饲料饲养，饲料中至少含维生素B_3 250mg/kg，而斑点叉尾鮰鱼种（初期平均重量约10g）仅需添加维生素B_3约10mg/kg。

　　（4）维生素B_4　维生素B_4通常称胆碱，是磷脂、乙酰胆碱等的组成成分。

　　① 维生素B_4的化学性质　维生素B_4的化学名称是β-羟乙基-三甲胺羟化物，为无色味苦的粉末，在空气中极易吸水潮解；易溶于水、甲醇、乙醇，而难溶于丙酮、三氯甲烷和苯中。

　　② 维生素B_4的生理作用　在各类生物化学反应中，胆碱分子中的三个甲基基团是重要的甲基供体。胆碱同乙酰辅酶A发生反应，形成神经递质乙酰胆碱。此外，胆碱亦是卵磷脂和神经鞘磷脂的组成部分。

　　③ 维生素B_4的缺乏症　用缺乏维生素B_4的饲料饲喂幼龄虹鳟，生长缓慢并出现脂肪肝现象。鲤鱼也出现上述症状，但生长受抑制的现象并不显著。用缺乏胆碱的饲料饲喂日本鳗鲡，

表现食欲不佳，生长不良，肠呈现灰白色。

④ 水产动物对维生素B_4的需要　鱼对维生素B_4需要一般为每千克饲料4g。幼龄虹鳟维持正常生长并防止脂肪肝，饲料中添加胆碱的最低量为1000mg/kg。自然界存在的脂肪都含有胆碱，所以，凡是含脂肪的饲料都可提供胆碱。

（5）维生素B_5　维生素B_5通常称维生素PP或抗癞皮病维生素，包括烟酸（尼克酸）和烟酰胺（尼克酰胺）两种化合物。

① 维生素B_5的化学性质　烟酸和烟酰胺两种化合物均为白色、无味的针状晶体，对热、光、酸均较稳定。烟酸微溶于水，大量溶于碱性溶液；烟酰胺则易溶于水和乙醇中，在碱性溶液中加热，烟酰胺可水解为烟酸。

② 维生素B_5的生理作用　烟酸在体内转变为烟酰胺后才有活性，烟酸主要通过烟酰胺腺嘌呤二核苷酸（NAD）或烟酰胺腺嘌呤二核苷酸磷酸（NADP）参与碳水化合物、脂肪和蛋白质的代谢，尤其在体内供能代谢的反应中起重要作用。NAD和NADP也参与视紫红质的合成。

③ 维生素B_5的缺乏症　维生素B_5缺乏时，鲑鳟鱼类出现厌食、生长缓慢、饲料转化率低、日光晒伤症、肠壁水肿、肌肉无力、痉挛、皮肤及鳍损伤、死亡率增加；斑点叉尾鮰和鲤鱼表现为表皮出血、颌骨畸形、皮肤和鳍损伤、死亡率高；日本鳗表现厌食、生长不良、贫血、皮炎、表皮出血、体色变黑、游动异常。

④ 水产动物对维生素B_5的需要　鱼类对烟酸的需要一般为10～50mg/kg，每天每千克体重摄入超过350mg可能引起中毒。

（6）维生素B_6　维生素B_6也叫吡哆素，有三种化学形式，即吡哆醇、吡哆醛、吡哆胺。

① 维生素B_6的化学性质　在体内，吡哆醇可转变为吡哆醛和吡哆胺，但后两者不能转化为吡哆醇，而吡哆醛和吡哆胺可以互相转变。由于吡哆醛和吡哆胺很不稳定，遇热、光、空气迅速遭到破坏。因此，一般以盐酸吡哆醇的形式补充维生素B_6，盐酸吡哆醇易溶于水，在酸、碱溶液中耐高热，但暴露于可见光时易破坏。

② 维生素B_6的生理作用　维生素B_6是各种氨基酸代谢时，许多酶解过程所必需的成分。磷酸吡哆醛是参与至少22种转氨酶和其他组织的蛋白质代谢以及脂类和糖类代谢的辅酶。磷酸吡哆醛亦是生物合成（如由色氨酸衍生的5-羟基色胺等许多神经内分泌物质）所必需的成分。

③ 维生素B_6的缺乏症　缺乏维生素B_6的症状包括癫痫发作，刺激感受性亢进，游动不规律和螺旋状，呼吸急促，搬运时易受损伤，鳃盖弯曲，死亡率高以及死亡后尸体迅速僵硬等。缺乏维生素B_6的日本对虾，4周后即出现生长受阻以及死亡率高等症状。Ogino将维生素B_6拮抗剂——脱氧吡哆醇添加到缺乏维生素B_6的饲料中，饲喂鲤鱼4～6周，发现神经障碍、水肿、出血、眼球突出等症状。用缺乏维生素B_6的饲料饲喂日本鳗鲡3～4周，表现厌食、生长缓慢、神经障碍、癫痫发作和抽搐等症状。黄条鰤缺乏维生素B_6除显示其他品种鱼类表现的病症外，还可引起口腔和鱼鼻表面的损伤。

④ 水产动物对维生素B_6的需要　有迹象表明，当鱼的蛋白质摄取和鱼的生长率增加时，对维生素B_6的需要量相应增加。鱼类对维生素B_6的需要一般为3～15mg/kg，根据鱼体大小、饲料的蛋白质水平和水温，幼龄鳟鱼和鲑鱼的饲料至少需要添加维生素B_6 5～15mg/kg。

（7）维生素B_7　维生素B_7通常称生物素。

① 维生素B_7的化学性质　维生素B_7外观呈长针状结晶粉末，无臭味。溶于稀碱溶液中，

微溶于水和乙醇，不溶于脂肪等大多数有机溶剂。维生素B_7在常规条件下是相当稳定的，干燥结晶的D-生物素对空气、光线和热十分稳定，能被紫外线逐渐破坏，在弱酸性或弱碱水溶液中较稳定，但能被硝酸、强酸、强碱、氧化剂和甲醛等破坏。生物素在动物体内细胞中常以游离状态或与蛋白质相结合的状态存在。

② 维生素B_7的生理作用　生物素是多种酶的组成部分，对糖类、脂肪和蛋白质三种能产生能量的营养物质，具有促进代谢和能量释放的功能。乙酰辅酶A是形成泛酸辅酶A的必要组成。

③ 维生素B_7的缺乏症　鲑鱼和鳟鱼缺乏生物素的症状是厌食，死亡率增加，饲料转化率差，鳃瓣畸形而短，肝脏乙酰辅酶A羧基酶和丙酮酸酯羟基酶的活力受到抑制，脂肪酸和糖原的生物合成不正常，胰腺的腺泡细胞坏死以及肾小管中糖原沉积。饲料中脂肪的类型和添加水平能影响鲑鱼和鳟鱼的生物素缺乏症的症状。斑点叉尾鮰、金鱼和日本鳗鲡的生物素缺乏症一般表现为生长不良，鱼体色泽和游动状态异常。

④ 水产动物对维生素B_7的需要　鱼类对生物素的需要量一般为3～6mg/kg，以生长情况、肝脏中生物素的最高储藏量和适宜的饲料转化率为基础，每千克幼龄鳟鱼饲料至少需要添加生物素0.05～0.25mg。Ogino等报道，每千克幼龄鲤鱼饲料需要添加生物素1mg。大多数含鱼粉或鱼粉与植物性蛋白质的混合物的饲料中含有足够量的生物素，供幼龄鱼的正常生长需要。

（8）维生素B_{11}　维生素B_{11}通常称叶酸，化学名称为蝶酸谷氨酸。它是由蝶酸和L-谷氨酸结合而成的。而蝶酸包括2-氨基-4-羟基-6-甲基蝶嘧啶和对氨基苯甲酸两部分。

① 维生素B_{11}的化学性质　维生素B_{11}为黄色至橙黄色结晶性粉末，无臭味；易溶于稀碱，溶于稀酸，稍溶于水，不溶于乙酸、丙酮、乙醚和三氯甲烷中；熔点为250℃；结晶的叶酸对空气和热均甚稳定，但受光和紫外线辐射后则降解，在中性溶液中较稳定。酸、碱、氧化剂与还原剂对叶酸均有破坏作用。

② 维生素B_{11}的生理作用　维生素B_{11}是生物合成各种核酸、脱氧核糖核酸（DNA）和核糖核酸（RNA）的必需成分，因此，正常的血红细胞形成就需要叶酸。

③ 维生素B_{11}的缺乏症　日本鳗鲡缺乏叶酸的症状是厌食，生长不良和躯体色泽变黑。John和Mahajan报道，用缺乏叶酸的饲料饲喂淡水鱼印度野鲮15周，可发现生长缓慢，血红细胞数减少。饲料中缺乏对氨基苯甲酸或维生素B_{11}都可加速鱼体内非常明显的贫血症。

④ 水产动物对维生素B_{11}的需要　鱼类对生物素的需要量一般为150～1000μg/kg。幼龄鲑鱼和鳟鱼的饲料需要添加叶酸1～15mg/kg。Slinger等观察到用蒸汽调制颗粒饲料成碎料，在加工和储藏过程中叶酸损失5%～10%，制备破碎饲料时损失3%～7%，所以在配合饲料中需要超量供应才能满足需要。

（9）维生素B_{12}　维生素B_{12}因其分子中含有氰和钴，又称作氰钴胺素或钴胺素，它是唯一含有金属元素的维生素。

① 维生素B_{12}的化学性质　维生素B_{12}外观呈深红色结晶粉末，具吸湿性。氰钴胺素不熔化，加热到210～220℃不熔融而炭化；稍溶于水，溶于乙醇，不溶于丙酮、乙醚、三氯甲烷、脂肪或脂溶剂。维生素B_{12}可被氧化剂和还原剂、醛类、抗坏血酸、二价铁盐、香草醛等破坏，可被滑石强烈地吸收。维生素B_{12}在体内主要是以5-脱氧腺苷钴胺素的形式存在。

② 维生素B_{12}的生理作用　维生素B_{12}参与鱼、虾类和其他动物的许多代谢功能。动物的正常生长，血红细胞成熟，脱氧核糖核酸生物合成，健康的神经组织都需要维生素B_{12}。维生

素B_{12}连同叶酸，是血红细胞生成组织中生物合成脱氧核糖核酸时，提供甲基基团等一碳单元所必需的组分。它还参与蛋氨酸、铁、胆碱、维生素C和泛酸的代谢功能。

③ 维生素B_{12}的缺乏症　鲤鱼、罗非鱼不需要饲料提供维生素B_{12}，鳟鱼的维生素B_{12}缺乏症，在血红细胞碎断的数目上存在很大的差异，而且出现血红蛋白过少的贫血症。John和Mahajan观察到在同时缺乏叶酸和维生素B_{12}的印度野鲮体内，血小板数目增加，但中性粒细胞却减少。用缺乏维生素B_{12}的饲料饲喂斑点叉尾鲴36周后，生长速度比添加维生素B_{12}的饲料慢，但没有出现相应的缺乏症。日本鳗鲡维持正常的食欲和生长，需要添加维生素B_{12}。

④ 水产动物对维生素B_{12}的需要　一般植物性饲料不含维生素B_{12}。Halver建议，鲑鱼饲料中有适量叶酸存在时，每千克饲料添加维生素B_{12} 0.002～0.003mg。含维生素B_{12}的饲料储存于一般的温度时，维生素B_{12}的稳定性很好。一般是将干燥结晶的维生素B_{12}用载体稀释后添加到饲料中去。

（10）维生素C　维生素C又称抗坏血酸。

① 维生素C的化学性质　抗坏血酸的外观为白色结晶粉末，有酸味；易溶于水，稍溶于乙醇，微溶于甘油，不溶于乙醚和三氯甲烷，熔点为190℃；具酸性和强还原性，遇空气、热、光、碱性物质、铜和铁可加快其氧化。生产实践中常用其钠盐（如抗坏血酸钠），抗坏血酸钠外观呈白色结晶粉末，略带酸味，极易溶于水，基本不溶于乙醇、乙醚和三氯甲烷。

② 维生素C的生理作用　维生素C是一种强还原剂，容易被氧化成脱氢抗坏血酸。维生素C主要参与前胶原的形成，前胶原参与生物合成胶原和软骨，以及组织的形成、维修和骨骼的钙化。在羟基脯氨酸转化成脯氨酸和酪氨酸代谢过程中，维生素C具有生物化学作用。在虹鳟鱼体内，维生素C对铁的代谢发挥作用。许多细胞的羟化酶需要维生素C促进最高的生物活性。左旋抗坏血酸和维生素E以及硒等的协同作用可以减轻鱼体组织的过氧化作用。

③ 维生素C的缺乏症　鱼类缺乏维生素C，一般表现为食欲下降、生长受阻、骨骼畸形、脊柱弯曲、表皮及鳍出血等症状。鲑鱼和鳟鱼缺乏维生素C的症状是骨骼畸形，脊柱前凸和侧凸，眼、鳃、鳃盖、头和鳍的软骨支持组织异常，以及一些通常在缺乏维生素初期出现的非特异性症状。饲养在水族馆和密集饲养在供应有限量活饵的池塘中的斑点叉尾鲴，发生的维生素缺乏症与鲑鱼所显示的缺乏症相似。

鱼类缺乏维生素C，生长缓慢，头部、表皮和鳍出现出血症。日本对虾，用缺乏维生素C的饲料饲喂，鳃、甲壳和腹部表面，肠和外骨骼下结缔组织集中出现被称为"黑死病综合征"的黑色素损伤症。淡水饲养的乌鳢长期缺乏维生素C，肝脏中胆固醇含量急剧升高。用缺乏维生素C的饲料饲喂黄条鰤，可出现鳃盖发育不良、厌食、嗜眠、生长不良、脊柱侧凸和躯体色泽变化等现象，同时器官表现生长受阻，发育不全。

④ 水产动物对维生素C的需要　Hilton等报道，虹鳟鱼肝脏含维生素C的量低于20μg/g时，显示日粮中的维生素C供应不足。Halue介绍，检查前肾的抗坏血酸盐浓度可用作临床评定维生素C对鱼的作用。鳟鱼和鲑鱼对维生素C的需要是根据鱼体大小、生长率、饲料及其他成分和应激现象等饲养条件决定的，幼龄、生长速度快的鱼，需要维生素C最多。Halver等报道，虹鳟鱼和银大麻哈鱼体重小于1g，每千克饲料分别需添加左旋抗坏血酸100mg和50mg，以满足正常生长的需要。鱼、虾类摄入毒杀芬和氯甲桥萘等环境污染物会增加对维生素C的需要。加工和储藏含维生素C的饲料，会使饲料的维生素C受到损失。因此，应在饲料中超量添加维生素C。

除前面所介绍的几种维生素外，还有一些物质，据目前的研究材料还不能完全证明它们属于维生素，但在不同程度上具有维生素的属性。如肌醇、肉毒碱、硫辛酸、辅酶 Q、多酚、维生素 B_{13}（乳清酸）、维生素 B_{15}（潘氨酸）、维生素 B_{17}（苦杏仁苷）、维生素 H_3（普鲁卡因）、维生素 U 以及葡萄糖耐受因子等。关于这些物质是否属于维生素还有待进一步证明，也涉及维生素概念及定义的进一步阐明。

【案例分析】

某年冬春季节，网箱养殖鲤鱼发现有少量鲤鱼的鳃盖凹凸不平，呈拱形，严重者脊椎弯曲变软；相当量的鲤鱼生长缓慢，有的常出血，烂皮肤，且不易愈合。容易感染水霉、烂鳃、肠炎等疾病而死亡，导致鲤鱼成活率低。

1.诊断　鱼类缺乏维生素 C，一般表现为食欲下降、生长受阻、骨骼畸形、脊柱弯曲、表皮及鳍出血等症状。除去流行病因素，该症状可能是鲤鱼维生素 C 缺乏症，系鲤鱼饲料中维生素 C 含量不足所致。

因为水产动物合成维生素的能力较差，只有少数几种维生素能自身合成，大多数需要由饲料中获得。通过调整饲料营养结构或补充某种维生素后，症状减轻或消失，为维生素缺乏症的判定提供佐证。

2.病因分析　鲤鱼维生素 C 缺乏症是由饲料中维生素 C 含量不足所引起，冬季青饲料投喂过少，加上饲料加工时，在挤压操作过程中，热处理会破坏维生素 C（饲料都是在 $80 \sim 120℃$ 条件下加工而成的，维生素 C 一般会损失 40% ~ 60%，有时高达 80%），同时在储存中维生素 C 会氧化，太阳暴晒也会引起维生素 C 降解，从而加大维生素 C 的损失，致使饲料维生素 C 含量缺乏所致。

3.治疗措施　到鱼药店买维生素 C 丸，每千克鲤鱼每天用 300mg 维生素 C 粉末拌入饲料中投喂，15 天后症状明显减轻，服用 25 ~ 30 天即可防治该病。此外，应尽量多喂黑麦草等青饲料，以使鲤鱼能从青饲料中摄取所需的维生素 C，从而达到防病的目的。

三、抗维生素

抗维生素也叫维生素拮抗物，是指那些具有与维生素相似的分子结构，却不具有维生素生理作用的物质。抗维生素可以代替辅酶中维生素的位置，与维生素竞争和有关的酶结合，从而削弱或阻止维生素与酶的结合，使酶活性丧失。因此，饲料中只要存在少量的某种抗维生素，很快就会引起维生素的缺乏症。尤其是那些不易患维生素缺乏症的鱼类，抗维生素的作用更加明显。

不同的维生素都有其相应的拮抗物，如维生素 B_6 的拮抗物为脱氧维生素 B_6，维生素 K 的拮抗物为双香豆素，肌醇的拮抗物为六氯化苯等，前者都会因后者的存在而降低甚至完全失去活性。饲料中存在抗维生素时，由于饲料中的维生素的生理功能被削弱或丧失，此时，只有加大剂量的维生素才能抵消抗维生素的副作用，避免发生维生素的缺乏症。

许多抗维生素物质存在于自然界中。如生鸡蛋中有生物素，也有抗生物素。抗生物素会使生物素失去活性，不能被人体利用，结果造成人体缺乏生物素。只有在煮熟的鸡蛋中这种抗生物素才失去活性，使生物素能正常发挥营养作用。

抗维生素存在并非完全对人类无益，事实上，许多消灭微生物的药物都是抗维生素，人们正是利用它们抑制细菌或微生物的营养来达到治疗效果。医学上用的一些抗凝剂就是抗维生素 K 的物质，可减缓循环系统病人的血液凝固，如血栓形成。

【思考题】

1. 维生素按其溶解性分为_____和_____。
2. 脂溶性维生素有_____、_____、_____和_____。
3. 水溶性维生素有_____、_____、_____等。
4. 水溶性维生素的单位一般用_____。
5. 机体缺乏_____时，会出现"坏血病"。
6. 促进钙、磷的吸收和利用，骨骼钙化的维生素是_____。
7. 水产动物缺乏维生素E时，出现_____。
8. 维生素B_6的拮抗物为_____；维生素K的拮抗物为_____；肌醇的拮抗物为_____。
9. 富含维生素A的物质有_____、_____。
10. 简述维生素的概念和分类。
11. 简述维生素E的生理作用及缺乏症。

第六节　矿物质营养

一、矿物质的分类

矿物质又称矿物盐或无机盐，是生物体的重要组成成分，是指在生物体内，除形成有机物的碳、氢、氧和氮之外的元素，是饲料完全燃烧成为灰烬时的残余成分，故名粗灰分。矿物质在生物体内的含量较少，不含能量，但广泛地参与各种代谢，是维持水产动物生命所必需的。

矿物质在鱼体内的含量一般为2%～5%。根据其含量的多少，被分为常量矿物质与微量矿物质。其中含量在0.01%以上的为常量元素，包括钙、磷、硫、钠、氯、钾、镁7种；含量在0.01%以下的为微量元素，20世纪70年代以前研究发现的微量元素包括铁、铜、锰、锌、碘、硒、钴、钼、铬、氟、硅、硼12种。

二、矿物质元素的营养功能作用及缺乏症

矿物质元素对动物体的生理功能具有双重性——营养作用和毒害作用。即不同矿质元素对动物体的供给剂量有一个正常范围，当矿物质元素缺乏到一定低限后出现缺乏症，超过高限则表现出中毒症状。矿物质的营养功能可归纳如下。

① 骨骼、牙齿、甲壳及其他体组织的构成成分，如钙、磷、镁和氟等。

② 酶的辅基成分或酶的激活剂。如：锌是碳酸酐酶的辅基，铜是血浆铜蓝蛋白氧化酶的辅基，硒参与血浆谷胱甘肽过氧化物酶的构成和活性调节，钼与血浆黄嘌呤氧化酶的活性有关等。

③ 构成软骨组织中某些特殊功能的有机化合物，如铁是血红蛋白的成分，碘是甲状腺素的成分，钴是维生素B_{12}的成分等。

④ 维持体液的渗透压和酸碱平衡。无机盐是体液的电解质，保持细胞定形，供给消化液中的酸和碱（如钠、钾、氯等）。

⑤ 维持神经和肌肉的正常敏感性（如钙、镁、钠、钾等元素）。

1.常量元素的生理作用及缺乏症

（1）钙、磷

① 钙、磷的生理作用　钙和磷是动物体内含量最高的两种矿质元素，由于钙、磷在营养上的相互关联性，所以，这两种元素通常被放在一起考虑。钙、磷的主要生理作用如下：骨骼、牙齿、甲壳及其他体组织的构成成分，体内99%的钙和80%的鳞存在于骨骼、牙齿、鳞片上。钙具有多方面的生理代谢调节功能。通过钙控制神经传递物质释放，调节神经肌肉的兴奋性。通过神经体液调节，改变细胞膜通透性。使钙进入细胞内触发肌肉收缩，激活多种酶的活性。促进胰岛素、儿茶酚胺、肾上腺皮质固醇等的分泌。

② 钙、磷的缺乏症　淡水鱼主要从鳃和体表吸收；海水鱼则从肠道和体表吸收矿物质元素，无论海水鱼或淡水鱼，一般情况下，鱼类都能有效地从水中吸取相当数量的钙，不会出现钙的缺乏症。但鱼类对水中的磷吸收量很少，远不能满足需要。所以，在饲料中必须添加磷，因钙、磷之间关系密切，故还要保证饲料中有一定的钙含量，一般鱼类需求Ca/P为1：（1～1.5）；甲壳类需求Ca/P为1：（1.7～1.75）。

（2）镁

① 镁的生理作用　参与骨骼与牙齿的构成；作为体内酶的活化因子或直接参与酶组成，如磷酸酶、氧化酶、激酶、肽酶、精氨酸酶等；参与遗传物质DNA、RNA和蛋白质的合成；调节神经肌肉的兴奋性，保证神经肌肉的正常功能。

② 镁的缺乏症　饲料中缺乏镁时，会造成淡水鱼，如美洲河鲶、鲤鱼、鳟鱼生长迟钝，体中镁及血清中镁含量下降，对鳟鱼更易造成肾脏钙质沉着。饲料中钙含量对鲤鱼和鳟鱼对镁的吸收有直接影响，所以饲料中应注意添加镁。

不同鱼类的缺乏症不同，但几乎所有的鱼有两种缺乏症是共同的，即过于敏感和变形的骨骼。鲤鱼的缺乏症为食欲降低，生长缓慢，死亡增加，并有懒惰现象，血清中镁含量降低。以缺乏镁的食物饲喂虹鳟鱼，其症状为骨骼肌中钠含量高，肾中有钙质沉积。沟鲶对镁的缺乏症主要为生长缓慢，厌食，懒惰，肌肉萎缩，死亡率高，骨中镁的含量降低。骨骼中的钙、镁比可用来判断饲料中是否缺镁。

（3）钠、氯和钾

① 钠、氯和钾的生理作用　钠、氯和钾的主要作用是维持细胞外体液渗透压和酸碱平衡。其中氯是胃液中的主要阴离子，它与氢离子结合成盐酸，盐酸能使胃蛋白酶活化，并保持胃液呈酸性，具有杀菌作用。钠大量存在于肌肉中，使肌肉兴奋性加强，对心肌活动起到调节作用；钠和钾分别是细胞内的主要阳离子。

② 钠、氯和钾的缺乏症　目前还没有对这三种元素缺乏症的描述。

2.微量元素的生理作用及缺乏症

（1）铁

① 铁的生理作用　铁是血红蛋白、肌红蛋白、细胞色素酶等多种氧化酶的成分，与造血机能、氧的运输及细胞内生物氧化过程有着密切的关系。动物机体中的铁有60%～70%存在于血红素中，20%左右与蛋白质结合形成铁蛋白，存在于肝、脾和骨髓中，其余的铁存在于细胞色素酶和多种氧化酶中。铁在血中的存在形式有红细胞中的血红蛋白和血浆中的铁传递蛋白两种，两者的比例近于1000：1。血浆（血清）中铁含量的稳定状态反映了机体内铁的营养状态。

② 铁的缺乏症　饲料中缺铁时会产生贫血症。鲤鱼、真鲷和河鳟缺铁表现为血红蛋白减少和小红细胞性贫血，鳃呈浅红色（正常为深红色），肝呈白色至黄白色（正常为黄色、褐色至暗红色）。河鲶在缺铁时呈现血红素、血球容积比及红细胞等下降现象，组织切片检查发现脾脏存在明显的嗜食细胞的异常现象。

（2）铜

① 铜的生理作用　第一，铜在铁的吸收和代谢中起作用。当饲料中缺铜时，鱼体内的铁含量下降。铜还在血红蛋白形成和几种酶系统中起作用，如细胞色素氧化酶、酪氨酸酶。第二，铜在骨骼发育中可能是通过其在胶原蛋白的合成中起作用。铜和铁一样以铜与蛋白质结合的形式被吸收和传递。

② 铜的缺乏症　铜的缺乏症一般是在特殊试验条件下发生的。当饲料中缺乏铜时，可以引起鲤鱼生长的减缓和贫血症。

（3）锰　锰广泛分布于动物体内所有组织中，骨骼是锰最丰富的来源。在肝脏、肾脏、肌肉、生殖腺和皮肤中含量也很高。像钙和镁一样，骨骼可作为锰的储存库（大约占体内锰总量的25%）。肝脏中的锰含量比较稳定，骨骼中的锰含量受饲料中锰含量的影响。饲料锰与骨锰的相关系数均在0.95以上。目前，骨锰浓度已被认为是评价锰有效率的敏感指标。肌肉和血液中的锰含量较低，均在1mg/kg以下。

① 锰的生理作用　锰是机体内精氨酸酶、超氧化物歧化酶及丙酮酸羧化酶的成分。三羧酸循环中起重要作用。同时，锰又是一些激酶、水解酶、脱羧酶和转移酶类的激活剂；锰参与构成骨骼基质中的硫酸软骨素的形成。硫酸软骨素是骨有机基质黏多糖的组成成分，其合成受阻时将严重影响软骨的成骨作用。由于锰是糖基转移酶的特异性激活因子，所以锰很可能是通过影响此酶的活性而参与黏多糖的合成；锰对动物繁殖机能有重要影响；参与动物体内蛋白质、脂肪、糖类等的代谢，故对动物生长发育有明显的影响。缺锰会导致动物饲料转化率降低，动物生长速度减慢；锰与造血机能密切相关，是维持大脑正常代谢必不可少的物质。

② 锰的缺乏症　鲤鱼和虹鳟锰缺乏时，这两种鱼的生长速度减慢；虹鳟在锰缺乏时还有尾部不正常和身体变短的现象；用缺乏锰的饲料饲喂莫桑比克罗非鱼种，发现其生长缓慢、厌食、失去平衡，死亡率增加。通过水中增加锰可以缓解上述症状，但仅在饲料中增加一定含量的锰并不能缓解以上症状，因此认为在饲料和水中均加入锰是最好的解决方法。

（4）硒　硒分布于动物体所有细胞中，以肝脏、肾脏和肌肉中含量最高。组织中的硒浓度反映了饲料中的硒含量，两者存在显著的线性关系（$P<0.01$）。

① 硒的生理作用　硒是谷胱甘肽过氧化物酶的组成成分。这种酶存在于重要的器官组织（如肝脏、心脏、肺脏、胰脏、骨骼肌、眼睛的水晶体、白细胞和血浆）中，这种酶的活性取决于硒的存在；维生素E有抑制脂肪过氧化的作用，而硒对生成的过氧化物有迅速解毒作用，两者的作用是相辅相成的。饲料中硒和维生素E的同时存在，对鱼、虾类的正常生长发育是必需的。两者同时存在可使幼鱼初期死亡率降低，并可防止白肌病的发生。若从饲料中除去硒及维生素E，孵化后4周内仔鱼的死亡率可达到49.6%。在此饲料中添加0.1mg/kg硒或仅添加维生素E 0.5IU/g均无效果，当硒和维生素E同时加入时，幼鱼死亡率会降低到28.4%。

② 硒的缺乏症　大西洋鲑幼鱼摄食含0.1mg/kg的硒和500IU维生素E的饲料，可防止肌肉营养不良。而摄食含0.03～0.04mg/kg的缺硒饲料4周后，死亡率高达46.6%，血液红细胞异质，未成熟红细胞增多，血浆中含硒谷胱甘肽过氧化酶活性降低，机体抗氧化能力和免疫力下降。

（5）锌

① 锌的生理作用 锌是动物体内许多酶、蛋白质、核糖等的组分，已知有200多种含锌的金属酶，300多种酶的活性与锌有关；锌在体内不仅参与DNA、RNA、蛋白质、糖类及脂类的代谢，且是构成胰岛素并维持其功能的必需成分；锌参与核蛋白的构成及前列腺素的代谢，对动物繁殖机能的作用明显。缺乏锌不但影响动物性器官的正常发育，而且还直接影响动物精子和卵子的质量和数量。锌与大脑神经系统的生长发育关系很大，在生长关键时期缺锌，脑功能会受到永久性影响。缺锌对味觉系统具不良影响，并使动物食欲大大降低。

② 锌的缺乏症 当以缺乏锌的食物饲喂沟鲶时，会引起生长速度和食欲降低，血清碱性磷酸酯酶和血清锌的含量下降，同时骨骼中锌和钙的含量也降低。当以含锌量为60mg/kg的饲料饲喂虹鳟时，生长降低，鱼发生两侧性白内障；用锌缺乏的纯化食物饲喂虹鳟，其生长缓慢，死亡率增加，发生鳍糜烂和较高比例的白内障。

（6）碘

① 碘的生理作用 动物体内含碘量很少，大部分（70%～80%）集中于甲状腺中。碘最主要的功能是调节甲状腺的组成，调节代谢和控制所有细胞的能量代谢和氧化水平（产热效应）；对繁殖、生长、发育、红细胞生成和血液循环等起调节作用。体内一些特殊蛋白质的代谢和胡萝卜素转变为维生素A都离不开甲状腺素。

② 碘的缺乏症 食物中缺乏碘可引起溪红点鲑、狗鱼、大西洋鲑的甲状腺肿大症，这种甲状腺肿大在肉食性鱼类中较杂食和草食性鱼类普遍。当以含有0.1mg/kg碘的饲料喂鲑科鱼类时，虽然没有观察到甲状腺肿大，但是降低了甲状腺中碘的储存，即甲状腺肿大的组织学证据和死亡率增加。在容器中以不含碘基础饲料饲喂经过初次降碘变化的小幼鲑，发现其患棒状杆菌肾病的比例相对较高（24%～65%）；当在饲料中加入碘和氟至4.5mg/kg时可以极大地改善上述情况。

（7）钴

① 钴的生理作用 钴分布于动物机体的所有组织器官中，以肾脏、肝脏、胃、肾上腺、脾脏及胰腺中的含量最多。除了构成维生素B_{12}外，还是某些酶的激活因子。在饲料中添加钴盐，可促进鲤鱼生长及血红素形成。

② 钴的缺乏症 钴作为维生素B_{12}的组成成分，通过维生素B_{12}对动物健康及其生长发育起作用。饲料中缺钴，容易发生骨骼异常和短躯症。

三、水产动物对矿物质元素的利用特点

水产动物可以同时从饲料和周围水环境中吸收矿物质，以满足自身的生理需要。据报道，海水鱼每天从海水中摄取的水量是鱼体重的50%，通过摄入海水可基本满足其对矿物质的需要；而淡水鱼类生活在低渗环境中，主要从鳃和体表吸收溶解的矿物质元素，但吸收的矿物质元素主要用于补偿由尿中损失的盐分，对于不能被有效吸收的钙、磷，还需要由饲料提供。

水产动物还有控制体内矿物质浓度的能力，但因种类而不同。某些鱼类和甲壳类能排出高比例摄入过量的矿物质元素，因此，能以相对正常的浓度控制铜、锌、铁等在体内的含量，但仔稚鱼对这些金属的调控和排出能力比汞、铬、铅差。

无论是饲料中还是水环境中的矿物质，要使其被水产动物吸收利用，首要条件必须是溶解的，固态物质不能被吸收。矿物质的溶解度越大，吸收利用率越高。矿物盐的溶解性包括水溶性，也包括酸溶性，所以，柠檬酸、胃酸都可促进钙的吸收，但草酸、磷酸等可与钙结

合形成不溶性盐，因而会妨碍钙的吸收。

对溶解的离子态的矿物盐的吸收，也受自身结构、饲料中其他营养素含量的影响。如 Fe^{2+} 比 Fe^{3+} 易被吸收；蛋白质、氨基酸和乳糖可促进钙的吸收；过量脂肪妨碍钙的吸收，而促进磷的吸收；镁可抑制钙、磷的吸收；钙、磷的吸收也可能互相抑制；维生素D对钙、磷的吸收具有明显的促进作用。另外，矿物质自身的含量也影响吸收率，水环境中矿物盐浓度也会影响饲料中矿物盐的吸收率。

在研究鱼、虾类矿物质元素的营养时，主要采用试验动物的增重率、存活率、饵料系数、蛋白质效率等为指标，来评定鱼、虾对某种矿物质元素需要与否及其需要量。由于鱼、虾生活环境的特殊性及对吃剩的饵料难以准确测定，很难得出可靠的饵料系数和蛋白质效率，因此，对矿物质元素的生物有效性的研究不是很精确，仅提供几种鱼类饲料中适宜矿物质元素含量的参考（表1-3）。

表1-3　几种养殖鱼类对矿物质元素的需要量

名称	真鲷	鲤鱼	鳟鱼	鳗鱼	罗非鱼	草鱼幼鱼
Ca/%	< 0.196	0.028	0.24	0.27	0.17～0.65	32.6～36.7
P/%	0.68	0.6～0.7	0.7～0.8	0.29～0.58	0.8～1.0	22.1～24.8
Mg/%	0.012	0.04～0.05	0.06～0.07	0.04	0.06～0.08	1.8～2.0
Zn/（mg/kg）	24.3	15～30	15～30	—	10	0.44～0.50
Mn/（mg/kg）	17.8	13	13	—	12	0.04～0.05
Cu/（mg/kg）	5.1	3	3	—	—	0.02～0.03
Co/（mg/kg）	4.3	0.1	0.1	—	—	0.04～0.05
Fe/（mg/kg）	150	150	—	170	150	4.1～4.6
Se/（mg/kg）	—	—	0.15～0.40	—	—	—
I/（mg/kg）	0.11	—	0.6～1.1	—	—	—

四、影响饲料中矿物质元素适宜含量的因素

1.水产动物的规格及环境因素

水产动物在小规格时或在最适环境中，新陈代谢旺盛，生长潜力大，此时对矿物质的需求量大，反之则小。

2.饲料中脂肪含量

硒和维生素E具有抗脂肪氧化作用，所以当饲料中脂肪含量高时，硒和维生素E的含量也应适当提高。

3.其他矿物质

当饲料中的矿物质元素处于平衡状态时，主要表现协同作用。当其中一种矿物质的含量高时，另一种或几种矿物质含量也要升高，才能削弱其拮抗作用，提高其吸收量。

4.其他营养素

当饲料中对矿物质吸收有阻碍作用的物质含量升高时，相应的矿物质的含量可适当升高，

以满足水产动物的需求；当饲料中对矿物质的吸收有促进作用的其他营养素含量高时，相应矿物质含量可适当降低。

5.水中矿物质含量

若水环境中可溶解性矿物质含量高时，饲料中矿物质含量可适当降低。反之，则应适当提高。

6.消化道中酸碱度

如前讲述，酸性环境可提高某些矿物质元素的溶解性，促进吸收，但若酸与矿物质可形成沉淀，则会抑制吸收。这种情况下，应适当增加饲料矿物质含量，以提高其吸收率。

【案例分析】

某养殖户利用自制饲料养鲤鱼，发现自家鲤鱼生长差，经工作人员检查还发现鲤鱼的骨骼发育异常、头部畸形、脊椎骨弯曲、肋骨矿化异常、胸鳍刺软化、体内脂肪蓄积等。

1.诊断　鲤鱼缺乏矿物质磷，一般表现为生长差、骨骼发育异常、头部畸形、脊椎骨弯曲、肋骨矿化异常、胸鳍刺软化、体内脂肪蓄积等症状。除去流行病因素，该症状可能是鲤鱼矿物质磷缺乏症，系鲤鱼饲料中矿物质磷或有效磷含量不足所致。

2.病因分析　一般情况下，水产动物不会出现钙的缺乏症，但磷的缺乏症时有发生。鲤鱼矿物质磷缺乏症是由饲料中矿物质磷或有效磷含量不足所引起，全价配合饲料一般有矿物质添加剂，有效磷含量基本可以满足鱼类对磷的需要。但是自制饲料中可能磷以植酸磷存在的形式较多，鲤鱼对植物性饲料中的植酸磷的利用率很低，约为8%，对动物性鱼粉中磷利用率仅为26%～33%，可能其中有效磷含量不能满足鱼类的需要，因此出现此病。

3.治疗措施　鲤鱼对磷酸二氢钙利用率特别高，为94%。可以到药店买磷酸二氢钙按说明药量添加。要注意磷酸二氢钙的利用率问题。此外，钙与磷之间的关系很特别，当两者比例适宜时，既有利于钙、磷的吸收，又有利于钙、磷在体内的利用，从而表现出极其明显的协同作用，这一机理应引起饲料生产厂家及养殖户的高度重视，不能乱加石粉之类的钙质饲料，否则可直接影响鱼、虾的健康养殖。钙、磷的适宜比例为1∶（1～1.5）。

【思考题】

1.下列属于常量元素的是（　　）。

A.Fe　　　　　　　　B.Cu　　　　　　　　C.Na　　　　　　　　D.Mn

2.动物患"粗颈症"或甲状腺肿大，是由于日粮缺乏微量元素（　　）。

A.锰　　　　　　　　B.镁　　　　　　　　C.碘　　　　　　　　D.锌

3.动物体内含量最多的矿物质元素是（　　）。

A.铁　　　　　　　　B.镁　　　　　　　　C.钙　　　　　　　　D.锌

4.粗灰分测定时，用到的主要仪器是（　　）。

A.恒温烘箱　　　　　B.高温电炉　　　　　C.水浴锅　　　　　　D.坩埚

5.名词解释：矿物质　常量元素　微量元素

6.矿物质元素的营养功能有哪些？

7.钙、磷的主要生理作用是什么？

8.影响饲料中矿物质元素适宜含量的因素有哪些？

技能训练六　饲料粗灰分的测定

【技能目标】

1. 掌握主要仪器——马福炉的使用方法。
2. 掌握测定饲料粗灰分含量的基本方法和步骤。

【适用范围】

本方法适用于各种混合饲料、配合饲料、浓缩料和单一饲料中粗灰分的测定。

【测定原理】

试样在550℃的高温灼烧后，其中的有机质经灼烧分解后所得残渣，用质量分数表示。残渣中主要是氧化物、盐类等矿物质，也包括混入饲料中的砂石、土等杂质成分，故称粗灰分。

【仪器和设备】

1. 实验室用样品粉碎机或研钵。
2. 分析筛　孔径40目。
3. 分析天平　感量0.0001g。
4. 高温电炉（马福炉）　有高温计且可控制炉温在500～600℃。
5. 瓷质坩埚　容积50ml。
6. 干燥器　用氯化钙或变色硅胶为干燥剂。
7. 可调温电炉　1000W。

【试样的选取和制备】

取有代表性的试样用四分法缩减至200g，粉碎至40目，装入密封容器中，防止试样成分的变化或变质。

【操作步骤】

1. 将带盖坩埚洗净烘干后，用钢笔蘸0.5%氯化铁墨水溶液在坩埚及盖上编写编号。
2. 将带盖坩埚放入高温炉中，坩埚盖微开，于（550±20）℃下灼烧30min，取出，在空气中冷却约1min（或冷却至200℃），放入干燥器中冷却30min，取出称重。再重复灼烧，冷却，称重，直至两次质量之差小于0.0005g为恒重。
3. 在已知质量的恒重坩埚中称取2～5g试样（灰分质量应在0.05g以上，不超过坩埚容量的一半），准确至0.0002g。
4. 将盛样品的坩埚在普通调温电炉上低温炭化至无烟，再升高温度至基本无炭粒。
5. 将炭化后的坩埚移入高温炉中，坩埚盖打开一些，于（550±20）℃下灼烧3h，冷却至200℃时，取出，在空气中冷却约1min，放入干燥器中冷却30min后，称重。

6.再同样灼烧1h，冷却，称重，直至两次质量之差小于0.001g为恒重。

【结果计算】

1.计算公式

粗灰分的计算公式，即：

$$粗灰分含量(CA\%) = \frac{m_2 - m_0}{m_1 - m_0} \times 100\%$$

式中　m_0——恒重空坩埚的质量，g；

m_1——坩埚加试样的质量，g；

m_2——灰化后坩埚加灰分的质量，g。

2.重复性

每个试样应取两个平行样进行测定，以其算术平均值为结果。

粗灰分含量在5%以上时，允许相对偏差为1%。

粗灰分含量在5%以下时，允许相对偏差为5%。

【注意事项】

1.新坩埚编号　将带盖的坩埚洗净烘干后，用钢笔蘸5g/L氯化铁墨水溶液（称0.5g $FeCl_3 \cdot 6H_2O$溶于100ml蓝墨水中）在坩埚及盖上编写编号，然后于高温炉中550℃灼烧30min即可。

2.试样开始炭化时，应微开坩埚盖，便于气流流通；温度应逐渐上升，防止火力过大而使部分样品颗粒被逸出的气体带走。

3.为了避免试样氧化不足，不应把试样压得过紧，试样应松松地放在坩埚内。

4.灼烧温度不宜超过600℃，否则会引起磷、硫等盐分的挥发。

5.灼烧残渣颜色与试样中各元素含量有关，含铁高时为红棕色，含锰高时为淡蓝色。但有明显黑色炭粒时，为炭化不完全，应延长灼烧时间或将坩埚取出，冷却后滴入5～10滴蒸馏水或双氧水，小心蒸干后，重新灼烧，直至全部炭化为止。

6.用于微量元素测定时，可选择铂坩埚或石英坩埚。

第七节　能量营养

水产动物的所有活动，如血液循环、肌肉活动、神经活动、生长、发育和繁殖等都需要能量，这些能量主要来自饲料蛋白质、脂肪和糖类中的化学能。水产动物摄取营养物质，释放其中的化学能用于做功和散失，多余的能量储存于体内。如果能量输入＞能量输出，则能量储存为正值，表现为水产动物的生长和体重的增加；如果能量输入＝输出的能量，则能量储存为零，表现为水产动物体重的恒定；如果能量输入＜能量输出，则能量储存为负值，表现为水产动物机体的消瘦和体重的减轻。所以，在水产养殖过程中，要使鱼体不断生长和获得鱼产量，就要给它们不断提供营养物质，保证能量输入＞能量输出。

能量营养是饲料质量的一个重要指标，饲料能量浓度起着决定动物采食量的重要作用，动物的营养需要或营养供给均可以能量为基础表示。饲料中的能量不可能完全被动物利用，其中，可被动物利用的能量称为有效能，简称为能值。饲料的能值反映了饲料能量的营养价值。

一、能量的来源

水产动物在维持机体生命及生产过程中需要消耗能量。能量主要来源于饲料中的三大有机物质，即蛋白质、脂肪和糖类。无机盐大都被氧化成稳定态，维生素数量极微，含能量很少，故不作为能源营养物质。鱼类从饲料或食物中摄取的能源营养物质，在消化道内被消化吸收以后，在体内经酶的催化，释放出储存的能量。这些能量只有一部分用于细胞做功，这部分称自由能，其他部分被以热能形式放出。自由能通常都先储存于一些特殊的高能化合物三磷酸腺苷（ATP）中，当机体做功后，ATP释放出热能，自身转化为二磷酸腺苷（ADP）。所以当动物没有生产产品，既不增重也不减重的维持条件下，所食能量中的有效能（即代谢能）均以热能的形式放出。

在三大能源营养物质中，鱼、虾类对蛋白质的需求特别高，蛋白水平一般要求在25%～50%，但蛋白质饲料价格昂贵，作为能源消耗是一种浪费，因此一般在饲料中添加足够的非氮能源物质，使之最大限度地用于机体的生长、繁殖等其他用途；鱼类对糖的利用能力较低，作为补偿，鱼类对脂肪的利用率极高，用于鱼体增重和作为能量，其总利用率高达90%以上。所以，水产动物饲料中添加适量的脂肪除了满足对必需脂肪酸的需求外，主要是作为能源营养物质。

因为杂食性和草食性鱼可以更有效地利用高淀粉或高纤维素的饲料，且糖类来源丰富、成本低，所以糖类仍然是杂食性和草食性鱼类主要能源营养物质之一。相对来说，肉食性鱼类对糖类利用能力最低。

二、能量的衡量

过去衡量营养学的单位用卡。常用的有卡（cal）和焦耳（J）。我国规定能量的标准单位用焦耳，其换算关系为：1cal=4.184J。

饲料中各种营养素的总能量，可用弹式测热器来测定，测得的值称为燃烧热。若将饲料直接燃烧，即在弹式测热器内将饲料完全氧化，则每克蛋白质、脂肪、糖类的热能值分别为：蛋白质23.64kJ，脂肪39.54kJ，糖17.15kJ。脂肪的能值约为糖类的2倍以上，蛋白质介于糖类和脂肪之间。所以，饲料中的能值高低主要取决于其中脂肪含量的高低，含脂肪越多则能值越高。

糖类和脂肪在体内氧化产生的热量相等于测热器中实测的值。蛋白质除了碳、氢、氧外，还有氮等元素；其在体外燃烧时最终产物是二氧化碳、水、氨和氮等，而在鱼体内氧化时，除了最终产物二氧化碳和水外，还有氨、尿素等含氮的不完全代谢物排出。所以，蛋白质在鱼体内氧化过程不如体外彻底，释放出的热能也较体外燃烧时少，还依鱼的种类不同而有差别。如淡水鱼生成氨，有很大部分通过鳃扩散到水中，而海水鱼则从氨合成相同当量的三甲胺从鳃排泄出来。据报道海产硬骨鱼尿中的氮的排泄物中2/3是氨，1/3是三甲胺。

饲料中营养物质燃烧热只表示它们所含的热能，而并不是机体所能实际利用的能量，要知道鱼类饲料中所摄取饲料的可利用能，需考虑鱼类对营养素的消化率和从粪、鳃、尿等排出的代谢产物的能量。

三、能量的代谢途径

1.饲料中的能量

（1）总能　总能是指一定量的饲料或饲料原料中所含的全部能量，即饲料中三大能源营养物质完全氧化燃烧生成二氧化碳、水和其他氧化物时释放的全部能量。实际测定饲料总能的氧弹式热量计，它是外观似钢弹的有双层金属壁的容器，夹壁中装有水。将样品置于燃烧室，充入纯氧气，一般25个大气压，通电使样品充分燃烧。燃烧产生的热量通过弹壁传出使周围水温升高，根据水温的变化即可计算出样品的产热量。

饲料总能只表明饲料经完全燃烧后化学能转变成热能的多少，而不能说明被水产动物利用的有效程度，例如低质的燕麦秸与作为动物优质能源的玉米有相同的总能值，但能量价值并不一样。总体来说，水产动物对总能量中蛋白质、脂肪和部分糖的消化率较高，而对于纤维素类大分子糖类，除草食性鱼类和杂食性的鱼类能少量利用外，鱼、虾一般不能利用。由于总能值是评定饲料能量代谢过程中其他能值的基础，要想求出其他能量指标，必须首先测定饲料总能。

（2）消化能（DE）　饲料的总能不能完全被机体利用。从饲料的总能中减去未被消化，以粪形式排出的粪能（FE）剩余的能量，称为该饲料的消化能。消化能可由消化实验测定。由于水产动物粪便中混有微生物及其产物、肠道分泌物及肠道黏膜脱落细胞，在计算消化能时，将它们都作为未被消化的饲料能量减去，所以，这种方法测得的消化能又称表观消化能。用公式表述为：

$$表观消化 (ADE) = GE - FE$$

如果从饲料总能中减去粪能和非饲料来源未被消化部分的能量（F_mE）就是真消化能。即表观消化能扣除粪中非饲料来源的那部分能量。

$$真消化能 (TDE) = GE - (FE - F_mE)$$

由公式可以看出，真消化能值比表观消化能值要高。在大多数情况下，表观消化能值与真消化能值相差不多，故在实际中，营养需要和饲料营养价值表中所列消化能多用表观消化能表示。计算水产动物对饲料的消化能时，粪能丢失与消化能值成反比，即粪能排出越多，消化能愈低。饲料种类、组成、水温和鱼体大小等对饲料中各营养素的消化率都有影响。

准确测定鱼、虾每日摄食饲料的总能和每日排出的粪能，除以采食饲料量，即可算出每千克试验饲料的消化能含量。对于鱼、虾来讲，收集实验鱼粪较为麻烦，而且实验数据的准确度受到限制，所以在这个领域的研究开展得较少。

（3）代谢能（ME）　饲料的代谢能是指食入的饲料总能减去粪能、尿能、鳃及体表排出的能量后剩余的能量（鱼类是变温动物，体表排出的能量可以忽略不计），或者用消化能减除尿能和鳃能所剩余的能量，亦即食入饲料中能被水产动物吸收和利用的营养物质的能量。其计算公式如下。

$$ME = GE - (FE + UE + ZE) \text{ 或 } ME = DE - (UE + ZE)$$

式中，ME为代谢能，UE为尿能，ZE为鳃能，DE为消化能。

ME修正了从尿和鳃中排泄的能量，所以比DE更能正确地反映能量被利用的情况，但由于鱼、虾生活在水中，其排泄物的采集相当不便，且粪、肾脏排泄物与鳃的排泄物不易分开，所以一般不将其作为饲料能量的实用指标，而采取测定DE的实验，然后以此为基础进行推算。

> **小知识**
>
> 饲料蛋白质和机体代谢蛋白质不能被充分氧化，以氮的化合物的形式排出，这些由尿中排出物质中的能量称为尿能。哺乳动物尿中的含氮化合物主要是尿素，禽类主要是尿酸，鱼类主要是氨和三甲胺，也有以尿素和尿酸的形式排出的。对于鱼、虾来说，含有氮素的排泄物，不仅有尿，还有从鳃排出的氨等。尿能损失受水产动物种类和饲料组成的影响，特别是饲料中蛋白质水平及其中有害成分的影响。另外，饲粮中氨基酸平衡状况也影响尿能。当氨基酸不平衡或摄食过量时，多余的氨基酸脱氨基生成尿素或者尿酸，增加了尿中氮化物的含量和尿能值。

（4）净能（NE） 净能（NE）是指饲料的代谢能减去饲料在体内的热增耗（HI）剩余的那部分能量。计算公式如下。

$$NE=ME-HI$$

式中，NE为净能，ME为代谢能，HI为热增耗。

式中，热增耗（HI）又叫体增热或特殊动力作用，是指动物摄食后体产热的增加量。产生HI的主要原因如下。①营养物质代谢产热。这是产生热增耗的主要原因。体组织中氧化反应释放的能量不能全部转移到ATP上被动物利用，一部分以热形式散失掉。例如葡萄糖在体内充分氧化时，有44%是以ATP形式储存起来，56%的能量以热形式散失掉。②饲料在胃肠道发酵产热。发酵热（HF）是饲料在消化道微生物发酵所产生的以热形式损失的能量。这部分能量对反刍动物很可观，但对鱼类及猪禽单胃动物则较少。③消化过程产热，例如咀嚼饲料、营养物质的主动吸收、将饲料残余部分排出体外的产热。④由于营养物质代谢增加了不同器官肌肉活动所产生的热量。⑤肾脏排泄做功也产生热。热增耗在低温条件下可作为维持动物体温的热能来源。热增耗可用占饲料总能或代谢能的百分比或以绝对值表示。

影响热增耗大小的主要因素如下。①饲料组成和饲料成分。不同营养素热增耗不同。蛋白质热增耗最大，饲料中蛋白质含量过高或者氨基酸不平衡，会导致大量氨基酸在体内氧化，在此过程中，尿素合成及分泌，废物的浓缩和排泄都需要能量，最终转化为热，同时氨基酸碳架氧化时也释放大量的热量；饲料中糖类和脂肪的热增耗较少；饲料中缺乏磷、镁、核黄素以及其他参与中间代谢的矿物质元素及B族维生素的不足均能提高热增耗。②饲养水平。当饲养水平增加时，水产动物用于消化吸收的能量增加，同时，体内营养物质代谢也增强，所以热增耗亦增加。

由于饲料净能已经不包括饲料在代谢过程中的各种损失，因此，净能值比消化能、代谢能都要少。但是，饲料中能量只有这部分才完全可以被机体利用。按照它在体内的作用，NE可以分为维持净能和生产净能。维持净能（NEm）是指饲料中用于维持生命活动和自由运动所必需的能量。如标准代谢、活动代谢等，这部分能量最终以热的形式散发掉；生产净能（NEp）是指饲料中用于合成产品或沉积到产品中的那部分能量，如生长、繁殖等。

2.饲料能量在鱼、虾体内的代谢途径

饲料能量在鱼、虾体内代谢，首先是不能被消化的饲料随粪排出，从中丢失一部分能量即粪能，除去从消化道消失的部分能量后，大部分被水产动物消化、吸收，这部分能量为消化能。消化能进一步代谢从尿和鳃中排出一部分能量，剩余的能量则是代谢能。代谢能并不能完全被机体利用，还有一部分以热增耗的形式散失。剩余的净能是鱼、虾可用以维持生命和生产的能量。鱼、虾采食饲料后，饲料中能量在动物体内的分配如图1-2。

饲料能量的代谢远比上述过程复杂，这是因为：①由机体内消化道产生的粪或尿或机体本身的成分及来自饲料的成分难以分开；②是机体动用体储供能与养分供能难以区分；③是由于消化道中发酵产热与机体产热难以分开；④体内物质的周转代谢伴随体成分变化对能量代谢的影响更为复杂。

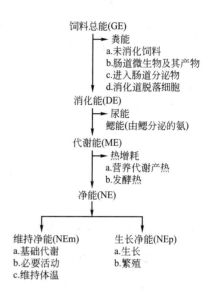

图1-2　饲料能量在鱼体内转化的过程

3.饲料的能量效率

（1）营养物质在体内的分解及合成的能量效率　饲料在鱼体内经过代谢后，最终是用于维持生命和生产。水产动物利用饲料中能量转化为产品净能，这种投入的能量与产出的能量的比率关系称为饲料能量效率，亦称饲料能量利用效率。

鱼类采食饲料经过消化吸收后，一部分营养物质经过氧化产生三磷酸腺苷（ATP）；另一部分直接或间接地参与产品中养分的合成。我们已经知道，营养物质中的化学能释放出来时，不能全部转变为ATP，供给机体利用，有一部分以热形式散发掉。那么，营养物质氧化供能效率是指1mol的营养物质在体内氧化时，产生的ATP高能磷酸键能的总和与该物质的燃烧热之比。例如，1mol葡萄糖彻底氧化分解为二氧化碳和水时共放出约2870kJ能量，在体内氧化产生38mol ATP，共储存可为机体做功的能量约为1272kJ，其余以热能散失。故葡萄糖有氧氧化时提供自由能占总燃烧热百分数，即营养物质氧化供能效率为（1272/2870）×100%，即44%。

（2）影响饲料能量效率的因素

① 鱼的种类、年龄　同一种类不同年龄或不同品种对同一饲料中有效能值利用率是不一致的。不同体重鱼的能量储存量不同：体重小者储存能量的比例较大，体重大者能量储存量比例较小。因为幼鱼用于增肉的热能效率比成鱼大。鱼的体重越小，维持能量消耗越少，储存能量所占比例越大。随着鱼的体重增加，维持能量消耗逐渐增多，储存能量的比例随之减少，能量利用率降低。在养殖生产过程中，要利用鱼类对能量储存量的特点，在生长期内供给充足的饲料和能量，发挥鱼类的最大生产潜力，以获得最佳养殖效果。

② 饲料组成　饲料中蛋白质的消化分解需要较多的能量，而蛋白质代谢后所产生的含氮废物排出体外也需要消耗能量。因此，当饲料中蛋白质含量较高时，对能量的需求量也越高。

③ 饲养水平　鱼类处于维持饲养时，所有的食物都被氧化，饲料能量的总效率为零。当饲养水平增加时，鱼能量代谢增强，产热增多，但饲料能量除满足维持外，多余部分用于生长和生产，饲料的能量利用率增高。大量试验表明，在适宜饲养水平范围内随着饲养水平的增加，饲料有效能量用于维持的部分相对减少，用于生产的部分则增加；随着营养水平的提

高，每千克增重耗料减少，即饲料报酬高，当营养水平高到一定程度，饲料消耗开始增多，即饲料报酬开始下降。对于幼龄的水产动物，增重以蛋白沉积为主，随着年龄的增长，脂肪比例增大。因此，对于水产动物，给予充足的饲养，有利于获取最大日增重和最佳饲料报酬。

④ 水温　哺乳动物是恒温动物，当环境温度下降，要保持体温不变，就必须提高代谢率以补充额外消耗的热能。而鱼类是变温动物，不用保持与环境温度不同的体温。凡是影响维持能量需要的因素，都会影响饲料能量利用率。因为水温下降，鱼的体温也下降，代谢率也随之降低。各种不同鱼类都有其最有效活动的适宜温度。生长最快时一般为最适宜的温度。

⑤ 活动量　水产动物活动量越大，对能量的需求量也越大，如较大的水流、捕食、逃避敌害和环境刺激等均会增加对能量的需求。

四、能量蛋白比的定义及意义

1.能量蛋白比定义

动物为了生存，就必须摄取一定的能量。由于鱼类摄取营养物质的第一需要是满足能量的需要，所以根据鱼类营养学的观点，能量是鱼类饲料定量的基础。而饲料中的能量乃是饲料中三大能源营养物质——蛋白质、脂肪、糖类所含能量的总和。作为营养素，蛋白质不仅是主要的供能物质，而且蛋白质是构成机体必不可少的物质，具有极其重要的生理作用，而这不能由脂肪和糖类所代替，且鱼类对蛋白质的需求特别高，故蛋白质是饲料中首先要考虑给予的营养素，而在能量营养素中，蛋白质是构成机体必不可少的物质，且在自然界的存量又很有限，所以，为了节约蛋白质，同时又能满足动物对能量的需求，便提出了能量和蛋白质的关系问题，饲料中究竟应含多少能量、多少蛋白质才合理，而能量蛋白比便是衡量它的一项指标。

所谓能量蛋白比（Energy/Protein，简写为E/P），又叫卡·蛋白比（Calorie-Protein，简写为C/P）是指单位重量饲料中所含的总能与饲料中粗蛋白含量的比值。有时人们亦称为蛋白能量比。能量蛋白比的原始计算公式为：

$$C/P = \frac{1磅饲料所含的能量(kJ)}{饲料中粗蛋白质含量(\%)}$$

上式中饲料重量单位为磅，而我国法定重量计量单位及国际标准计量单位皆为千克（kg）（1千克=2.2磅），故按上式计算所得的C/P须乘以2.20，即换算为相当于每千克饲料的C/P；那么每千克饲料的C/P乘以0.454即等于每磅饲料的C/P。目前国内研究资料报道的C/P比值多指1kg饲料的总能值与其粗蛋白质含量（%）之比。

近年来，有些学者认为，以消化能·蛋白质比（DE/P）代替C/P更能反映实际情况。饲料中的DE/P对鱼类的生长确有明显的影响，但这一建议尚未被普遍接受。此外，也有学者（林鼎、毛永庆，1987）尝试把C/P表示为：

$$C/P = \frac{1kg饲料所含的总能(kJ)}{1kg饲料中粗蛋白质含量}$$

【案例分析】

1kg青鱼饲料总能为12000kJ，其饲料中含粗蛋白质310.9g，那么该饲料的C/P应为多少？

根据上述计算公式：已知1kg饲料的总能和其饲料中含有的粗蛋白质克数，即可计算出来该饲料的C/P=12000/310.9=38.6

计算结果：该青鱼饲料的C/P为38.6。

总的来说，有关鱼类饲料的C/P的研究还比较少，特别是在国内，多局限于青鱼、草鱼等少数鱼种，今后有必要开展一些更广泛、更深入的研究。

2.能量蛋白比的意义

饲料的能量蛋白比是衡量饲料质量的一个重要指标，饲料中蛋白质和能量应保持平衡。因为不适宜的能量含量会使蛋白质成为一种能源，用于产生能量的蛋白质越多，鱼、虾类排泄的氨就越多，体内保留的氨越少，蛋白质效率就越低，从而造成蛋白质的浪费。然而，当饲料中的蛋白质含量适宜而能量水平过高时，鱼体会过多地吸收热量，导致体内脂肪的累积；几乎所有动物都有"为能而食"的倾向，饲料中能量水平过高而蛋白质水平没有相应的提高，会造成动物摄食量降低（摄食能不降低），因而蛋白质会相对不足，从而影响其生长。饲料中适宜的能量蛋白比既有利于能量的利用，又有利于蛋白质的利用，进而提高饲料的利用率。因此，研究鱼类饲料中适宜的能量·蛋白比，对增加饲料利用效率和改善养殖效果是极为有益的。

五、水产动物对能量的需求

1.水产动物对能量的需求

饲料中的能量过多或过少，都会影响水产动物正常的生产性能，因为饲料在满足维持和随意运动需求之后才能用于生长。如果饲料中能量不足，蛋白质将用于产能；当供给高能饲料时，鱼类摄食量相对减少，蛋白质和其他营养素会摄食不足，会导致鱼、虾生长速率降低。饲料中保持适宜的能量蛋白比，即可提高能量效率。几种水产动物饲料中适宜的能量含量见表1-4。

表1-4 几种水产动物饲料中适宜的能量含量及能量蛋白比[①]

水产动物种类	规格	适宜含量 /（kJ/kg）	能量蛋白比[②]/（kJ/g）	资料来源
团头鲂	夏花	12961.2 ～ 13540.7	33.18 ～ 44.81	杨国华等，1986
鲤鱼	4.3g	12970 ～ 15062	97 ～ 116	竹内等，1983
尼罗罗非鱼	6.1g	17510	140	王基炜等，1985
青鱼	鱼种	14895 ～ 16364		王道尊等，1992

① 选自郝彦周主编的《水生动物营养与饲料学》。

② 指每克蛋白质所含消化能。

2.影响水产动物能量需要的因素

（1）水产动物种类 一般温水性水产动物的代谢强度较冷水性水产动物的代谢强度高，所以，温水性水产动物对能量的需求也较冷水性水产动物高。

（2）水产动物规格 规格较小的动物新陈代谢旺盛，生长速率快，此时对能量的需求也大，随着规格的增大，对能量的需求也相对减少。

（3）水温 水温的升降可改变水产动物的体温，而其体温的改变却直接影响到体内的新陈代谢强度。因此，当水产动物在其最适水温时，代谢最旺盛，对能量的需求也最大。

（4）饲料组成　饲料中蛋白质的消化分解需要较多的能量，而蛋白质代谢后所产生的含氮废物排出体外也需要消耗能量。因此，当饲料中蛋白质含量较高时，对能量的需求量也较高。

（5）活动量　水产动物活动量越大，对能量的需求量也越大，如较急的水流、捕食、逃避敌害和环境刺激等均会增加水产动物对能量的需求。

另外，光照时间过长或各种生理变化也会增加水产动物对能量的需求。

【思考题】

1. 名词解释：总能　可消化能　代谢能　净能　热增耗　能量蛋白比
2. 1kg饲料的总能是13405kJ，其饲料中粗蛋白质含量为42.7%，那么该饲料的能量蛋白比为多少？
3. 简述鱼、虾体内能量代谢的途径。
4. 何谓能量蛋白比？它具有何种意义？
5. 影响水产动物能量需要的主要因素有哪些？

第八节　各种营养物质间的关系

水产动物所需要的各种营养物质存在于配合饲料中，但配合饲料的数量与质量各不相同。实际生产中只有符合具体饲喂对象营养需要的饲料其营养价值才高。任何饲料的营养价值不仅取决于其主要营养物质的含量，也要求这些营养物质之间比例适宜，而且为养殖对象所喜食。

水产动物摄食饲料后，饲料中的营养物质便被消化吸收并进入机体代谢。由于饲料中的营养素成分多样，各种营养素不仅具有各自的营养功用，而且互相之间有着极为错综复杂的关系。可以肯定：任何一种营养素在机体内从消化吸收开始到代谢结束，都与其他营养素密切相关。各营养素之间互相影响的方式虽极其多样化，但归纳起来不过有几种类型：①相互转变；②相互替代；③相互拮抗；④协同作用。

产生这些关系的生物学基础是水产动物新陈代谢的复杂性、代谢调节的准确性、灵活性和经济性。这就要求各种营养物质作为一个整体，应保持相互间的平衡。迄今为止，对各种营养物质间的相互关系了解还不是很充分。因而，深入研究鱼、虾饲料（特别是配合饲料）中各种营养物质的相互关系，以充分发挥其营养效能，就具有重要的现实意义。

一、主要营养物质间的相互关系

1.蛋白质、脂肪及糖类的相互关系

（1）蛋白质与脂肪　组成蛋白质的各种氨基酸均可在动物体内转变成脂肪。生酮氨基酸可以转变为非必需脂肪酸，生糖氨基酸亦可先转变为糖，继而转变成脂肪；脂肪组成中的甘油可转变为丙酮酸和其他一些酮酸，然后进一步经转氨基或氨基化作用而形成非必需氨基酸。所以，脂肪在一定范围内可转变为蛋白质。因为水产动物能有效地利用脂肪并从中获得能量，所以，饲料中含适量脂肪，可减少蛋白质的氧化供能，从而起到节约蛋白质的作用。

（2）蛋白质与糖类　蛋白质在鱼体内可转变为糖类。组成蛋白质的各种氨基酸均可经脱

氨基作用生成酮酸，然后沿糖的异生途径合成糖。反之，糖类也可分解转变为非必需氨基酸。尽管多数鱼类对糖类利用率较低，但因来源方便、价格便宜，仍是鱼类主要的能源物质之一，饲料中适宜的糖类可减少蛋白质的分解供能，因而对蛋白质有节省作用，只是这种作用较弱。

（3）脂肪与糖类　脂肪可转变为糖类，脂肪中的甘油可通过糖代谢的中间产物转变为糖类，但脂肪酸并不能合成糖类。反之，糖类可转变成脂肪中的非必需脂肪酸，同必需氨基酸不能由脂肪或糖类转变一样，必需脂肪酸亦不能完全由蛋白质或糖类转化而来，它们主要靠饲料提供，或在体内由特定脂质前体物转化而成。

2.能量与营养物质之间的关系

（1）能量与蛋白质的关系　水产动物饲料中，能量与蛋白质应保持适宜的比例，比例不当会影响营养物质的利用效率和导致营养障碍。

饲料中的氨基酸平衡亦影响蛋白质沉积和能量利用效率，氨基酸平衡良好的日粮，蛋白质的利用率较高，同时也伴随能量沉积的增大。日粮中氨基酸比例不恰当时，一部分氨基酸不能有效地用于体蛋白质的合成，少部分被氧化供能，降低了蛋白质的利用效率。饲料中补加限制性氨基酸，对改善蛋白质和能量的利用效果明显。

（2）能量与其他营养物质的关系　日粮中的能量除了与蛋白质、氨基酸关系密切外，还与糖类和脂肪有关。饲料中的糖类和脂肪是主要的能量物质。对于大多数鱼类，脂肪的供能效率高于糖类，多数鱼不能很好地利用糖类，脂肪不仅能量利用效率高而且可以节省蛋白质。同样由于一些鱼类对糖类利用不良，糖类高的日粮，其有效能值低于脂肪含量高或蛋白质含量高的日粮。尽管如此，糖类仍然是水产动物最经济的能源。当饲料中糖类足够时，肝脏则有足够的糖类可供利用，脂肪分解少，酮体产生也较少。若肝糖不能供正常利用，则脂肪分解增加，产生酮体增多。酮体若超过肌肉利用限度，积于体内则可造成酮体症而妨碍鱼的生长。

一些矿物质与能量代谢有关。磷对能量的有效利用起着重要作用，机体代谢过程中释放的能量可以高能磷酸键形式储存在ATP及磷酸肌酸中，需要时再释放出来。镁是焦磷酸酶、ATP酶等的活化剂，能促使ATP的高能键断裂而释放出能量。此外，微量元素作为金属酶的组成成分，与三大有机物质的代谢有关，也就与能量代谢有关。

几乎所有的维生素都与能量代谢直接或间接有关，因为它们作为辅酶参与三大有机营养物质的代谢，这些维生素的缺乏会影响到有机物质的代谢，最终影响到能量代谢。

小知识

酮体：在肝脏中，脂肪酸氧化分解的中间产物乙酰乙酸、β-羟基丁酸及丙酮，三者统称为酮体。肝脏具有较强的合成酮体的酶系，但却缺乏利用酮体的酶系。酮体是脂肪分解的产物，而不是高血糖的产物。

酮体症：酮体的生成与分解失去平衡，肝脏产生酮体过多，超过肝外组织氧化酮体的能力，使血液中酮体浓度过高的现象。

3.粗纤维和其他营养物质的关系

饲料中的纤维素和其他营养物质之间有着密切关系。饲料中的粗纤维不仅具有填充肠道、稀释其他营养物质的作用，而且还能促进胃肠道的蠕动，有助于消化道内各种营养成分均匀分布，并促进其消化吸收。有些鱼类的肠道微生物分泌纤维素酶，将纤维素分解为葡萄糖，为寄主鱼类提供一种能量来源。然而，如饲料中粗纤维含量过高，则会降低鱼类对营养素的消化利用率。

【案例分析】

以稻草颗粒饲料喂尼罗罗非鱼，当饲料纤维素含量分别为0%、5%、20%、30%时，尼罗罗非鱼对饲料蛋白质的利用率分别为16.59%、25.08%、27.33%、15.68%。进一步试验发现：饲料中粗纤维含量为12.48%时，饲料的总消化率为60.40%；而当粗纤维含量为27.25%时，饲料总消化率只有30.80%。由此可见，饲料中的粗纤维含量必须在适宜范围，过高过低均会影响鱼类对饲料中营养素的消化吸收和利用。

4.氨基酸之间的相互关系

饲料中组成蛋白质的各种氨基酸之间也存在有错综复杂的关系，它们在鱼体内的代谢过程中可以表现出协同、转化、替代、节省和拮抗作用等。

（1）协同作用　苯丙氨酸与酪氨酸、胱氨酸与蛋氨酸，这两对氨基酸之间分别存在着协同作用。如苯丙氨酸可以转化为酪氨酸，而酪氨酸却不能转化为苯丙氨酸。添加胱氨酸和酪氨酸，可分别节省蛋氨酸和苯丙氨酸的需要。对斑点叉尾鮰所做的生长试验表明：苯丙氨酸总需要量的50%可以由酪氨酸取代。同样，胱氨酸可以取代或节约饲料中60%的蛋氨酸，且只要胱氨酸替换率不超过比例，鱼的生长就不会有很大的差异。

（2）拮抗作用　氨基酸之间的拮抗作用可能表现在吸收机制上，结构相似的氨基酸在肠道吸收过程同属一个转移系统，导致相互竞争转运载体，最典型的是赖氨酸和精氨酸，饲粮中赖氨酸过量干扰精氨酸在肾小管的重吸收而增加机体对精氨酸的需要量。其次，异亮氨酸与缬氨酸、苯丙氨酸与缬氨酸、亮氨酸与异亮氨酸等也存在拮抗作用。如当饲料中异亮氨酸超过亮氨酸三倍时，机体提高三倍亮氨酸的需要量，或异亮氨酸控制在最低需要量时，均能抑制大鳞大麻哈鱼的生长。

过量的氨基酸可导致其他氨基酸的吸收受到严重影响，那些稍显不足的氨基酸因此会表现严重的缺乏。鉴于此，有效防止某些氨基酸间的拮抗作用，就是使饲粮中的各种氨基酸保持平衡。

二、主要营养物质与维生素、矿物质间的关系

1.蛋白质、脂肪、糖类与维生素的关系

维生素是作为辅酶（或辅基）参与机体的物质代谢。饲（饵）料中缺乏维生素或水产动物摄入维生素不足会引起蛋白质、脂肪、糖类三大营养物质的非正常代谢。

（1）蛋白质与维生素关系　维生素A与蛋白质在水产动物营养学上具有相当密切的联系。机体对蛋白质的有效利用需要一定量的维生素A，而对维生素A的利用和储备也需要足够的蛋白质。如饲（饵）料中蛋白质含量不足，会影响维生素A载体蛋白的形成，从而影响机体对维生素A的利用。另外，动物体内蛋白质的生物合成亦需要足够的维生素A。

维生素B_2与蛋白质的关系也很密切。维生素B_2作为黄素酶的成分，催化氨基酸的转化，参与蛋白质的代谢。水产动物饲料中维生素B_2的需要量与饲料中蛋白质含量呈一定的相关性，因而在投喂高蛋白饲料时，要注意维生素B_2的供给量是否满足水产动物的需要。

维生素B_6亦影响水产动物体对蛋白质的合成效率。吡哆醇参与氨基酸代谢，如吡哆醇不足则各种氨基移换酶的活性降低，从而降低氨基酸合成蛋白质的效率，故提高饲料中蛋白质的水平，也需要相应增加维生素B_6的量。早在20世纪60年代，Phillips就曾观察到：当饲喂大麻哈鱼高蛋白饲料时，它对维生素B_6缺乏的感受性会增加。

饲料中维生素B_6含量会影响鱼类对蛋白质和氨基酸的消化吸收率。据麦康森等（1987）的研究，发现在饲料中添加维生素B_6不仅使虾对蛋白质的消化率从91.9%提高到93.6%，而且使亮氨酸、异亮氨酸、赖氨酸和组氨酸的消化吸收率有显著提高。

（2）糖类与维生素的关系　维生素A可影响糖类的正常代谢。当维生素A不足时，乙酸盐、乳酸盐和甘油合成糖原的速度显著减慢。

维生素B_1是糖类正常代谢所必需的。维生素B_1是以焦磷酸硫胺素形式作为脱羧酶的辅酶催化糖的分解反应。若维生素B_1不足将会使糖代谢中间产物丙酮酸的脱羧作用受阻，不能正常氧化供能或合成脂肪。鱼类对维生素B_1的需要量是随着摄入饲料中所含糖类的量的增加而增加的。日本学者青江等（1971）对鲤鱼的试验能间接地说明这一问题：他们以Halver的试验维生素配方饲料饲养鲤鱼，养殖16个星期未见任何维生素缺乏症，但以高糖饲料饲养时，在喂养第7个星期就表现出了明显的维生素B_1缺乏症。

（3）脂肪与维生素的关系　维生素E与脂肪的代谢关系密切，主要是不饱和脂肪酸影响鱼类对维生素E的需要量，由于维生素E能防止过氧化物的形成，而不饱和脂肪酸极易自动氧化生成过氧化物，故不饱和脂肪酸的量增加必然导致维生素E用于防止脂肪氧化的消耗量增加。在鲤鱼和虹鳟鱼的试验中已发现，维生素E的需要量有随饲料中亚油酸含量增加而提高的趋势。所以饲料中脂肪含量增加时，也要相应增加维生素E的量（渡边等，1977）。

另外几种脂溶性维生素：维生素A、维生素D、维生素K也与脂肪关系密切，后者可作为前者的载体和溶剂，并促进前者的消化吸收。

维生素C也与鱼类脂肪和糖的代谢有关。缺乏维生素C，鱼类的血液、肾、肝中的糖类和脂肪代谢均遭到破坏。

2.蛋白质、脂肪、糖类与矿物质的关系

蛋白质、脂肪、糖类三大营养物质与矿物质之间的关系十分复杂，但由于研究的困难，这方面的报道很少。

就机体对钙、磷的吸收来说，三大营养物质均与其关系密切。高蛋白质饲料能提高钙、磷吸收，而高脂饲料则不利于钙、磷吸收；氨基酸、乳糖、甘露糖能改善钙的吸收，而肌醇草酸、磷酸等有机物质则妨碍钙的吸收。

磷与饲料中脂肪的代谢密切相关。如饲料中磷含量低，鲤鱼体内的脂肪便不能作为能源被有效地利用，而积蓄于体内，使鲤鱼肥满度增高；又因蛋白质较多地作为能源而消耗，导致增重率降低。而摄取适宜磷量饲料的鲤鱼，促进了脂肪在体内的氧化，蛋白质较少转变为能源消耗，有助于体重增加。所以鱼饲料中应特别注意磷的供给。

另外，锰、钴等元素亦与三大有机营养物质的代谢有关，锌也参与糖类与蛋白质代谢。

三、维生素、矿物质间的关系

1.维生素之间的相互关系

无论是在水产动物体内，还是在水产动物饲料中，维生素的含量都极少，但它对于水产动物体的生长发育、繁殖和各种代谢过程的正常进行却起着极其重要的作用。各种维生素之间的关系尽管相当复杂，但可以把它粗略地概括为协同和拮抗两大类型。

（1）协同作用　维生素E可促进维生素A在肝脏中的储存，保护维生素A免受氧化破坏。维生素E在饲料中以至在鱼肠道内可以保护维生素A和胡萝卜素免遭氧化破坏，它还能促进它们的吸收及其在肝脏和其他组织中的储存，而减少维生素A和胡萝卜素损耗。另外，维生素E还对胡萝卜素在体内转化为维生素A具有促进作用。

维生素B_1与维生素B_2在促进糖类与脂肪的代谢过程中有协同作用。维生素B_1在体内是氧化脱羧酶的辅酶，而维生素B_2是黄素酶的辅酶，两者联合应用对促进机体的糖代谢和脂肪代谢起协同强化作用。若缺乏其中一种，会对另一种在体内的利用产生不利影响。此外，维生素C可促进维生素B_1与维生素B_2的利用，有试验证明：维生素C能够减轻因维生素B_1和维生素B_2不足所出现的症状。

此外，对虹鳟鱼的试验发现，维生素B_{11}与维生素B_7合用可促进鱼的生长，但维生素B_7用量过多，就会导致与维生素B_{11}产生拮抗反应，使虹鳟的生长受阻。

（2）拮抗作用　维生素B_2对叶酸的破坏性显著，而维生素B_1对维生素B_{11}稍有破坏性。维生素B_1还可加速维生素B_{12}在高温下的破坏作用。维生素B_2含量增加时，可加快维生素B_1在水溶液中的氧化。由于维生素B_2吸收蓝光，当有空气存在时，能催化维生素C的光氧化作用，而且维生素B_2和维生素C的破坏作用是相互的。

维生素C的水溶液呈酸性，且具有较强的还原性，可使叶酸、维生素B_{12}破坏失效。因而维生素C与它们不可放在一起应用。

胆碱由于易吸潮及强碱性，可使维生素C、维生素B_1、维生素B_2、泛酸、烟酸、维生素B_6、维生素K等被破坏，所以这些维生素不可与胆碱混在一起应用。

维生素A与维生素C（抗坏血酸）之间可能有拮抗作用。当维生素A过量时，机体内源性抗坏血酸不能活化，而产生坏血病症状。

从已知的各种维生素之间的关系来看，实际应用时应特别注意各种维生素之间的比例平衡，过量地摄入某一种维生素可引起或加剧其他维生素缺乏症。维生素之间的这种拮抗和协同作用为实际工作中正确使用维生素提供了依据。

2.矿物质元素间的相互关系

鱼体内矿物质含量占很大的比重，各矿物质元素相互之间普遍存在着相互作用或相互影响，这种作用或影响可能发生于消化吸收过程，也可能发生于中间代谢过程。

（1）协同作用　许多矿物质元素之间存在着协同作用，这种作用可能发生在两个元素之间，也可能发生在更多元素之间。比较典型的例子有：钙和磷；铁、铜、钴之间。

钙和磷之间的关系很特别，饲粮中钙、磷之间既表现出协同作用、又表现出拮抗作用。当两者比例适宜时，有利于钙、磷的吸收和利用，表现出极其明显的协同作用；当两者比例不当时便产生完全相反的效果，钙含量过高，降低磷的吸收，磷含量过高则降低钙的吸收。

铁、铜、钴之间有明显的协同作用。铁是形成血红蛋白的原料之一，铜、钴则促进红细胞的生长和成熟。若缺乏这三种微量元素中的任何一种，均会使红细胞的生长发生障碍，产生贫血症。

微量元素铜、铁、锌、锰按一定水平组合有利于提高鲤鱼的生产力，其最优水平组合为铜23.5mg/kg，铁141.7mg/kg，锌89mg/kg，锰31.8mg/kg。各种矿物质元素之间的协同作用示意图见图1-3。

（2）拮抗作用　矿物质元素间的拮抗作用可能发生在消化吸收或利用过程中。矿物质元素在消化吸收和利用过程中由于数量比例不当引起一方抑制另一方的吸收或利用，如钙与磷、钙与镁、钙与锌、磷与镁、锰、锌等。

钙与磷之间在比例不当时表现出拮抗作用。钙不仅可与磷拮抗，钙与镁也存在拮抗作用：饲料中高钙或钙、磷含量同时增加时，影响镁的吸收；当饲料中含镁量较低时，骨骼中钙含量增加；钙和锌之间亦存在拮抗关系，过高的钙、磷会导致锌在肠道形成不溶性的磷酸钙锌复合物而影响锌的吸收。反之，锌过多，也可使钙的吸收利用率下降。饲料中磷含量过高则影响铁、镁、锰、锌的吸收。对虹鳟的试验还显示，此时磷本身的吸收率也降低。铁、镁、锰等元素过剩，会降低磷的吸收率，因为这些阳离子与磷酸根结合为不溶性盐而影响其吸收。任一直线在圆周上两个交点处所对应的元素都存在拮抗作用（图1-4）。

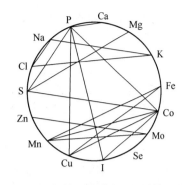

图1-3　各种矿物质元素相互间的协同作用
（李凤双等，1990）

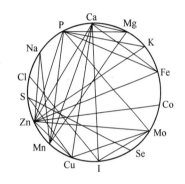

图1-4　各种矿物质元素相互间的拮抗作用
（李凤双等，1990）

3.维生素与矿物质元素间的相互关系

不仅各维生素之间、各矿物质之间分别存在相互影响或相互作用，维生素与矿物质之间亦存在有协同或拮抗作用。

（1）协同作用　维生素D能促进水产动物肠道中钙的吸收及钙、磷在骨骼中的沉积，维生素D还能促进鳃、皮肤、肌肉和骨骼等组织对周围水体中钙的吸收和利用。

维生素E和硒在体内生物抗氧化作用中有协同作用，二者相互补充，在一定程度上，维生素E可代替硒的作用，但硒不能代替维生素E，饲料中维生素E不足时易导致硒的缺乏症。而维生素E又必须在硒的存在下才能发挥正常的生理作用。

维生素C能使高价铁离子（Fe^{3+}）还原成亚铁离子（Fe^{2+}），而铁主要在亚铁离子状态才能被吸收，故维生素C可促进铁的吸收。

（2）拮抗作用　一些矿物质元素及某些金属离子会加速维生素的氧化破坏。饲料中多数矿物质元素都能加速维生素A的破坏过程，饲料中的微量元素添加剂可使维生素A、维生素K_3、维生素B_1、维生素B_6、维生素B_{11}等的效价降低，所以两者不能同时混用。

脂溶性维生素A、维生素D、维生素E等均可因氧化而被破坏，这一过程可因亚铁离子的存在而加速，故脂溶性维生素一般不与硫酸亚铁、氯化亚铁等矿物盐同用。饲料中的钙可使维生素D_3很快破坏，所以硫酸钙、石灰石、贝壳粉等不可与维生素D_3混用。

维生素C能促进铁的吸收，并缓解铜在体内的吸收，但高剂量的维生素C，则影响鱼、虾类肠道中铜的吸收，且降低铜在机体组织中的储存量，故饵料中维生素C高时，应适当增加铜的供给量。另外，维生素C对维生素B_{12}的降解作用需要有铜、锰、钼酸盐或氟化物离子、碱、还原剂的存在。李爱杰等研究指出，氨基酸微量元素螯合物及多糖微量元素复合物对维生素C的破坏比无机微量元素大得多。故生产中维生素与微量元素一般分开添加。

【思考题】

1.从下面的实验，你能分别得出什么结论？

① 对青鱼的营养需要研究时发现，当饲料蛋白质含量为37%～43.3%，糖类含量增至26%～36%时，青鱼鱼种的生长率和饲料效率均会降低。

② 据相关报道，在蛋白质含量为18.3%，能量含量为6671kJ/kg的美洲红点鲑的饲料中，加入7%的玉米油，就能得到同饲料蛋白质含量为27%相当的鱼产量。

③ 以稻草颗粒饲料喂鱼，当饲料中粗纤维含量为12.48%时，饲料的总消化率为60.40%；而当粗纤维含量为27.25%时，饲料总消化率只有30.80%。在对尼罗罗非鱼的试验中亦发现，当饲料纤维素含量分别为0%、5%、20%、30%时，尼罗罗非鱼对饲料蛋白质的利用率分别为16.59%、25.08%、27.33%、15.68%。

2.蛋白质、脂肪和糖类在体内是如何相互转化的？

3.简述粗纤维与营养物质之间的关系。

4.举例说明饲料中必需氨基酸之间、矿物质元素之间、矿物质元素和维生素之间是如何相互影响的，对饲料的配制有何意义？

第二章 饲料原料与饲料添加剂

【学习指南】

本章以饲料原料的基本概念和分类为基础，主要学习各种饲料原料的营养和利用特点，饲料原料和饲料添加剂按水产动物的营养需要配合在一起，才能满足其生长和发育所需。所以饲料添加剂也是制作配合饲料的重要内容。随着饲料工业的发展，对各种饲料原料的需求稳步上升，各国相继出现饲料资源的短缺问题，并将继续存在。因此，有必要对我国饲料资源的开发利用情况进行认识和了解。

饲料原料的品质优劣直接关系到饲料质量和养殖成败，因此本章的饲料原料的识别与鉴定是技能训练的实训重点内容。实训内容和理论联系在一起，是一套完整的生产计划的前期部分。希望同学们在学习的过程中，能够掌握学习规律，轻松学习。

【学习目标】

1. 掌握各种饲料原料种类的划分依据。
2. 渔用饲料原料的分类、特点和使用时的注意事项。
3. 了解饲料资源的类型与开发利用方式。
4. 明确各类饲料原料的营养特点及利用价值。

【技能目标】

1. 依据各种饲料原料的营养特点，能在水产生产中灵活应用。
2. 能正确识别与鉴定饲料原料和饲料添加剂。
3. 会根据需要正确购买饲料原料和饲料添加剂。

第一节　饲料原料的概念与分类

饲料是饲养水产动物生长、发育和繁殖的物质基础，凡是直接或间接加工后被动物摄食、消化、吸收利用的，且在一定条件下无毒的物质，均被称为饲料。水产动物的饲料原料绝大部分来自于植物，其余来自于动物、矿物和微生物等。

饲料原料种类繁多，养分组成和营养价值各异。某些饲料之间存在一定的差异或相似性，为了系统地判断它在生产中的地位和作用，特别是为了便于在饲料工业上的广泛应用，有必要对饲料原料进行适当的分类。通过饲料的分类，可以将那些具有一定共性的饲料合并归为一类，并且区别于其他种类。

一、国际饲料分类法

饲料原料分类的目的是为了便于比较研究各种饲料的营养特点、利用价值以及对水产动物生长等方面的影响。分类的依据不同，分类方法也很不一致。1956年美国学者哈里士（L.E.Harris）根据饲料的营养特性，将饲料原料划分为8类。并对每一类冠以相应的国际饲料编码（International Feeds Number，IFN），编码由六位数组成，分三节（表示为□，□□，□□□），来代表每种饲料原料的名称，并应用计算机技术，建立了国际饲料数据库管理系统，这一分类系统得到世界近30个国家的采用和赞同。所以，Harris分类方法又称国际饲料分类法，他的八大编码形式及划分如下。

1.粗饲料（IFN形式为 1-00-000）

粗饲料指干物质中粗纤维的含量在18%以上，以风干物为饲喂形式的饲料，主要包括干草类、秸秆类、农副产品类以及干物质中粗纤维含量为18%以上的糟渣类、树叶类等。

2.青绿饲料（IFN形式为 2-00-000）

青绿饲料指自然水分含量在45%以上的新鲜饲草及以放牧形式饲喂的人工种植牧草、草原牧草等。青绿饲料包括牧草类、叶菜类、非淀粉质的根茎瓜果类、水生饲草类等。不考虑折干后粗蛋白质及粗纤维含量。

3.青贮饲料（IFN形式为 3-00-000）

青贮饲料是指以自然水分含量在45%以上的新鲜、天然植物性饲料为原料，以青贮方式调制成的饲料。用新鲜的天然植物性饲料做青贮原料，加有适量糠麸类或其他添加物制成青贮饲料，其中包括水分含量在45%～55%的半干青贮。

4.能量饲料（IFN形式为 4-00-000）

能量饲料指干物质中粗纤维含量在18%以下，粗蛋白质的含量在20%以下的一类饲料，这类饲料的特点是消化能高，一般每千克绝对干物质含消化能10.46MJ以上。无氮浸出物主要以淀粉形式存在。其中，高于12.55MJ者又称为高能量饲料。主要包括谷实类、糠麸类、淀粉质的根茎瓜果类、液体油脂、草籽树实类等。

5.蛋白质饲料（IFN形式为 5-00-000）

蛋白质饲料指干物质中粗纤维含量在18%以下，粗蛋白质含量超过20%（包括20%），自含水量小于45%的饲料。这类饲料的特点是蛋白质含量高，在鱼类饲料中用于补充蛋白质含量的不足。主要包括植物性蛋白质饲料、动物性蛋白质饲料、单细胞蛋白质饲料等。

6.矿物质补充饲料（IFN形式为6-00-000）

矿物质补充饲料是指可供饲用的天然矿物质以及化工合成的无机盐类。包括工业合成的或天然的单一矿物质饲料和多种矿物质混合的矿物质饲料，以及加有载体或稀释剂的矿物质添加剂预混合饲料。

7.维生素饲料（IFN形式为7-00-000）

维生素饲料指人工合成或提纯的单一维生素或复合维生素，但不包括某项维生素含量较多的天然饲料。

8.饲料添加剂（IFN形式为8-00-000）

指各种用于强化饲养效果，有利于配合饲料生产和储存，保证动物健康而掺入饲料中的少量或微量物质。不包括矿物质元素、维生素、氨基酸等营养物质在内的所有添加剂（专指非营养性添加剂），如各种抗生素、抗氧化剂、防霉剂、黏结剂、着色剂、增味剂以及保健与代谢调节药物等。

二、中国饲料分类法

中国饲料数据库根据本国传统饲料分类法与国际饲料分类原则相结合，建立了本国的饲料数据库管理系统及分类方法——中国饲料分类法。首先根据国际饲料分类原则将饲料分成八大类，然后结合中国传统饲料分类习惯分成16亚类，两者结合，共形成34个饲料类别。与国际饲料分类法相似，对每类饲料冠以相应的饲料编码，中国饲料编码（Feeds Number of China，CFN）。CFN共七位数，首位为国际饲料编码（IFN），第二、第三位为中国饲料编码（CFN）亚类编号，第四至第七位为顺序号。也分三节表示（即□，□□，□□□□），他们分别代表每种饲料的分类地位，并应用计算机技术，建立了中国饲料数据库管理系统。

相比较而言，中国饲料分类法比国际饲料分类法更详细、更明确，这样在使用过程中，既可以根据国际饲料分类原则判定饲料性质，又能从亚类中检索饲料的资源出处，是对IFN系统的重要补充及修正。中国饲料分类形成的十六亚类如下。

1.青绿饲料

不考虑其部分失水状态、风干状态或绝干状态时，粗纤维含量或粗蛋白质含量，凡天然水分含量45%以上的新鲜牧草、青饲作物、野菜、鲜嫩的藤蔓等，某些未完全成熟的谷物植株等也属于此亚类。因为它属于IFN的第二类，所以其CFN形式：2-01-0000。

2.树叶类

此亚类一般有两种类型：一种是刚采摘下来的树叶，饲用时的天然水分含量尚能保持在45%以上，这种形式多是一次性的，数量不大。国际饲料分类属于青绿饲料。故CFN形式：2-02-000。另一种类型是风干后的乔木、灌木、亚灌木的树叶等，水分含量低于45%，干物质中粗纤维含量大于或等于18%的树叶类，如槐叶、银合欢叶、松针叶、木薯叶等，都属于国际饲料分类的粗饲料一类，故其CFN形式：1-02-0000。

3.青贮饲料

此亚类根据其中水分含量分为三种类型。

（1）由新鲜的天然植物性饲料调制成的常规青贮饲料，或在新鲜的植物性饲料中加有各种辅料（如小麦麸、尿素、糖蜜等）或防腐、防霉添加剂制成的青贮饲料。一般含水量在65%～75%。CFN形式：3-03-0000。

（2）低水分青贮饲料，亦称半干青贮饲料。用天然水分含量为45%～55%的半干青绿植物调制成的青贮饲料。所以称其为低水分青贮饲料或半干青贮饲料。CFN形式与常规青贮饲料相同，即：3-03-0000。

（3）采用钢筒青贮或密封青贮窖的方式进行的谷物青贮，保持水分含量在28%～35%范围内，以新鲜玉米、麦类籽实为主要原料的各种类型的谷物湿贮。从其营养成分的含量来看，符合国际饲料分类中的能量饲料的标准，但从调制方法分析又属于青贮饲料，所以其CFN形式：4-03-0000。

4.块根、块茎、瓜果类

天然水分含量大于或等于45%以上的块根、块茎、瓜果类。如胡萝卜、芜菁、饲用甜菜、瓜果等。这类饲料脱水后的干物质中淀粉含量高，粗纤维和粗蛋白质含量都较低。所以，鲜喂时则属于国际饲料第二大类（青绿饲料），其CFN形式：2-04-0000；干喂时则属于国际饲料的第四大类，其CFN形式：4-04-0000，如甘薯干、木薯干等。

5.干草类

人工栽培或野生牧草的脱水物或风干物。饲料在水分含量在15%以下，依据其中营养成分含量的不同，分为三种类型。

（1）干物质中的粗纤维含量大于或等于18%者都属于粗饲料，如后期收获的较老的禾本科植物，其CFN形式为：1-05-0000。

（2）干物质中粗纤维含量小于18%，而粗蛋白质含量也小于20%者，属于能量饲料类，如一些幼嫩的禾本科和一些菊科牧草的干草，其CFN形式：4-05-0000。

（3）干物质中的粗蛋白质含量大于或等于20%，而粗纤维含量又低于18%者，如一些优质豆科干草、苜蓿草或紫云英等，按国际饲料分类原则应属于蛋白质饲料类，其CFN形式：5-05-0000。

6.农副产品类

农作物收获后的副产品：如藤蔓、秸秆、秧、荚、壳等。与国际饲料分类相结合，也有三种类型。

（1）干物质中粗纤维含量大于或等于18%者，都属于国际饲料分类中的粗饲料，其CFN形式：1-06-0000。

（2）是干物质中粗纤维含量小于18%，而粗蛋白质含量小于20%者，按国际饲料分类法应属于能量饲料。其CFN形式：4-06-0000。

（3）是干物质中粗纤维含量小于18%，而粗蛋白质含量大于或等于20%者，按国际饲料分类法应属于蛋白质饲料类。其CFN形式：5-06-0000。

7.谷实类

是指粮食作物的籽实，主要指禾谷类，除某些带壳的谷实外，其中淀粉含量较高，粗纤维、粗蛋白质的含量都较低，在国际饲料分类中应属能量饲料类，如玉米、稻谷、小麦等。其CFN形式：4-07-0000。

8.糠麸类

主要是各种粮食的加工副产品。依据其中粗纤维含量分为两类。

（1）干物质中粗纤维含量小于18%，粗蛋白质含量小于20%的各种粮食加工副产品，如小麦麸、米糠、玉米皮、高粱糠等。在国际饲料分类中属能量饲料类，其CFN形式：

4-08-0000。

（2）粮食加工后的低档副产品或在米糠中人为掺入没有实际营养价值的稻壳粉等，其中干物质中的粗纤维含量超过18%，如统糠（砻糠和米糠的混合物），按国际饲料分类法应属于粗饲料类，其CFN形式：1-08-0000。

9. 豆类

豆类籽实中大多粗蛋白质含量是在20%以上，粗纤维含量小于18%，经过加工可作为蛋白质饲料。其CFN形式：5-09-0000；但也有个别豆类的干物质中粗蛋白质含量不到20%，如中国南方产的鸡子豆和爬豆，按国际饲料分类法应属于能量饲料类，其CFN形式：4-09-0000。

10. 饼粕类

饼粕类是油料籽实榨油后的副产品，脱油方法主要有两种：机械压榨法和溶剂浸提法。压榨脱油后的副产品叫饼，浸提法脱油后的副产品叫粕。二者合称饼粕类。依据其中的营养成分含量主要划分为三种类型。

（1）干物质中的粗纤维含量大于或等于18%的饼粕类，即使其干物质中粗蛋白质含量大于或等于20%，按国际饲料分类法应属于粗饲料类。如有些多壳的葵花籽饼及棉籽饼，其CFN形式：1-10-0000。

（2）某些粗蛋白质含量少于20%，粗纤维含量小于18%的饼粕类饲料，如米糠饼、玉米胚芽饼，则属于能量饲料。其CFN形式：4-10-0000。

（3）大部分的饼粕类，其干物质中的粗纤维含量低于18%，而粗蛋白质含量高于20%，按国际分类法应属于蛋白质饲料类，如豆饼、花生饼等，其CFN形式：5-10-0000。

11. 糟渣类

糟渣类是籽实提取糖分之后的残渣。其特点是水分多，干物质少，干物质中粗纤维、粗蛋白质、粗脂肪含量均比原料籽实多。依据其中的营养成分含量可分为三类。

（1）干物质中粗纤维含量超过18%的，按照国际饲料分类法归入粗饲料类，其CFN形式：1-11-0000。

（2）干物质中粗蛋白质含量低于20%，粗纤维含量也低于18%者，按照国际饲料分类法归入能量饲料类，如粉渣、醋渣、酒渣、甜菜渣皆属此类，其CFN形式：4-11-0000。

（3）干物质中粗蛋白质含量大于或等于20%，而粗纤维含量又小于18%者，在国际饲料分类中应属蛋白质饲料类，如啤酒糟、豆腐渣，尽管这类饲料的蛋白质、氨基酸利用率较差，但按照国际饲料分类法应属于蛋白质饲料类。其CFN形式：5-11-0000。

12. 草籽树实类

依据其中的营养成分含量分为三类。

（1）干物质中粗纤维含量在18%以上者，应属于粗饲料，其CFN形式：1-12-0000。

（2）干物质中粗纤维含量在18%以下，而粗蛋白质含量小于20%者，应属于能量饲料，如稗草籽、沙枣等，其CFN形式：4-12-0000。

（3）干物质中粗纤维含量在18%以下，而粗蛋白质含量大于或等于20%者，较为罕见，其CFN形式：5-12-0000。

13. 动物性饲料

动物性饲料是指那些来源于渔业、畜牧业的饲料及加工副产品。既包括鲜活动物，又包括加工品及加工过程中的副产品。按国际饲料分类法，干物质中粗蛋白质含量大于或等于20%

者，应属于蛋白质饲料类，如鱼、虾、蟹肉、骨粉、皮毛、血块、蚕蛹等。其CFN形式：5-13-0000。粗蛋白质含量低于20%的，按国际饲料分类法，应属于能量饲料，如各种动物脂肪。其CFN形式：4-13-0000。粗蛋白质含量及粗脂肪含量均较低，粗灰分含量较高，以补充钙、磷为目的者，应属于矿物质补充饲料类，如骨粉、蛋壳粉、贝壳粉等，其CFN形式：6-13-0000。

14. 矿物质饲料

矿物质饲料指可供饲用的天然矿物质，但不包括骨粉、贝壳粉等来源于动物体的矿物质及化工合成或提纯的无机盐。如白云石粉、大理石粉、石灰石粉等。按国际饲料分类法，应属于矿物质补充饲料类。其CFN形式：6-14-0000。

15. 维生素饲料

维生素饲料特指那些由工业提纯或合成的饲用维生素，而不包括富含维生素及维生素原的天然青绿多汁饲料中的维生素。如胡萝卜素、硫胺素、核黄素、烟酸、泛酸、胆碱、叶酸、维生素A、维生素D等，按国际饲料分类法，归入维生素饲料其CFN形式：7-15-0000。

16. 添加剂及其他

第十六亚类是指一切不属于1～15亚类的所有人为加入饲料中的成分。如防腐剂、着色剂、抗氧化剂、促生长剂、饲料黏合剂、驱虫保健剂、流散剂及载体等。按国际饲料分类法归入饲料添加剂。其CFN形式：8-16-0000。

中国现行饲料分类编码简要列表如下（表2-1）。

表 2-1 中国现行饲料分类编码表

中国饲料编码亚类序号	饲料类别	饲料分类编码
01 青绿饲料	青绿饲料	2-01-0000
02 树叶类	树叶类（鲜）	2-02-0000
	树叶类（干枯）	1-02-0000
03 青贮饲料	常规青贮饲料类	3-03-0000
	半干青贮饲料类	3-03-0000
	谷实青贮饲料类	4-03-0000
04 块根、块茎、瓜果类	含天然水分的根茎瓜果类	2-04-0000
	脱水根茎瓜果类	4-04-0000
05 干草类	第一类干草类	1-05-0000
	第二类干草类	4-05-0000
	第三类干草类	5-05-0000
06 农副产品类	第一类农副产品	1-06-0000
	第二类农副产品	4-06-0000
	第三类农副产品	5-06-0000
07 谷实类	谷实类	4-07-0000
08 糠麸类	第一类糠麸	1-08-0000
	第二类糠麸	4-08-0000
09 豆类	第一类豆类	5-09-0000
	第二类豆类	4-09-0000
10 饼粕类	第一类饼粕类	1-10-0000
	第二类饼粕类	4-10-0000
	第三类饼粕类	5-10-0000

续表

中国饲料编码亚类序号	饲料类别	饲料分类编码
11 糟渣类	第一类糟渣类	1-11-0000
	第二类糟渣类	4-11-0000
	第三类糟渣类	5-11-0000
12 草籽树实类	第一类草籽树实类	1-12-0000
	第二类草籽树实类	4-12-0000
	第三类草籽树实类	5-12-0000
13 动物性饲料	第一类动物性饲料类	5-13-0000
	第二类动物性饲料类	4-13-0000
	第三类动物性饲料类	6-13-0000
14 矿物质饲料	矿物性饲料类	6-14-0000
15 维生素饲料	维生素饲料类	7-15-0000
16 添加剂及其他	添加剂及其他	8-16-0000

【思考题】

1.名词解释：饲料　能量　蛋白质饲料　能量饲料

2.国际饲料的分类法将饲料分为（　　　　　）、（　　　　　）、（　　　　　）、（　　　　　）、（　　　　　）、（　　　　　）、（　　　　）、（　　　　）。

3.中国饲料的分类法将饲料分为（　　　　　）。

4.在国际饲料分类法中，蛋白质饲料属于第（　　　　）类。

5.能量饲料干物质中粗纤维的含量小于（　　　　　），粗蛋白含量小于（　　　　　）。

6.按国际饲料的分类法将饲料分为哪八大类？有何依据？

7.中国饲料的分类法将饲料分为哪几亚类？

第二节　各类饲料原料的特性及质量鉴定

一、蛋白质饲料

蛋白质饲料在饲料分类系统中居第五大类，是指饲料干物质中蛋白质含量在20%以上、粗纤维含量在18%以下的饲料。蛋白质饲料主要包括动物性蛋白质饲料，如鱼粉、血粉、羽毛粉、蚕蛹等；植物性蛋白质饲料，如豆类籽实、饼粕类、糟渣类等；微生物蛋白质饲料，如单胞藻类、酵母类、细菌类等，及其他类蛋白质饲料。

1.动物性蛋白质饲料

动物性蛋白质饲料主要包括鱼粉、肉骨粉、血粉、蚕蛹、虾壳粉等，这类饲料的共同特点是蛋白质含量高达50%～80%，且品质好，富含赖氨酸、蛋氨酸等必需氨基酸，是水产动物最好的蛋白质补充饲料；某些种类脂肪含量较多，容易发生氧化酸败变质，如蚕蛹，最好进行脱脂保存；粗灰分含量高，如蟹粉，其中钙、磷含量高，而且比例合理。富含B族维生素，特别是植物性饲料所缺少的维生素A、维生素B_{12}等；碳水化合物含量少，无粗纤维成分，所以水产动物对此类饲料消化、利用率高。但考虑到其价格和品质等因素，一般与植物性蛋白质饲料搭配使用。

（1）鱼粉　鱼粉是由经济价值较低的低质鱼或鱼产品加工副产品制成，其质量取决于生产原料及加工方法。由水产品加工废弃物（鱼骨、鱼头、鱼皮、鱼内脏等）为原料生产的鱼粉称为粗鱼粉。粗鱼粉中粗蛋白含量较低，而粗灰分含量较高，其营养价值低于由全鱼制造的鱼粉。

① 鱼粉的营养特点　蛋白质含量高，各种氨基酸含量高且平衡，消化率高，钙、磷比例合理，粗灰分含量高，富含B族维生素。是目前公认的优质饲料蛋白源，其营养成分和消化率随原料和加工工艺而异。国产鱼粉蛋白质含量一般在30%～55%，进口鱼粉大多在60%以上（日本北洋鱼粉和美国阿拉斯加鱼粉蛋白质含量在70%左右），脂肪含量一般1.3%～15.5%，灰分14.5%～45%，钙含量0.8%～10.7%，磷含量1.2%～3.3%。鱼粉中富含烟酸、维生素B_2和维生素B_{12}，真空低温干燥制成的鱼粉还富含维生素A和维生素D，另外，还含有不明促生长因子，是目前水产动物最好的饲料蛋白源。

② 鱼粉的分类及质量鉴定　鱼粉是目前公认的一种优质饲料蛋白源，粗蛋白含量55%～70%，其消化率由于原料来源和加工方法等有较大差异。鱼粉根据来源区分有国产和进口两种，为了保证鱼粉质量，我国制定了国产鱼粉标准和进口鱼粉的质量标准。

该标准将鱼粉的质量可分为四级，其感官鉴定指标和理化指标见表2-2和表2-3。

表2-2　鱼粉的感官指标

项目	特级品	一级品	二级品	三级品
色泽	黄棕色、黄褐色等鱼粉正常的颜色			
组织气味	蓬松、纤维状组织明显，无结块，无霉变	较蓬松、纤维状组织较明显，无结块，无霉变	松软粉状物，无结块，无霉变	
	有鱼香味，无焦灼味和油脂酸败味		具有鱼粉正常气味，无异臭，无焦灼味	

表2-3　鱼粉的理化指标

项目	特级	一级	二级	三级
粉碎细度	至少98%能通过筛孔孔径为2.8mm的标准筛			
粗蛋白质/%	≥60	≥55	≥50	≥45
粗脂肪/%	≤10	≤10	≤12	≤12
水分/%	≤10	≤10	≤10	≤12
盐分/%	≤2	≤3	≤3	≤4
灰分/%	≤15	≤20	≤25	≤25

③ 注意事项　鱼粉易霉变或受虫害，尤其在高温潮湿环境中，更易变质。所以鱼粉必须充分干燥，并储存于干燥、通风处；含脂肪多的鱼粉如果储存不当，容易发生酸败现象，使鱼粉品质显著降低。最好使用脱脂鱼粉；购买鱼粉时应注意鱼粉的质量，加强质量检测。鱼粉价格较高，应与其他饲料配合使用。

（2）蚕蛹　蚕蛹是蚕茧缲丝后的副产品，是良好的动物性饲料，其营养价值较高，在南方一些淡水养鱼区，很早就被用作养鱼饲料，应用效果良好。

① 营养特点　蚕蛹蛋白质含量高，鲜蚕蛹含粗蛋白17%左右，干蚕蛹蛋白质含量

55%～62%，蛋白质消化率一般在80%以上，且赖氨酸、蛋氨酸、色氨酸等必需氨基酸含量丰富，钙、磷含量较低。但粗脂肪含量很高（20%左右），易变质，不宜久存，故常制成脱脂蚕蛹。经过脱脂后的蚕蛹粗脂肪含量低，不仅利于储藏，而且蛋白质含量高达80%，其粗蛋白和氨基酸含量及组成与优质鱼粉相似，维生素含量丰富，维生素E和维生素B_2含量分别为900mg/kg和72mg/kg。

② 注意事项

a.蚕蛹虽蛋白质含量很高，但使用过多，鱼体会产生一种特殊异味，影响鱼产品质量，因此，蚕蛹在配合饲料中的用量不宜过多（10%以下），并且应在起捕前半个月内停止使用。

b.大量投喂变质蚕蛹，饲料适口性下降，虹鳟鱼会发生贫血等疾病，鲤鱼则会出现典型的瘦背病。所以对质量差的干蚕蛹应该控制使用。

（3）肉粉和肉骨粉 屠宰场或肉品加工厂的肉屑、碎肉等处理后制成的饲料叫肉粉，而以连骨肉为主要原料的，则叫肉骨粉。美国饲料管理协会以含磷4.4%为界限，含磷量在4.4%以下的叫肉粉，含磷量在4.4%以上的叫肉骨粉。我国生产的肉粉与肉骨粉中还包括动物的内脏、胚胎、非传染病死亡的动物胴体等，但不应含有毛发、蹄壳及动物的胃肠内容物。

肉粉和肉骨粉的品质与生产原料有很大关系，一般粗蛋白含量为25%～60%，水分5%～10%，粗脂肪3%～10%，钙7%～20%，磷3.6%～9.5%。蛋白质中赖氨酸含量较高，但蛋氨酸和色氨酸含量较低；B族维生素含量较高，而维生素A、维生素D含量较低。我国对动物的头、蹄、内脏的加工食用较多，因而肉骨粉与肉粉原料供应不足，而且同进口产品相比，蛋白质含量低，而钙、磷含量偏高。

肉粉和肉骨粉脂肪含量高，储存时应防止脂肪氧化，同时要防止沙门菌和大肠杆菌的感染。由于其营养成分含量变化大，使用之前最好测定其各项指标。目前世界鱼粉价格高昂，许多国家都在探讨取代鱼粉的新途径，而肉粉和肉骨粉作为动物性蛋白质饲料，取代鱼粉已受到人们的重视。

（4）血粉 血粉是用新鲜、干净的动物血制成的一种高蛋白产品，一般为红褐色至褐色，其营养成分大致为：粗蛋白含量为75%～85%，水分8%～11.5%，粗脂肪0.4%～2%，粗纤维含量0.5%～2%，粗灰分2%～6%，钙0.1%～1.5%，磷0.1%～0.4%。血粉中氨基酸组成不平衡，赖氨酸含量高达7%～9%，组氨酸和亮氨酸含量也较高，但精氨酸含量却很低，因此，血粉与花生饼粕、棉籽饼粕搭配使用，可得到较好的饲养效果。血粉的最大缺点就是其中异亮氨酸含量很少，而亮氨酸与异亮氨酸又有拮抗作用，故配方时应特别注意两者之间的比例。

血粉因为进行高温干燥，适口性差，在饲料中的比例一般不超过4%。蛋白质消化和利用率只有40%～50%，如果采用真空干燥等新工艺或对血粉进行发酵处理，则可以大大提高蛋白质的利用率。

（5）虾（蟹）粉和虾（蟹）壳粉 以虾（蟹）可食用部分除去之后的新鲜虾（蟹）杂物为原料，经干燥、粉碎之后所得的产品称为虾（蟹）粉；由纯虾（蟹）壳经干燥、粉碎之后所得的产品称为虾（蟹）壳粉。二者的成分随原料品种、加工方法及新鲜度的不同有很大的差别。其中虾（蟹）粉的粗蛋白含量为40%左右，少部分氮来自几丁质的氮，虾（蟹）壳粉有1/2是来自几丁质的氮，利用价值很低；虾（蟹）粉和虾（蟹）壳粉都含有脂肪，其中大部分为不饱和脂肪酸，并富含胆碱、磷脂及胆固醇等成分，都富含具着色效果的虾红素。

在水生动物饲料中可作为诱食剂和着色剂。用量一般为10%～15%。但要注意品质和新鲜度。

（6）其他鲜活饵料 如乌贼及其内脏、蚯蚓、沙蚕、田螺、贻贝、蛤仔、蝇蛆等，这些鲜活饵料的营养价值与鱼粉相当或优于鱼粉，其中许多种类还具有诱食作用。这类鲜活饵料由于具有更高的使用价值，或尚未形成规模化生产，目前还不能大量用于鱼、虾饲料的生产，但大都是可以开发的优质动物性饲料蛋白源。

2.植物性蛋白饲料

植物性蛋白饲料的种类很多，包括豆类籽实、饼粕类、糟渣类及其他加工副产品，因为它们大多价格低廉，所以是养鱼的主要蛋白质饲料。鱼类对植物性饲料蛋白质的消化率较高，一般可达70%～90%，其特点是各种饲料蛋白质的氨基酸组成不平衡，蛋白质的氨基酸组成和维生素、微量元素含量差异很大。植物性蛋白质饲料含钙量低，含磷量较高，但对磷的消化率很低。植物性饲料应与多种饲料配合使用，在配合饲料的配方组成中一般占70%～80%。常用的植物性饲料如下。

（1）豆类籽实 多数的豆类籽实用来做人类的食物，仅少量用作饲料。这类饲料的共同营养特点：蛋白质含量一般都在25%以上，其中大豆含量最高，可达40%以上，蛋白质的氨基酸组成较好，其中赖氨酸含量丰富，而蛋氨酸等含硫氨基酸相对不足；无氮浸出物含量低于谷实类；除大豆外，其他豆类的粗脂肪含量也较低；B族维生素含量较丰富，而其他维生素缺乏。几种豆类籽实的主要营养成分含量参考表2-4。

表 2-4 几种豆类籽实的营养成分含量

营养成分	蚕豆	豌豆	大豆
灰分含量 /%	4.0	3.1	5.4
粗纤维含量 /%	8.8	6.1	5.8
粗脂肪含量 /%	1.5	1.4	20.2
无氮浸出物含量 /%	57.0	63.0	28.0
粗蛋白质含量 /%	29.2	26.5	36.6

豆类籽实饲料中均含有一些抗营养毒素，如抗胰蛋白酶、血球凝集素、异黄酮、皂素等，它们影响饲料的适口性、消化率和动物的一些生理过程。因此，生喂豆类籽实不利于水产动物对营养物质的吸收。蒸煮和适度加热，可以钝化和破坏这些抗营养因子。

由于豆类籽实赖氨酸含量丰富（赖氨酸在粗蛋白中的比例可达6%），但蛋氨酸等含硫氨基酸较低，因此在使用时宜与其他蛋白质饲料搭配使用，或在以大豆为主要蛋白源的饲料中适当添加蛋氨酸，以提高饲料蛋白质的利用率。豆类籽实中的蚕豆是草鱼的良好饲料，它不仅为鱼类提供丰富的蛋白质，而且还具有改善草鱼肉质的作用，但其作用机理尚不清楚。

（2）饼粕类 饼粕类饲料是油料籽实提取油分后的副产品。在我国资源量较大的有豆饼、棉籽饼、菜籽饼，另外，还有一定数量的花生饼、葵花籽饼、芝麻饼、亚麻仁饼、椰子饼、棕榈饼等。由于饼粕类饲料蛋白质含量高，且残留一定的油脂，因而营养价值较高。

饼粕类饲料是油料籽实提取油分后得到的副产品。机械压榨法脱油后的副产品叫饼；溶剂浸提法脱油后的副产品叫粕，二者合称饼粕类。压榨法脱油效率低，饼内常残留4%以上的油脂，可利用能量高，但油脂易酸败；浸提法脱油效率高，粕内残留油脂少，有的含油脂量在1%以下。对同种籽实因加工方法不同而得到的饼或粕性质相近，其差异主要是残留量不同而导致的其他成分的含量不同。

饼粕类的营养价值除受原料品种影响外，还明显受制油工艺的影响。农村榨油作坊多采用夯榨和螺旋压榨法，脱油效率不高，油饼的质量也难以保证，使用时需实际测定其营养成分的含量。

① 大豆饼粕　大豆饼粕是大豆提取油后的副产品，是质量最好的饼粕类饲料，得到世界各国的普遍采用。大豆饼粕的消化率高，粗蛋白质含量为40%～50%，无氮浸出物为27%～33%，粗脂肪5%左右，粗纤维6%左右，粗灰分5%～6%，钙0.2%～0.4%，磷0.5%～0.8%，富含B族维生素。此外，大豆饼粕必需氨基酸含量比其他植物性饲料高，特别是赖氨酸，占干物质的3%左右，是棉仁饼、菜籽饼、花生饼的两倍左右，且质量也最佳。大豆饼粕在氨基酸组成上的缺点是蛋氨酸含量不足，略逊于菜籽饼粕、葵花仁饼粕，但略高于棉仁饼粕和花生饼粕。其异亮氨酸的含量也是所有饼粕饲料中含量最多的，亮氨酸和异亮氨酸的比例也是最好的。色氨酸和苏氨酸含量也很高，而且适口性好，为各种动物所喜食。因此，大豆饼粕是水生动物良好的蛋白质饲料原料。

大豆饼粕由于取油方法不同，两者之间营养成分略有差异。大豆饼脂肪含量比大豆粕高，其他成分相对较低。此外，未经加热的大豆饼粕和大豆一样有抗营养物质存在，这些抗营养因子含有对营养素的消化、吸收、代谢产生不良影响的物质。适当的热处理（110℃，3min）即可灭活抗胰蛋白酶的活性，对氨基酸的破坏也较少。但加热过度会降低赖氨酸、精氨酸的活性，同时会使胱氨酸遭到破坏，从而降低其营养价值。

② 花生饼粕　花生饼粕粗蛋白的含量为44%～47%。蛋白质的氨基酸组成中，精氨酸含量较高，蛋氨酸和赖氨酸含量较低，胆碱、烟酸、泛酸、B族维生素含量丰富。

花生饼粕含有胰蛋白酶抑制因子，它会使花生饼粕蛋白质和氨基酸的消化吸收率下降，在炼油加工时，加热到120℃可破坏胰蛋白酶抑制因子。

花生饼粕最易受黄曲霉感染产生黄曲霉毒素，黄曲霉毒素有剧毒，会使人患肝癌，对鱼类会引起肝肿大、肝出血，所以，应对原料进行毒素检测。

花生饼粕具有独特的香味，适口性好，价格低廉，来源方便。在各种渔用饲料中多与鱼粉、血粉、菜籽饼粕搭配使用。

③ 棉籽（仁）饼粕　棉籽饼粕的粗蛋白质含量可达41%～44%。氨基酸组成中，赖氨酸较低，精氨酸含量高达3.6%～3.8%。硫胺素、核黄素、烟酸、泛酸、胆碱含量较高，与菜籽饼搭配使用可以调整氨基酸平衡。

棉籽饼粕中含游离棉酚和环丙烯类脂肪酸等有毒物质，影响动物造血功能，造成贫血，生长受阻，影响繁殖。鱼类对游离棉酚敏感，但棉籽饼粕在加工过程中受到热的作用，游离棉酚大部分会同蛋白质、氨基酸结合生成结合棉酚，在动物体内不被吸收，直接排出体外，对动物不产生毒性。优质棉籽饼粕游离棉酚含量低，一般在0.02%以下。我国对渔用饲料中游离棉酚有限量指标，使用时可按限量加以控制。

④ 菜籽饼粕　菜籽饼粕的蛋白质含量为34%～38%。其氨基酸组成中，蛋氨酸、赖氨酸含量高，精氨酸含量很低。粗纤维含量为10%～12%，能量利用水平较低。烟酸及胆碱含量高，是其他饼粕饲料的2～3倍，硒的含量相当于豆粕的10倍，饲料中菜粕、鱼粉组分高时，即使不添加亚硒酸钠，也不会出现硒缺乏症。在配合饲料中棉仁粕同其搭配有利于氨基酸的

平衡。菜籽饼粕价格低廉，来源方便，配制草鱼、鳊鱼、鲫鱼等的饲料具有独特的优点。

菜籽粕含有硫葡萄糖苷、芥子碱、芥酸、单宁等有毒物质。硫葡萄糖苷会降解为异硫氰酸酯、硫氰酸酯等有毒物，国家有规定限量指标，故一般在作为渔用饲料原料使用时，用量一般不超过16%。

（3）草粉及叶蛋白类饲料　优质豆科牧草粉粗蛋白含量丰富，如优质苜蓿草粉粗蛋白可达26%，而且含有较多的类胡萝卜素，这对动物产品的着色是十分有益的。此外，草粉中含有一种促生长的未知因子——草汁因子。但草叶粉一般含有较多的粗纤维，且含有一些有害物质，如抗胰蛋白酶、单宁、生物碱及其他配糖体，故在鱼饲料中的用量不宜太大。

叶蛋白是从植物叶片中提取出来的蛋白质，其商业化产品是浓缩植物性蛋白饲料。生产叶蛋白饲料的工艺流程是：首先将刈割的新鲜、优质青饲料粉碎、打浆并榨取汁液，然后将汁液中的蛋白质凝集后进行分离，最后将分离出的凝集物干燥，即为叶蛋白饲料。叶蛋白饲料的粗蛋白含量取决于提取技术及蛋白质凝集物的分离技术，一般为32%～58%，且蛋白质品质较好，精氨酸、亮氨酸、异亮氨酸、赖氨酸、苯丙氨酸等氨基酸含量丰富，但蛋氨酸含量较低，从而成为叶蛋白饲料的第一限制性氨基酸。动物饲养实验的结果表明，叶蛋白的营养价值接近于大豆饼。

（4）其他加工副产品　本类饲料主要是谷实类中大量糖类被提取后的多水分残渣物质，粗纤维、粗蛋白和粗脂肪的含量均较原材料高，其干物质中粗蛋白可达22%～43%，从而使之被列入蛋白质饲料范畴。

① 玉米蛋白粉　玉米加工副产物是玉米生产淀粉时得到的副产物，主要包括玉米蛋白粉、玉米油、玉米麸、玉米胚芽饼粕、玉米皮和玉米浸渍液。其中玉米蛋白粉又称玉米面筋，是一种高能量、高蛋白质饲料，按照加工精度不同，可将玉米蛋白粉分为粗蛋白质含量为41%以下和60%以上两种产品。

玉米蛋白粉粗蛋白质含量高，主要是醇溶蛋白和谷蛋白，品质差，并且氨基酸组成不平衡，尤其蛋氨酸含量高，赖氨酸、色氨酸含量偏低，不及相同蛋白质含量的鱼粉的1/4；玉米蛋白粉（CP为60%）的粗纤维含量（仅1.0%）低，易消化，代谢能高于玉米，故能值高；由黄玉米制作的玉米蛋白粉，富含叶黄素，其含量是玉米的15～20倍，是鱼（皮肤）、鸡（蛋黄）良好的着色剂，而B族维生素和矿物质的含量较低。玉米蛋白粉是猪、鸡、鱼等良好的饲料来源。

② 酒糟　酒糟是酿造工业的副产品，水分含量高，B族维生素含量丰富，由于酒糟中几乎保留原料中的所有蛋白质，而且加入了微生物菌体，所以，干物质中粗蛋白含量一般都比较高。但酒糟的营养成分与酿酒原料、酿造工艺有密切关系，使用时应注意区别对待。在酿造过程中，常需加入谷壳等通气物质，加入量因厂而异，从而使酒糟的营养价值大大降低。

由于酒糟类水分含量高，不宜久储，故需及时制成干品。干酒糟在鱼饲料中的用量取决于鱼的种类和酒糟的质量。

3.微生物性蛋白质饲料

微生物性蛋白质饲料又叫单细胞蛋白质（single-cell protein，SCP）饲料，是由单细胞或具有简单构造的多细胞生物的菌体蛋白为主要成分构成的微生物饲料。其共同特点是：生长繁殖快、营养价值高、原料来源广，不受气候条件限制。目前可供作饲料用的SCP微生物主要是一些微生物或单细胞藻类，分酵母、真菌、藻类及非病原性细菌四大类。

（1）酵母　由于培养基的不同，一般有啤酒酵母、饲料酵母、石油酵母及海洋酵母之分，酵母粗蛋白含量40%～55%，因含硫氨基酸含量低，生物学价值不太高。酵母蛋白的营养价值介于动物性蛋白和植物性蛋白之间。

① 啤酒酵母　啤酒酵母由酿造啤酒后沉淀在桶底的酵母菌生物体，经干燥后制成。啤酒酵母属于高蛋白质来源，含有丰富的B族维生素、氨基酸、矿物质及未知生长因子，啤酒酵母可作为诱食剂，但由于其中混有啤酒花及其他杂物而略带苦味，适口性较差。

② 饲料酵母　饲料酵母主要以糖类（淀粉、蜜糖以及味精、造纸、酒精等高浓度有机废液）为主要原料，经液态通风培养酵母菌，并从其发酵液中分离酵母菌体（不添加其他物质），再经过干燥后获得的产品。饲料酵母外观多呈淡褐色，粗蛋白含量为40%～60%，与鱼粉相比，其蛋氨酸含量稍低，赖氨酸含量较高，此外，含有丰富的B族维生素、酶类和激素。饲料酵母是水产动物的良好饲料，可代替饲料中的部分甚至全部鱼粉。

注意：含酵母饲料和饲料酵母不同，酵母饲料是用玉米蛋白粉、饼粕、糟渣等原料接种酵母，进行固体发酵得到的产品，其中蛋白质主要是发酵原料的粗蛋白，甚至还含有非蛋白氮，真正的菌体蛋白很少，每克中酵母菌的菌体数在1亿以下。而饲料酵母的蛋白质主要是酵母的菌体蛋白，每克中酵母菌的菌体数在150亿以上。

③ 石油酵母　石油酵母是一类以正烷烃、甲醇、乙醇等石油化工产品为基质培养的酵母。石油酵母的生产和使用在国际上尚有争议，因其含有致癌物质3,4-苯并芘，在有些国家不允许使用。

④ 海洋酵母　海洋酵母是从海水中分离的一类酵母。这类酵母对环境适应能力强，生产周期短，产量高，生产成本低，因此是一类具有广阔前景的水产动物饲料。

（2）单细胞藻类　单细胞藻类主要是螺旋藻和小球藻，其次是裸腹藻、栅藻等。干燥的藻粉含蛋白质50%以上，在氨基酸组成上除含硫氨基酸不足外，其他氨基酸含量均较理想，且富含维生素和促生长物质，是水产动物良好的蛋白质饲料。其不足之处是细胞壁有胶状物，从而影响其消化率。

（3）真菌　真菌中常用的有地霉属、曲霉属、根霉属、木霉属、镰刀菌属和伞菌目的霉菌等。除去培养基质后的SCP，其营养价值和酵母SCP相似。

（4）非病原性细菌　在非病原性细菌中常见的有芽孢杆菌属、甲烷极毛杆菌属、氢极毛杆菌属以及放线菌属中的分枝杆菌。这类菌的特点是菌体蛋白含量高，有些不仅是优质饲料，还可以食用，但目前由于生产工艺的限制，仍处于开发阶段。

二、能量饲料

能量饲料富含糖类，含一定量的蛋白质和少量的脂肪。其主要特点是蛋白质含量在20%以下，粗纤维含量在18%以下，能量饲料的主要营养成分是可消化糖类（淀粉），而粗蛋白含量较低。这类饲料营养丰富，适口性强，容易消化，能值较高，在动物营养中起着提供能量的作用。此外，能量饲料对颗粒饲料的物理性状（如黏结性、密度等）也有影响。

鱼、虾类饲料的特点是高蛋白、低能量，而且对糖类的利用率较低，所以，能量饲料在鱼、虾配合饲料中的用量较低，但其仍然是鱼、虾配合饲料配方中用量仅次于蛋白质饲料的一类重要饲料原料，其含量占配方的10%～45%，肉食性鱼类和虾类用量较少，而草食性、杂食性鱼类用量较高。这类饲料主要包括谷实类、糠麸类、草籽树实类、淀粉质的块根、块茎、瓜果类等。

1. 谷实类

谷实类是指禾本科植物成熟的种子，是能量饲料中能值较高的一类，常用作渔用饲料的种类有玉米、高粱、大麦、小麦、燕麦、荞麦、稻谷等。

（1）玉米　我国玉米种植面积居世界第二位，号称"饲料之王"。玉米是配合饲料中使用较多的原料之一，产量高、品种多，是常见能量饲料原料之一。玉米含粗蛋白质8%～10%，且以醇溶蛋白为主，所以，蛋白质品质较差。但无氮浸出物（淀粉）很高，纤维素含量很低，含有较多脂肪酸（4%～5%），几乎是谷实类饲料"能量之王"，且以不饱和脂肪酸——亚油酸为主，易氧化，故粉碎后的玉米易酸败变质，不宜久储。

小知识

饲用玉米，进行饲料质量鉴定时，正常感官特性：籽粒整齐均匀，色泽以黄色和白色为主。饲料以黄色玉米为原料更好（因为黄色玉米含有叶黄素和胡萝卜素），质量好的白色也可以；无发霉、虫蛀现象和杀虫剂残留；没有进入成熟期的玉米，干燥后籽粒有皱皮现象，胚乳组织疏松，质量不是很好。

饲料原料中水分含量是鉴定质量的一个重要标准，玉米安全水分含量不能超过14%，否则容易发霉。发霉的玉米含有毒霉菌，饲喂动物可引起中毒。检验玉米水分含量一般有三种。①视觉检验法：将样品放在盘内或手掌上，水分高的粮食籽粒粒形膨胀，整个籽粒光泽性强。②触觉鉴定法：将样品放于盘内或手掌上，用手指触摸，通过手对玉米籽粒的捻、压、捏等来感觉软硬，如籽粒较硬，则水分小，反之则水分含量大。③齿碎鉴定法：将样品放入口中，用牙齿咬碎，根据破碎程度，牙齿的感觉和发出声音的高低，判断玉米的水分含量大小。

（2）小麦　我国小麦产量仅次于稻谷居世界第二位。其加工的副产品如次面粉、碎麦等，能值较高（仅次于玉米），约为玉米能量价值的97%。含无氮浸出物67%～75%，主要是淀粉成分，它的粗蛋白质含量在谷实类中最高，为9%～13%，蛋白质主要是麦谷蛋白和麦角蛋白，此外还有白蛋白、球蛋白等，麦角蛋白在湿润状态时，柔韧、黏着力强，富有弹性和延伸性，其黏着力可因添加食盐而增强，是一种较好的黏合剂。小麦胚芽中还含丰富的卵磷脂。

小麦适口性好，是所有谷物中最适合于杂食性鱼类和草食性鱼类的淀粉质原料，具有黏合性能，可以改善颗粒硬度，一般用量在10%～30%。

（3）大麦　大麦酿制青稞酒和啤酒的重要原料，受酿酒业的影响，大麦用做饲料的数量很不稳定。

大麦蛋白质含量比玉米高，约为12%；品质也высокий好；赖氨酸含量高，多达0.52%；无氮浸出物60%～72%；粗纤维约为5.2%，比玉米高；粗脂肪含量低，约为2%；粗灰分约为2.5%；钙、磷含量高于玉米。而胡萝卜素、维生素D和核黄素含量较低。大麦消化率较高，是鱼类的良好饲料。若将其发芽后投喂亲鱼，有助于性腺发育。

（4）燕麦　燕麦主要产于北方高寒地区，和其他谷实类饲料一样，主要成分是淀粉。其无氮浸出物含量在谷物饲料中最少，粗蛋白含量一般为13%，粗脂肪约4.4%，因其纤维质外壳在籽实中的比重较大（粗纤维含量高达10.9%），限制了它在饲料中的使用。

（5）高粱　高粱去壳后的营养成分与玉米相近，相当于玉米能量价值的99%，但其蛋白质品质优于玉米：蛋氨酸含量为玉米的4倍，色氨酸为玉米的4倍。但高粱籽实中含有单宁（0.2%～2%），略有涩味，适口性差，所以用量不宜过高。

（6）稻谷 稻谷是我国最主要的粮食作物之一，产区遍及全国各地。稻谷籽粒具有完整的内外颖，使易于变质的胚乳部分受到保护。对虫、霉、湿、热有一定的抵御作用，并且稻谷内外颖水分较米粒低。这些特点，使得稻谷相对易于储藏。稻谷粗蛋白含量8%～10%，糖类是稻谷的主要成分，约占稻谷的65%，其中含量最高的是淀粉。

稻谷脱壳（砻糠）后即为糙米，糙米与糠饼等作为渔用饲料，适口性较好。

2.糠麸类饲料

糠麸类是磨米和制粉工业的副产品，是常用的渔用饲料。常用的有小麦麸、米糠、玉米皮、高粱糠和谷糠等。

（1）小麦麸 小麦麸是小麦磨粉工业的副产品。它由种皮、糊粉层和一部分胚以及少量的面粉组成，是我国目前水生动物养殖中常用的饲料之一。麦麸中粗纤维含量越多，消化率也越低，营养价值和能量也下降。

小麦麸是水产动物适口性较强的饲料。由于它的主要成分是种皮和糊粉层，细胞壁厚实，粗纤维含量较高（8.9%～12%），因而消化率低；粗蛋白质含量较高，平均为14.8%，最高达17%，含赖氨酸较高（0.67%），但含蛋氨酸较低（0.11%）；麦麸的B族维生素丰富；钙少磷多；钙、磷比例（1：6）极不平衡。

（2）米糠 稻谷加工副产品有砻糠、米糠和统糠等副产品。也是我国水产动物养殖的常用饲料之一。砻糠是粉碎的稻壳，米糠是糙米制成精米时的种皮、胚芽和部分胚乳的混合物，统糠是米糠和砻糠不同比例的混合物。其营养价值随其中砻糠比例的提高而下降，按照米糠和砻糠的比例不同，常见的有"三七糠"、"二八糠"等。稻谷的生产工艺如下（图2-1）。

图2-1 稻谷的生产工艺

米糠粗蛋白含量11%～15%，粗脂肪含量12%～18%，是所有谷实类和糠麸类饲料中最高的，是玉米粗脂肪含量的4倍，米糠粗脂肪多为不饱和脂肪酸，所以，容易氧化而酸败。为了安全储存和使用，可以将米糠中的脂肪提取出来，制作米糠饼或米糠粕。米糠富含维生素E（2%～5%）、B族维生素，但缺乏维生素D。粗灰分略高，钙少磷多，磷主要以植酸磷的形式存在。

砻糠是稻谷碾米时一次性分离的谷壳、种皮、糊粉层、胚及少量碎米的混合物，由于其主要成分是谷壳，粗纤维含量高达40%左右，因此是营养价值最低的产品，在鱼饲料中的用量应严格控制。

3.草籽树实类

草籽树实类，自古以来就作为农家自采饲料。多在春、夏季割其幼嫩茎叶，早秋采集籽实作饲料。在田间、地头、沟沿、坡丘、荒甸、山林中，都有大量有价值的野生杂草和树木生长。采集树叶或籽实，可代替一部分谷实饲料或糠麸类饲料，以补充能量饲料的不足。这类饲料常用的营养价值较高的有稗、白草籽、沙棘、橡实、野燕麦、苋菜、白蔹（山地瓜）、野山药、水稗子等。

4.淀粉质的块根、块茎、瓜果类

根据我国目前所采用的分类方法，将这类饲料划入能量饲料的一类。块根、块茎类除作为食品、轻工业、淀粉和食品工业原料外，也是一种非常好的渔用饲料。常用的有：甘薯、木薯、马铃薯等。

（1）甘薯　甘薯又称红薯、番薯、山芋，是一种高产作物，亩产可达1500～2000kg。某些产区把它当做粮食食用，但更广泛用作饲料。它与同类饲料相比，碳水化合物含量丰富，能量营养价值高，所含胡萝卜素较多，而且适口性很强，同时茎叶也是水生动物的良好饲料。

（2）木薯　木薯又称树薯或臭薯，是一种常绿灌木的块根，并为一簇簇块根，其干物质中含有大量淀粉，能量价值相当于玉米的96%。因为鲜样含水量比同类饲料低，无氮浸出物和消化能量值均高于同类。缺点是含有亚麻苦苷。这种毒素在酶的作用下，能产生氰氢酸，可引起中毒，应限量使用。

（3）马铃薯　马铃薯又称土豆、地豆、洋山芋，是高淀粉含量的能量饲料，也是一种广泛食用的经济作物，马铃薯的干物质中有70%～80%的淀粉，含有一定量的B族维生素和维生素C，蛋白质的生物学价值较高。灰分中的钾约占60%。其缺点是胡萝卜素和钙、磷及蛋白质含量都较少，特别是含有一种含氮的有毒物质——龙葵精（马铃薯素），它是一种糖体，当含量达0.02%时，即可引起中毒。这种毒素在发芽的马铃薯中含量最多，可高达0.5%～0.7%。投喂时应将芽眼挖去；煮熟后的毒性大大降低。

5.油脂、糖蜜

（1）油脂　按室温下的形态分：液态的为油，固态的为脂；按脂肪的来源，分为动物性脂肪和植物性脂肪。动物性脂肪主要有牛、羊、猪、禽脂肪和鱼油，植物性脂肪包括豆油、椰子油、玉米油、棕榈油等。

（2）糖蜜　糖蜜是制糖工业的副产物，其主要成分是糖类，因此有效能值较高。饲料中添加糖蜜的主要作用是提高适口性，减少粉尘，作为黏合剂可增加黏结性能。但糖蜜具有轻泻作用，因此要限量饲用，日粮中添加量一般为5%～10%。

三、粗饲料

本类饲料的营养特点是体积大，木质素、纤维素、半纤维素、果胶、硅酸盐等细胞壁物质含量高，可利用能量低，有机物消化率在70%以下，尤其是收割较迟的劣质干草和秸秆秕壳类。蛋白质、矿物质和维生素含量变异很大。

粗饲料来源广，数量大，尤其是广大农区的农作物秸秆秕壳等，是粗饲料的主要来源，其总量是粮食产量的1～4倍。据不完全统计，我国每年生产此类粗饲料5亿～7亿t，同时还有野生的禾本科草本植物等。在这些人类无法直接食用的生物总量中潜藏着巨大的能源和氮源，若根据养殖鱼类状况，对其进行适当的加工和处理并应用于渔业和畜牧生产，必将获得更大的生态效益、经济效益和社会效益。本类饲料包括：干草类、秸秆秕壳类和树叶类饲料等。

1.干草类饲料

干草是指青饲料在结籽前收割，经晒干或人工干燥制成，由于干制后仍保持一定的青绿颜色，故又称之为青干草。干草的营养价值因原料植物的种类、生长阶段与调制技术，而有所差别：其中粗纤维含量为25%～30%，粗蛋白含量在7%～17%，维生素含量丰富，草食性鱼饲料可配入部分干草粉。

一般情况下豆科植物制成的干草，蛋白质、钙含量高于禾本科植物；开花期干物质中可消化蛋白质、可消化能量均高于籽实成熟期；人工干燥的干草养分损失最少，架上晒制的干草次之，田间地面干燥的干草养分损失最多。某些优质干草如苜蓿干草蛋白质含量高，氨基酸平衡，还含有未知的生长因子，是草食性鱼类的优质粗饲料。

2.秸秆、秕壳类饲料

秸秆、秕壳类饲料即农作物秸秆秕壳，是农作物籽实成熟和收获以后所剩余的副产品。主要包括秸秆和秕壳两大部分。脱粒后的茎秆和秸叶称为秸秆，秕壳则是由从籽粒上脱落下的小碎片和数量有限的小的或破碎的籽实颗粒构成。其营养特点如下。

（1）粗纤维30%～50%，质地坚硬、体积较大、适口性差，且消化率低。有机物的消化率一般不超过60%。

（2）粗蛋白含量低，豆科作物秸秕的粗蛋白质含量高于禾本科作物的秸秕，但一般不超过10%，且品质差，缺乏必需氨基酸。

（3）粗灰分含量为6%以上，如稻草的粗灰分含量将近20%，且大部分为硅酸盐，钙、磷较少。

（4）除维生素D外，其他维生素含量极低。

3.树叶类饲料

常见树木中除少数不能饲用外，大多数树叶（包括青叶和秋后落叶）及其嫩枝和果实，均可以用作饲料。有些优质青树叶利用价值很高，如紫穗槐和刺槐叶。紫穗槐叶粉含粗蛋白24%～25%，粗脂肪5%～6%，粗纤维12%～13%，无氮浸出物39%～40%，钙1.7%，磷0.3%；而刺槐叶粉中含粗蛋白约21%，粗脂肪5%左右，粗纤维约14%，无氮浸出物约45%，钙2.4%，磷0.03%。同时，其叶粉中还含有维生素和其他矿物质元素，尤其是胡萝卜素和核黄素的含量丰富，分别是黄色玉米含量的50倍和7倍以上，是水产动物良好的蛋白质饲料。

另外，马尾松和黄山松混合叶粉也是水产动物的良好饲料，但因为纤维素含量较多和慎重起见，在配合饲料中添加量不宜过多，一般5%～8%，最多不超过10%。

四、青绿饲料

青绿饲料是指鲜嫩青绿，柔软多汁，富含叶绿素，自然含水量大于或多于60%的植物性饲料，种类很多，主要包括天然牧草、栽培牧草、青饲作物、青饲叶菜、野菜以及非淀粉质的块根、块茎和瓜果类。

这类饲料含水量高，来源广，数量大，成本低，适口性好，消化率高，营养比较全面，是草食性鱼类的重要饲料来源，常见的渔用青绿饲料包括水生植物、牧草、叶菜类等，如苜蓿、芜萍、小浮萍、苦草、马来眼子菜、黄丝草、紫背浮萍等，其中的许多种类是草鱼、鲤鱼、鲫鱼等鱼种的优良辅助饲料。草鱼鱼种对几种水生植物饲料的消化利用情况见表2-5。

表 2-5　草鱼鱼种对几种水生植物饲料的消化利用情况

饲料名称	饲料干物质消化率/%	饲料粗蛋白消化率/%	饲料粗蛋白利用率/%	饲料系数	草鱼鱼种平均日增重/g
芜萍	87.32	92.72	26.23	27.0	1.10
小浮萍	76.04	86.90	26.30	24.5	1.03
苦草	58.46	73.61	13.16	100.9	0.28
马来眼子菜	60.30	73.36	5.76	75.6	0.12
黄丝草	49.32	68.53	4.25	92.8	0.06

　　把饲料（如玉米秸秆等）在新鲜青绿时割下、切碎，填入密闭的青贮窖里，经过微生物发酵作用而制成的柔软多汁、营养丰富、气味芳香且耐储存的一种饲料是青贮饲料。青贮饲料在饲料分类中属于第三大类，其营养特点是营养价值高，消化率高，适口性好，因在鱼类养殖中应用不多，这里不再介绍。

【思考题】

　　1. 植物性蛋白质饲料可分为（　　　　）、（　　　　）、（　　　　）。

　　2. 动物性蛋白质饲料有（　　　　）、（　　　　）、（　　　　）。

　　3. 单细胞蛋白质饲料有（　　　　）、（　　　　）、（　　　　）。

　　4. 大豆饼粕中含有（　　　　）、（　　　　）等抗营养因子，棉籽饼粕中含（　　　　）、（　　　　）等抗营养因子。

　　5. 简述蛋白质饲料的分类。

　　6. 简述各种蛋白质饲料的营养特性。

　　7. 如何消除饼粕类中的抗营养因子？

第三节　饲料资源的开发与利用

　　随着养殖业集约化、规模化和工厂化的进一步发展，水产动物对饲料营养的依赖性越来越强，对饲料工业的依赖性越来越强，饲料的供需矛盾日益突出，且随着饲料工业的发展，我国饲料原料的短缺也越来越明显，必然影响养殖和饲料工业的发展水平和速度，因此，对饲料资源的开发利用迫在眉睫。

一、饲料资源开发与利用的概念和判断标准

1. 概念

　　在正常情况下，完全不宜作饲料或不能被动物有效利用的物质，通过特殊处理使其成为饲料或被动物有效利用，或直接增加可利用资源的生产量的过程叫饲料资源的开发利用。

2. 判断标准

　　正常情况下，一种饲料资源有无开发价值及有无可能被开发作为饲料使用，应从如下几个方面进行判断。

① 饲料资源的数量，以及收集、运输和储存的难易程度。

② 饲料资源有无其他更有价值的用途，是否存在与其他行业竞争原料的问题。

饲料资源的开发利用应本着物尽其用的原则，以更高的经济效益、生态效益和社会效益为准则。

③ 饲料资源的化学组成。开发某种饲料资源之前，必须对其营养成分及有毒、有害杂质进行分析，并且掌握如何去除这些杂质的方法，能够使之转化成无毒害、无残留和营养价值更高的资源。

④ 开发成本。要使开发利用的饲料资源具有经济价值和经济效益，必须考虑开发成本，这是开发一种新饲料资源成败的关键因素之一。开发成本主要包括加工成本和原料成本。为此，在开发前应作详细的研究和可行性论证。要求开发成本相当于或低于营养价值相当的现有饲料价格，否则，开发的饲料新产品将会缺乏市场竞争力。

⑤ 环境污染。开发利用的饲料资源，以及开发过程中所用的药物等都不能对环境造成污染。

⑥ 饲用价值。新的饲料资源要求适口性好，消化利用率高，具有较高的热稳定性和化学稳定性，与其他饲料一起使用，有较好的配伍能力；对配合饲料成品的物理性能和化学性能无不良影响；对养殖动物和人体健康及遗传无不良影响，无残留和毒副作用等。

二、饲料资源的类型

根据饲料资源的性质，自然界的饲料资源可分为以下三大类。

1.再生性饲料资源

所谓再生性饲料资源，就是通过物质循环能够不断产生的饲料资源，主要指三大能量营养素——蛋白质、碳水化合物和脂肪，它们的生产者是植物和微生物。植物和大多数微生物均属自养型生物，它们能直接利用土壤和大气等环境中的无机物合成有机物。大多数高等动物是异养型生物，它们不能直接利用环境中的二氧化碳、水和无机物，只能以自养生物或它们所合成的有机物为食。

根据动物对饲料的可利用情况，再生性饲料资源又可分为以下几类。

（1）可利用饲料资源　可利用饲料资源也称为常规饲料资源，是指能够直接用作饲料的常用饲料资源，动物对其利用性好，是配合饲料的主体，如小麦、玉米、大豆等。该类饲料资源应用普遍，在饲料工业发展中起着重要的作用。

（2）不可利用饲料资源　不可利用饲料资源也称非常规饲料资源，是指动物不能直接利用，只有经过加工后才可利用的饲料，如植物秸秆、森林资源等。

2.非再生性饲料资源

非再生性饲料资源主要指自然界的矿物质饲料资源，因储量有限，可利用的数量较少。目前作为营养源利用的矿物质饲料资源为500万～1000万吨。

3.创生性饲料资源

创生性饲料资源指人工合成的饲料资源，如氨基酸、尿素、维生素、微生物蛋白质饲料以及一些非营养性的饲料添加剂等，其生产往往需消耗再生性资源。目前，这一类资源正处于兴盛时期。

三、饲料资源的利用方式

1.传统利用法

传统利用法是指饲料资源未经合理的加工处理、搭配而直接使用的方法。在发展中国家特别是一些落后地区应用较为普遍，而在发达国家较少采用。其特点是饲料的利用率和经济效益较低，对资源浪费量大。

2.现代利用法

现代利用法是指对饲料资源进行科学的加工处理和配合之后再使用的方法。其特点是对饲料资源利用效率高，经济有效。在某些发达国家及地区使用更为普遍，这是饲料资源利用的发展趋势。

四、我国饲料资源的利用情况

1.饲料资源短缺

中国的饲料起步于20世纪70年代，经过几十年的迅速发展，取得了举世瞩目的成就，业已形成包括饲料原料工业、饲料添加剂工业、饲料加工工业、饲料机械设备工业和科技、教育、标准化、检测等支柱体系在内的工业体系。仅仅用了二十几年的时间，就走完了西方发达国家近百年的饲料工业历程。但随着饲料工业的发展，对各种饲料原料的需求稳步上升，出现饲料资源短缺问题，并将继续存在。根据国家饲料工业办公室的估算，到2020年所需的能量饲料和蛋白质饲料均有较大缺口。供需情况见表2-6。

表 2-6　中国饲料资源供需预测　　　　　　　　　　　　　　　　　单位：亿吨

饲料类型		2020 年
能量饲料	需要量	4.08
	供给量	3.66
	缺口	0.42
蛋白质饲料	需要量	0.72
	供给量	0.24
	缺口	0.48

注：国家饲料工业办公室，1996。

2.饲料资源分布不均衡

我国的饲料资源分布很不均衡，玉米和豆粕主要集中在东北，而南方相对缺乏；鱼粉和肉骨粉等在沿海地区和南方相对较丰富。动物屠宰加工下脚料比较分散，难以收集加工利用。

3.优质能量饲料紧缺，糠麸等加工副产品相对较多

我国的能量饲料主要是玉米，约占饲料总量的60%。用于工业饲料生产的玉米量供应不足，特别是南方地区。由于我国人民饮食习惯和食品加工业的发展，小麦和稻谷等谷物籽实用作饲料的比例相对较少，受价格影响很大。而糠麸类加工副产品相对较多，因此，改善糠麸类饲料的加工工艺、科学合理的利用是一个亟待解决的问题。

4.优质蛋白质饲料缺乏，棉、菜籽粕等杂粕相对较多

优质蛋白质饲料主要是鱼粉、豆粕等。据估计，我国国产鱼粉只有几十万吨，每年进口鱼粉达60万吨以上。过去，我国曾是大豆和豆粕的净出口国，随着对大豆油作食用和大豆粕

作饲料的需求增加，国产大豆和豆粕已不能满足需求，预计豆粕缺口将达200万t。我国已变为大豆和豆粕净进口国。目前，大豆净进口量约占我国消费量的45%、生产量的67%，占世界大豆贸易总量的20%，是世界第一大豆进口国。

我国油菜籽粕和棉籽粕产量虽然较多，但由于品种和加工工艺参差不齐，存在粗纤维含量高、能量低、氨基酸不平衡、氨基酸消化利用率低、含有毒、有害物质等缺点，有待于进一步合理开发和利用。

5.非常规饲料资源丰富

除常规的饲料资源外，我国含有大量的非常规饲料资源如秸秆、工业废弃物等，通过合理的开发利用，这些资源将成为我国重要的配合饲料原料。

非常规性动物蛋白饲料的开发利用是缓解蛋白质饲料资源紧缺和降低成本的良好措施。在开发利用过程中，原料及加工方法的不同对其营养价值影响很大。因此，为更好地发挥非常规性动物蛋白饲料的利用潜力，应深入探索更好的开发和利用方法。

五、饲料资源开发利用的基本途径

1.增加可利用资源的生产量

具体措施包括增加农作物的种植面积，科学调整种植计划，提高土地的复种指数，提高工厂化产品的生产规模，改善加工、储存条件，减少饲料浪费等。

2.利用生物技术育种，培育优质的饲料资源

（1）提高蛋白质含量和改善蛋白质品质　如素有"饲料之王"之称的玉米是重要能量饲料，但其蛋白质含量低、品质差，缺乏赖氨酸和色氨酸等必需氨基酸，所以，提高玉米蛋白质含量和品质一直是玉米遗传育种的目标。目前通过杂交育种的方法已经成功培育出高赖氨酸玉米新品种，并且已开始在生产中推广应用。

（2）提高油脂含量和改良油脂组成　通过植物育种技术不仅可以提高油脂含量，还可改变脂肪酸组成，从而提高植物油脂的稳定性和营养价值。如低芥酸菜籽，高油酸葵花籽。

（3）推广低抗营养因子含量品种　菜籽饼作为一种优质蛋白质资源，同时含有1.2%～8.0%的硫苷，以及粗纤维、植酸、单宁、芥子碱等其他抗营养因子，极大地限制了菜籽饼的饲用，目前约80%的菜籽饼仍作肥料使用。我国自1972年以来，已先后育成40多个低酚棉品种，目前推广面积已超过5.33万亩，居世界首位。

3.推广全价配合饲料

推广使用采用科学的加工工艺，多种饲料原料配合在一起的全价配合饲料，避免使用单一饲料原料，因养分不平衡造成对有限饲料资源的浪费，提高饲料利用率。

4.应用现代营养学知识

如理想蛋白质模式，适宜的能量蛋白比，提高配方技术含量等，从而提高饲料转化效率，增加饲料报酬。

5.应用生物活性物质

利用生物活性物质提高养分消化和利用率，降低废物的排泄量，将是重要的途径。目前，已成功应用的生物活性物质包括酶制剂（如蛋白酶、淀粉酶、纤维素酶、半纤维素酶、植酸酶等）、有机微量元素化合物、微生态制剂等。

6.合理运用饲料添加剂

随着科学的发展，饲料添加剂的研究和应用得到了迅速推广，添加剂的种类大大增加，其作用不仅是促进生长，已经成为促进营养物质的消化吸收或保证动物营养生理功能正常发挥的全价配合饲料不可缺少的物质。

7.充分利用国际饲料资源，弥补国内饲料资源的不足

我国已于2001年加入了世界贸易组织（WTO），开始履行加入WTO的各项承诺，由于关税下降和国外原料的生产成本比国内低，因此，出口减少，进口增加粮食的贸易格局必将形成，这样可以适当缓解我国饲料资源的不足。

六、开发饲料资源应注意的问题

1.明确饲料资源开发利用的战略意义，制订饲料资源的开发利用规划

各级政府部门应充分认识饲料资源开发利用对饲料工业、养殖业和国民经济发展的重要意义，发挥好宏观调控和决策的职能，制订出饲料资源开发利用的发展规划，并根据各部门的饲料资源特点，落实到各个相关部门和行业，以便发挥优势，以利于规划的实施。

2.饲料资源开发利用和环境保护相结合

未来中国饲料业和养殖业的发展，必须走"可持续发展"的道路。在饲料和动物生产与环境之间建立一种相互关联的网络系统，保证资源的合理开发和持续利用，防止环境退化；必须使饲料和动物生产经济效益及其产品市场供给保持良好的稳定性；必须使饲料和动物生产发展与国民经济整体发展协调，具有能够满足社会需要的能力，并为消除贫困和发展不平衡性，保障社会繁荣与稳定发挥积极作用。可持续发展模式为克服饲料和动物生产发展和环境的矛盾提供了有力武器。治污环保是我国目前亟待解决的问题，因此，必须将饲料资源的开发利用和环境保护相结合，健全法制，增强环保意识，才能有利于饲料工业和养殖业的可持续发展。

3.加强人才培养和科学研究，提高饲料资源的开发利用水平

开发新的饲料资源，一般在保持饲料营养特性、降低开发成本、进行规模化生产及设备研制等方面存在很多问题，因此，要重视人才培养和技术投入，应抓住重点，组织攻关，使饲料资源的开发利用有新突破、新发展和提高。

4.重视生物安全

生物安全的提出是基于目前大量涌现的转基因作物、微生物和动物及其产品的应用。广义的生物安全指在一个特定的时空范围内，由于自然或人类活动引起的外来物种迁入，并由此对当地其他物种和生态系统造成改变和危害；人为造成环境的剧烈变化而对生物的多样性产生影响和威胁；在科学研究、开发、生产和应用中造成对人类健康、生存环境和社会生活危害的影响。狭义的生物安全指通过基因工程技术所产生的遗传工程体及其产品的安全性问题。生物安全的问题很多，如物种绝灭、生物入侵等。但关注的焦点有两方面：一是环境生态安全，即转基因作物演变成农田杂草的可能性、基因漂流到近缘野生种的可能及对自然生物类群的影响；二是食物安全如抗药性转移、杀虫蛋白的致病性、除草剂的大量使用和残留等。

【思考题】

1.名词解释：饲料资源的开发利用　再生性饲料资源　非再生性饲料资源　创生性饲料资源
2.简述我国饲料资源的利用情况。
3.简述开发饲料资源应注意的问题。
4.如何判断一种饲料资源有无开发价值？

第四节　饲料添加剂

饲料添加剂是生产配合饲料必不可少的部分，用量虽少，一般以百万分之一计算，但对提升饲料质量起着非常重要的作用。随着社会的发展，科学技术的不断进步，添加剂种类越来越多，作用也越来越广泛，添加剂是生产配合饲料的核心部分，在饲料产业中的地位也越来越高。

一、饲料添加剂的定义、作用和分类

1.饲料添加剂的定义和作用

饲料添加剂是指为了满足动物的营养需要或其他特殊需要，向基础饲料中人工添加的少量或微量的物质。添加作用是：补充饲料营养成分的不足，提高饲料利用率，改善饲料口味，提高适口性，促进鱼、虾的生长和发育，改进产品品质，防治鱼、虾疾病，改善饲料的加工性能，减少饲料在储存、加工和运输过程中的损失等。

2.配合饲料添加剂的分类

饲料添加剂的分类主要依据《饲料和饲料添加剂管理条例》的规定，按照添加剂作用主要分为营养性饲料添加剂、非营养性饲料添加剂和其他饲料添加剂。营养性饲料添加剂是为动物提供营养物质的添加剂，包括氨基酸添加剂、矿物质添加剂和维生素添加剂等；非营养性饲料添加剂虽不能为动物提供营养物质，但具有其他方面的作用，如：促进生长、促消化、防治疾病、诱食、提高饲料的黏结性能等；其他饲料添加剂是近几年新开发的添加剂，它有多方面的作用，很难将它们归入前两类，故将其单独列出。

二、作为配合饲料添加剂应满足的条件

并不是所有有效用的东西都可以作为添加剂，它关系到水产动物以及人类的健康问题，必须经过严格检验，确实有效且无害，并得到有关机构批准后方可使用。一般来说作为饲料添加剂应满足以下条件。

① 确实具有可靠的添加效果，用量少，效率高。
② 不影响水产动物的摄食、消化和吸收。
③ 对水产动物没有急、慢性毒性。
④ 在水产动物体内无残留或者残留量对人类健康无不良影响。

⑤ 杂质中的有害物质含量不得超过允许的安全限度。

⑥ 具有较好的热稳定性和化学稳定性。

⑦ 在经济效益上要合算，添加成本不能太高。

⑧ 使用方便，并具有一定的耐储藏性能。

⑨ 对养殖对象及人类的遗传无不良影响。

⑩ 用量少，效益高。

三、营养性添加剂

氨基酸、矿物质、维生素和油脂类在动物生长、繁殖和正常机体代谢中具有非常重要的作用。这些物质虽然在基础饲料中都存在；但由于各种原因可能不能满足水产动物的生理需要，因此，在生产配合饲料时，应根据实际情况适量添加相应的营养性添加剂，用以弥补基础饲料的不足。

1.氨基酸添加剂

在我国的水产饲料中，植物性饲料原料占有很大比重，因大多数植物性蛋白质饲料中主要缺乏赖氨酸和蛋氨酸，从而导致蛋白质氨基酸的不平衡，使饲料质量下降，影响水产动物体蛋白的合成。因此需要加入相应的必需氨基酸。

（1）使用氨基酸添加剂的基本知识

① 氨基酸的构型与利用率　常见的组成蛋白质的氨基酸（其氨酸除外）有两种不同的空间构型，即D型和L型。天然存在的氨基酸一般为L型，提取法和发酵法生产的氨基酸主要是L型；而合成法生产的氨基酸则为DL型。水产动物一般只能利用L型氨基酸，而不能利用D型氨基酸。DL型氨基酸是D型和L型的混合物，其效价约为L型的50%，所以，在选择氨基酸添加剂时一定要注意其构型。

② 有针对性添加　在饲料中添加氨基酸的目的是补充某种氨基酸的不足，改善蛋白质的品质。在添加时首先要分析饲料中的限制氨基酸，按照第一限制必需氨基酸、第二限制必需氨基酸的顺序添加，否则不仅达不到预期的效果，甚至会加剧氨基酸的不平衡。在一般情况下，最易缺乏的是蛋氨酸和赖氨酸，其次就是苏氨酸、色氨酸等。

③ 基础饲料中的有效含量　一般情况下，基础饲料中已含有一定数量的氨基酸，需要添加氨基酸的量是动物需求量与已有含量之差。但原有含量必须以其有效含量计量才是准确含量。用氨基酸高效液相色谱仪测定的数值是赖氨酸的总含量，用染色法测定的数值才是有效的。一般饲料中赖氨酸的有效量约为总量的80%左右。

④ 添加数量要适宜　氨基酸应适量添加，过少不能充分发挥动物的生产潜力，添加过多不仅造成浪费，而且还会导致新的氨基酸不平衡。如在莫桑比克罗非鱼配合饲料中添加适量蛋氨酸，有促生长作用，但若添加过多，则对生长有抑制作用。因此，向饲料中添加氨基酸时，要根据基础饲料中氨基酸的原有量灵活掌握，赖氨酸和蛋氨酸是经常添加的氨基酸，如果对基础饲料中原有含量不明确，又没有条件测量，添加量以0.1%～0.2%为宜。

⑤ 饲料加工方法对氨基酸利用的影响　饲料加工过程中，某些加工工艺（如加热）可能对氨基酸产生破坏作用，造成氨基酸的有效性降低，对此应该引起注意。另外，在饲料中添加氨基酸，必须混合均匀，否则会导致一部分饲料中氨基酸含量过高，而另一部分含量不足，最终导致氨基酸的不平衡，从而影响其添加效果。

⑥ 氨基酸之间的关系　蛋白质的营养价值并非只取决于各氨基酸的含量，氨基酸之间的比例以及必需氨基酸与非必需氨基酸之间的比例，对其营养价值也有很大影响。它们之间的比例正好符合水产动物营养需求的为平衡氨基酸。只有日粮中氨基酸保持平衡条件下，氨基酸才能被有效地利用。如果饲料蛋白质的必需氨基酸达到这种平衡的话，其蛋白质的生物学价值是100。事实上，氨基酸之间或多或少地存在拮抗和协同两种关系，添加氨基酸的目的就是减少拮抗、增加协同，使配合饲料形成理想的氨基酸平衡模式。

⑦ 电解质浓度及pH值对氨基酸吸收的影响　在氨基酸的营养研究中，常用氨基酸混合物饲养水产动物。事实上用游离氨基酸混合物饲养鱼类时，鱼的生长差，有的几乎没有生长（鲤鱼），其中一个重要原因就是氨基酸混合物的pH值和电解质浓度不合适，不利于氨基酸的吸收。如果pH值和电解质浓度调整适宜，鱼的生长和饲料效率都能得到明显改善。

据报道，游离氨基酸利用率较差的另一个原因是氨基酸的吸收速度快于饲料中其他营养物质。所以，为减缓氨基酸的吸收速度，使之与其他营养物质到达同步，一般选择氨基酸衍生物的形式作为饲料添加剂。

（2）常用氨基酸添加剂

① 赖氨酸添加剂　常用的赖氨酸添加剂是L-赖氨酸盐酸盐。L-赖氨酸盐酸盐为白色结晶或浅褐色结晶性粉末，无味或稍有异味，因具有游离氨基而易发黄变质。该物质性质稳定，但在高湿度下易结块，并稍有着色。赖氨酸是含2个氨基1个羧基的碱性氨基酸，因而，在商品添加剂中，1分子赖氨酸带有1分子盐酸。在商品上标明的含量是98%，是指L-赖氨酸和盐酸的总含量，实际上，扣除盐酸后，L-赖氨酸的含量大约78%，因而在使用这种添加剂时，要以78%的有效含量进行计算。

② 蛋氨酸添加剂　蛋氨酸添加剂有DL-蛋氨酸、羟基蛋氨酸和羟基蛋氨酸钙，后两者并称为蛋氨酸类似物。

DL-蛋氨酸是含有1个氨基和1个羧基的中性氨基酸，其γ位碳原子上有一个甲硫基（—SCH$_3$），故也叫甲硫氨酸。本品是白色或浅黄色片状或粉末状结晶，有硫化物的特殊气味，味微甜。对热、空气稳定，对强酸不稳定，可脱甲基。商品蛋氨酸含量≥98.5%。

羟基蛋氨酸是蛋氨酸中的氨基被羟基取代后的产品。羟基蛋氨酸是深褐色黏液。含水量约12%（即纯度约88%），有硫化物的特殊气味，是由单体、二聚体和三聚体组成的平衡混合物，其含量分别为65%、20%和3%，主要是因羟基和羧基之间的酯化聚合，在胰腺的酯酶作用下，可水解成单体，在体内转化成L-蛋氨酸被吸收。

羟基蛋氨酸钙是用液体的羟基蛋氨酸与氢氧化钙或氧化钙反应，经干燥、粉碎和筛分后制成的产品。本品为浅褐色粉末或颗粒，有含硫基团的特殊气味，可溶于水。商品羟基蛋氨酸钙的含量＞97%，其中无机钙盐的含量≤1.5%。有资料报道，鱼类对羟基蛋氨酸的利用率只相当于蛋氨酸的26%，羟基蛋氨酸钙则相当于86%蛋氨酸的功效。

③ 其他氨基酸添加剂　上述两种氨基酸是最常使用的，有时为了进一步提高蛋白质品质，还要添加其他氨基酸如色氨酸、苏氨酸等。

④ 复合氨基酸　复合氨基酸又称多氨酸，以各种动物加工厂下脚料、蒸煮浆水为原料，经酸碱水解处理和微生物发酵后，获得复合氨基酸粗制品，再经纯化而得的复合氨基酸浓缩液，用载体吸附即为一定浓度的复合氨基酸产品。这类产品的生物功能是许多单体或用各种

单体氨基酸的组合品所不能替代的。不仅能给水产养殖动物提供丰富的营养物质和小肽，还有诱食和提高抗病力、促进食欲等作用。这在水产养殖中已经得到证实。

2. 矿物质添加剂

（1）使用矿物质添加剂的基本知识

① 矿物源的溶解度与利用率　一般矿物质在消化道中的溶解度越大，越容易被消化吸收，有效性也越大。所以，一般选用溶解度越大的盐类。作为水产动物的矿物质添加剂。

② 矿物质添加剂的价格和品级　即使是同一种矿物质元素也有很多不同盐类。除了考虑溶解度外，还要考虑到价格因素。如葡萄盐类，水溶性虽好，但价格也高。所以一般饲料工业不予采用。目前水产动物饲料常用的矿物质添加剂有硫酸盐、磷酸二氢盐和卤素盐类等。

③ 矿物质的品级　矿物质添加剂以饲料级产品为最好，既保证质量，成本也较低。但有些矿物质尚无饲料级产品，只能以其他工业产品、工业副产品或试剂级产品来代替。相比之下，试剂级产品的质量最好，但价格一般是工业品的几倍至几十倍。所以从成本考虑，在质量要求能满足的情况下，应该选用工业产品或工业副产品作为矿物质添加剂。

④ 矿物质元素有效成分含量　选择矿物质添加剂时，要考虑到矿物质元素的有效成分含量。若有效成分含量高，用少量的添加剂即可达到添加目的，若以有效含量计比较便宜的情况下，为降低生产成本，选择有些杂质的原料也无妨。但对有害物质要严格控制。

⑤ 矿物质元素的含水量　矿物质添加剂中常常含有一定量的水分，其中的水分有游离水和结晶水两种。矿物源中含游离水的危害：a.在加工过程中容易黏附在设备壁上，影响混合，残留量大，而且对设备有腐蚀作用；b.易结块导致粒度增大，使混合均匀度降低，影响饲喂效果；c.在储藏期间容易破坏预混合料中其他成分的活性。不少矿物源中含结晶水，如硫酸铜、硫酸亚铁等，由于结晶水的存在，使之在空气中易吸潮结块，从而增加了游离水的含量。应尽量减少结晶水含量，最好选用硫酸铜或含一个结晶水的硫酸盐。

⑥ 基础饲料中的有效含量　基础饲料中一般都含有一定量的矿物质，矿物质的添加量为水产动物需要量与基础饲料原有量之差。对于水产动物需求量较多的常量矿物质元素，基础饲料矿物质含量必须是有效含量，即总量与消化率之积，否则，就不能确定需添加的数量；对于水产动物需求量较少的微量元素来说，在生产实践中，往往把基础饲料中的含量忽略不计（即作为"安全余量"考虑），而直接以水产动物需求量或适宜供给量作为添加量。

⑦ 控制好添加数量　饲料中矿物质含量不足，固然不能满足水产动物的生理需要，但若添加过量，不仅提高了生产成本，而且对动物无益，甚至有害，特别是铜、硒等剧毒矿物质。同时，某种矿物质含量过多还会影响到其他有关营养成分的吸收，如饲料中钙含量过高，会影响到磷、镁、锌、锰、铜等的吸收等。

在使用这些天然矿物质添加剂时，应注意应根据实际情况补充相应某些矿物质，使各种矿物质达到平衡，满足水产动物对矿物质的生理需求。

（2）常用矿物质添加剂　磷酸二氢钙、磷酸一氢钙、碘酸钙、碳酸钙、磷酸氢钙；碘酸钾、碘化钾；亚硒酸钠、碘化钠、硒酸钠；硫酸镁、氧化镁、碳酸镁；硫酸亚铁、乳酸亚铁、碳酸亚铁、氯化亚铁、氧化亚铁、富马酸亚铁、柠檬酸亚铁；硫酸铜、氧化铜；硫酸锰、氧化锰；硫酸锌、氧化锌、碳酸锌；硫酸钴、氯化钴、碳酸钴等。

3. 维生素添加剂

饲料工业上所用的维生素添加剂是用化学合成法或微生物发酵法生产的，它们的结构和性质与天然饲料中维生素的结构相似，作用也相同。由于在生产过程中，其活性成分经过了物理或化学等方法的处理，其稳定性要比天然维生素好，耐储存性强，有利于饲料的使用和保存。

（1）使用维生素添加剂的基本知识

① 维生素添加剂的稳定化处理　因为有些维生素不稳定，所以在生产这些维生素添加剂时要进行稳定化处理。稳定化处理的方法有两类，即化学法和物理法，有时还要进行双重处理。所谓化学法处理，就是使维生素与其他物质起化学反应，生成相应的酯或盐，如维生素A乙酸酯、抗坏血酸钙等。所谓物理法处理，就是将维生素添加剂与其他物质混合，减少维生素添加剂与外界的接触，常用的是微型胶囊技术，如包被维生素C；也有的用吸附方法。

化学法和物理法相比前者较好，因为利用化学技术处理的产品不仅稳定性更好，而且也易于与基础原料相混合。维生素添加剂在进行物理法稳定化处理时常加入一些抗氧化剂，来提高其抗氧化能力。有些易被破坏的维生素添加剂，进行化学法处理后，再进行物理法处理，即双重处理，目的是进一步提高其稳定性，如包被的维生素A乙酸酯等。所以，维生素与维生素添加剂是两个概念，前者是指活性成分，后者除活性成分外，还有其他非活性添加成分。

② 维生素及其添加剂的计量单位　就目前来看，对于脂溶性维生素及其添加剂用国际单位（IU）计量；对于水溶性维生素及其添加剂则用重量计量。对于维生素K，有脂溶性的（维生素K_1，维生素K_2），也有水溶性的（维生素K_3），对于脂溶性的用国际单位计量，对于水溶性的则用重量计量。

③ 维生素添加剂中有效成分含量的计算　在配制维生素预混合饲料时要求计量精确。对于较为稳定的维生素一般不作化学或物理处理，可以直接根据产品上所标的有效含量进行折算计量。而对于经过化学、物理等稳定性处理的维生素添加剂中的有效成分的计量则复杂一些，要根据产品上所标的酯或盐的含量以及酯或盐中所含有效成分的含量进行连续计算。对于脂溶性维生素，还要进行国际单位与重量之间的换算。

④ 维生素添加剂的使用剂量　水产动物对维生素的需求量受动物种类、规格、生活环境及饲料中其他成分的影响；基础饲料中维生素的含量受饲料种类、产地、储存时间及条件等影响。在计算维生素添加剂用量时，除考虑水产动物对维生素的需求量和基础饲料中原有含量等因素外，还要考虑到加工对维生素的破坏作用。加工对维生素的破坏作用受加工工艺的影响，为了弥补加工对维生素的破坏作用，应适当超量添加。至于超量多少，应视维生素种类、性能及加工工艺的不同而异，通常为2%～20%，一般超量10%左右即可。若添加量过多，不仅增加了成本，脂溶性维生素还有副作用。另外，对于抱食性等水中摄食较慢的水产动物的饲料，还要考虑到水溶性维生素在水中的溶失。

（2）常用维生素添加剂　维生素A添加剂（维生素A乙酸酯、维生素A棕榈酸酯、β-胡萝卜素）；维生素D_3；维生素A和维生素D_3添加剂；维生素E添加剂（维生素E、维生素E乙酸酯）；维生素K_3（亚硫酸氢钠甲萘醌、二甲基嘧啶醇亚硫酸甲萘醌）；维生素B_1添加剂（盐酸硫胺、硝酸硫胺）；维生素B_2（核黄素）；维生素B_3添加剂（D-泛酸钙、DL-泛酸钙）；氯化胆碱；烟酸添加剂（烟酸、烟酰胺）；维生素B_6添加剂（盐酸吡哆醇）；生物素添加剂（D-生物素）；叶酸添加剂（叶酸钠盐）；维生素B_{12}（氰钴胺、羟钴胺素等）；维生素C（L-抗坏血酸、L-抗坏血酸钙、L-抗坏血酸-2-磷酸酯）等。

4.油脂类

油脂类是高能量的营养成分，又是脂溶性维生素的载体，还是必需脂肪酸的来源，为了减少蛋白质作为能量的消耗，在饲料中可以考虑适量加入油脂。在饲料预混合饲料中适量加入油脂，还可以作为液体黏合剂，使添加剂与载体很好地结为一体。

在水产动物饲料中适量添加油脂的作用已被证实，常用的油脂是鱼油、棉籽油、豆油、菜籽油等。鱼油质量好，但价格也高。对植物油来说，以棉籽油为好，菜籽油最次。添加量视基础原料中的原有量而定，一般在3%左右。在以饼类和糠麸类为主要原料的配合饲料中脂肪含量一般在5%以上，已基本满足水产动物的生理需要，无需再添加，否则，会影响水产动物的生长和肉质。

四、非营养性添加剂

非营养性添加剂是与营养性添加剂相对应的一个概念，它们虽然不能为水产动物提供营养物质，但是在保护饲料质量、促进水产动物摄食、提高水产品质量等方面起着重要作用。

1.生长促进剂

生长促进剂的主要作用是刺激水产动物生长，提高饲料利用率以及改进机体使健康。

（1）抗生物素　原名抗菌素，因其作用远超出单纯的抗菌范围，所以现在一般称为抗生素。这类物质促生长的机理是抑制和杀灭动物肠道中的病原微生物，促进有益微生物的生长，维持动物消化道中微生物菌群的平衡，同时促进各种营养物质的吸收。这类物质主要有黄霉素、维吉尼霉素等。实验证明它们对鲤鱼、鳗鱼、中华鳖等水产动物具有显著的促生长作用。

（2）合成抗生素　主要有磺胺类、硝基呋喃类和砷制剂等。该类药物由于残留和抗药性等问题，一些国家已禁止或限制用作饲料添加剂。如喹乙醇属于喹啉类药物，又名倍育诺、快育灵、奥拉金、喹酰胺醇。是一种化学合成的抗菌促生长剂，对水产动物具有促进生长、防治疾病、提高饲料效率等作用，且价格便宜，因此，在过去一直是水产养殖最主要的促生长剂之一。有的生产者用量过大，每千克饲料高达几百甚至上千毫克，结果导致中毒，表现为鱼体浮肿、腹水和应激能力和适应能力降低，捕捞、运输时发生出血和死亡等。

现已查明，水产动物对喹乙醇的吸收和分布都很快，但其消除却很慢，长期使用会引起蓄积性中毒，同时对人体也会产生不良影响，因此我国饲料标准规定，在水产动物饲料中不准添加喹乙醇。我国只批准某些药物作为饲料添加剂使用，详见《饲料添加剂使用规范》。

（3）酶制剂　饲料中添加酶制剂的目的是促进饲料中营养成分的分解和吸收，提高其利用率。目前，用作饲料添加剂的酶主要是消化酶类，它们来源于生物细胞或微生物的代谢产物。常用的饲料酶制剂有蛋白酶、淀粉酶、脂肪酶、植酸酶、非淀粉多糖酶（NSP酶）等。前三种酶的功能是分解相应的营养素。水产动物本身可以分泌这些酶，但数量和活性有限，为进一步提高消化率，在饲料中适量另外添加；植酸酶是用于分解植酸的酶，使植酸释放出磷元素，提高机体对磷元素的利用率；NSP酶的功能是分解粗纤维。除单一酶制剂外，为更大地提高饲料营养价值和水产动物消化能力，充分利用酶的协同作用，发挥其综合效应，还配制了复合酶制剂。选用饲料酶制剂时应注意下列问题。

① 应根据水产动物种类、规格及其消化生理特点使用。消化酶主要用于小规格、消化道短、消化酶活性不高的种群，同时还要考虑到饲料类型等因素。

② 单纯酶制剂保存期不应超过6个月，做成预混合饲料或饲料则不应超过3个月。

③ 酶制剂最方便的使用方法是将其加入预混合饲料中，然后再与基础饲料混合制粒。为提高其效果，可用酶制剂预先处理饲料原料，或在制粒后将酶制剂喷涂在颗粒上。

④ 添加量不宜过多，否则会有副作用，影响机体的生长。

2.饲料保存剂

饲料在储存期间发生多种变化，导致饲料质量下降，其中主要是发生氧化和发霉，为防止这些现象发生，在饲料中要加入适量抗氧化剂和防霉剂等。

（1）抗氧化剂　所谓抗氧化剂，就是能够阻止或延迟饲料氧化，提高饲料稳定性和延长储存期的物质。饲料的化学成分很复杂，其中不饱和脂肪酸和维生素很容易被空气中的氧气所氧化。一旦被氧化，一方面使饲料营养价值降低，另一方面，氧化产物使饲料产生异味，使水产动物摄食量降低，同时对水产动物产生毒害作用。为防止这种现象发生，要加入抗氧化剂。

① 使用抗氧化剂的基本知识　抗氧化剂的类别：根据溶解性可分为水溶性抗氧化剂（如抗坏血酸及其盐类、异抗坏血酸及其盐类等）和脂溶性抗氧化剂（如丁基羟基苯甲醚、二丁基羟基甲苯等）。其中水溶性抗氧化剂如抗坏血酸及其盐类、异抗坏血酸及其盐类等；脂溶性抗氧化剂如丁基羟基苯甲醚、二丁基羟基甲苯等。根据存在方式，可分为天然存在的抗氧化剂和人工合成抗氧化剂。前者如抗坏血酸类、生育酚类等；后者如二丁基羟基甲苯、丁基羟基茴香醚和乙氧基喹啉等。

a.抗氧化剂的作用机理有如下几种情况：有些抗氧化剂本身极易被氧化，自身被氧化后，消耗氧气，从而保护了饲料；有些抗氧化剂可以放出氢离子，将油脂在自动氧化过程中所产生的过氧化物破坏分解，使其不能形成醛、酮、酸等产物；有些抗氧化剂可能与所产生的过氧化物相结合，使油脂在自动氧化过程中的连锁反应中断，从而阻止了氧化过程的进行；有的抗氧化剂能阻止或减弱氧化酶的活动，是抑制氧化过程的催化剂。

b.抗氧化剂的使用剂量：天然抗氧化剂如维生素C、维生素E、卵磷脂等的使用量没有严格的要求。但人工合成的抗氧化剂使用量则有一定的限制，其用量一般为0.01%～0.02%。如果是多种人工合成的抗氧化剂并用，则总用量不变。如果脂肪含量超过6%或维生素E严重缺乏，抗氧化剂用量应适当增加。

c.抗氧化剂的使用时间：抗氧化剂只能阻碍氧化作用，延缓饲料开始氧化的时间，但是不能改变已经氧化的后果。因此，应在饲料未受氧化作用或刚开始氧化时就加入抗氧化剂，才能发挥其抗氧化作用。

d.氧气含量的控制：氧气的存在可加速氧化反应的进行，因此，在使用抗氧化剂的同时，应采取充氮或真空密封等措施，减少与氧气接触，以便更好地发挥抗氧化剂的作用。

e.尽量减少重金属离子的浓度：铜、铁等重金属离子是促进氧化的催化剂，尤其是铜，是一种很强的助氧催化剂，因此，必须尽量避免这些离子的混入。添加抗氧化剂时，可同时使用能螯合这些离子的增效剂，如柠檬酸、磷酸、抗坏血酸等酸性物质。

② 常用抗氧化剂介绍　常用的抗氧化剂有乙氧基喹啉又称乙氧喹（EQ）、二丁基羟基甲苯（BHT）、丁基羟基茴香醚（BHA），另外，维生素E、没食子酸丙酯（PG）、维生素C及其盐类等。EQ、BHT、BHA在一般饲料中的添加量为0.01%～0.02%，当饲料中脂肪含量较多时，应适当增加添加量。另外，还有复合抗氧化剂。

a.EQ：商品名称山道喹、珊多喹、衣索金，外观为黄色至带黄褐色的黏滞性液体，具有特殊臭味。不溶于水，易溶于盐酸、丙酮、苯、氯仿、乙醚和植物油中。在自然光照射下易氧化，遇空气和氧气色泽变深，呈暗褐色，黏度也增加。故本品应保存在避光、密闭容器中，但溶液颜色暗化后不影响使用效果。含量一般在97.5%以上。

EQ常用的商品制剂有两种：一种为乙氧基喹，含量为10%～70%的粉状物，其物理性质稳定，不滑润，不流动，在饲料中分布均匀；另一种为液体状态，其中一种以甘油作溶剂，另一种以水作溶剂，用前需再加水稀释后使用专门设备喷洒。

b.BHT：外观呈白色结晶或结晶粉末，无臭，无味。不溶于水和甘油，易溶于甲醇、乙醇、乙醚等有机溶剂和豆油、棉籽油、猪油等油脂中。常用于油脂的抗氧化，适于长期保存不饱和脂肪含量较高的饲料。BHT的稳定性优于其他抗氧化剂，对热稳定，与金属离子作用不会着色。但仍宜存放于避光、密封容器中。二丁羟基甲苯市售产品的含量为95%～98%。

c.BHA：又名丁羟甲醚、丁基化羟基苯甲醚。外观呈白色或微黄色蜡样结晶粉末，带有特异性的酚类臭味及微量的刺激性气味。不溶于水，不同程度地溶于丙二酸、丙酮、乙醇、动物脂肪中。对热稳定。但仍应存放在避光密闭的容器中。

（2）防霉剂　防霉剂是一类抑制霉菌滋生、繁殖，防止饲料发霉变质的化合物。添加防霉剂的目的是抑制霉菌的代谢和生长，延长饲料的保藏期。其作用机制是，破坏霉菌的细胞壁，使细胞内的酶蛋白变性失活，不能参与催化作用，从而抑制霉菌的代谢活动。饲料在储存期间往往被霉菌污染，一旦污染，霉菌生长繁殖就要消耗饲料中的营养物质，使其营养价值降低，同时霉菌代谢产生的毒素还使饲料的适口性降低，甚至使水产动物中毒。因此，做好防霉工作是养殖生产和饲料工业发展的重要任务之一。防霉的措施较多，如培养抗性品种、选择适当的种植和收获技术、严格控制饲料的水分含量、改善储藏条件等。

① 影响防霉效果的因素

a.溶解度：常用的防霉剂均具有一定的溶解性，这样有利于向饲料中添加，充分发挥抑制霉菌的作用。

b.饲料环境的酸碱度：在不同的pH值条件下，防霉剂所能发挥的抑菌能力不同，有机酸类防霉剂在饲料环境偏酸时抑菌能力强，饲料环境偏碱时则不发挥作用，即pH值越低，防霉剂的效果越好。

c.水分含量：水是一切生命活动所必需的，没有水，所有生命活动将停止，霉菌也是如此，因此，只要降低饲料中的水分含量，就相当于增强了防霉效果。

d.温度高低：当温度低于18℃或40～50℃以上时，一般霉菌就不再繁殖，在防霉剂本身未失活的前提下，这也相当于增强了防霉剂的防霉效果。

e.污染程度：饲料被霉菌污染的程度越轻，防霉剂的防霉效果就越好。因此，在使用防霉剂时应注意良好的卫生条件，尽量避免霉菌污染。在保证饲料质量的基础上，减少了防霉剂的用量。

f.分布情况：防霉剂在饲料中只有分布均匀，才能很好地达到抑制霉菌滋生的效果。所以，对于易溶于水的防霉剂，可将其溶于水，再喷雾到饲料中，充分混合均匀；对于难溶于水的防霉剂，可先用乙醇等溶剂配成溶液，然后再喷雾到饲料中，充分混合均匀。

g.多种防霉剂并用：每种防霉剂都有其各自的作用范围。在某些情况下，两种或两种以上的防霉剂并用，往往可起到协同作用，从而比单独使用一种更为有效。但防霉剂的并用必须符合使用标准，要经过反复试验找出最有效的配合比例。

h.防霉剂的保藏：防霉剂的物理保藏方法有低温（冷藏）、干燥（降低环境水分）、控制环境卫生、良好包装（密封）等。防霉剂与饲料混合在一起保藏的物理方法，如加热、冷冻、辐射或干燥等，也会影响防霉效果。

② 常用防霉剂介绍

a.丙酸及其盐类：丙酸是一种有腐蚀性的有机酸，有弥漫特异气味，是酸性防腐剂。外观为无色透明液体。含丙酸99%以上。极易溶于水，有时用吸附剂吸附制成含丙酸50%或60%的粉末。

丙酸盐包括丙酸钠、丙酸钙、丙酸钾和丙酸铵等。常用于作防霉剂的是前两者。丙酸盐杀霉性较丙酸低，故使用剂量比丙酸大。丙酸用量一般为0.05%～0.4%，而丙酸盐用量一般为0.065%～0.5%。用量随饲料含水量、pH值而增减。丙酸臭味强烈，酸度又高（pH值在2.0～2.5），故对人的皮肤具有强烈刺激性和腐蚀性，使用时应加以注意。

此类防霉剂毒性低，抑菌范围广。丙酸可为动物提供能量，其盐类还可为动物提供矿物质，是常用的防霉剂。使用方法有三种：一种是直接喷洒在饲料表面；另一种是和载体预先混合后，再掺入饲料中；还可以与其他防霉剂混合使用，扩大抗菌品种。

b.苯甲酸和苯甲酸钠：苯甲酸又名安息香酸，为白色叶状或针状晶体，是一种稳定的化合物，但有吸湿性。在酸性条件下易随水蒸气挥发。微溶于水，易溶于乙醇，溶液呈无色透明状。

苯甲酸溶解度低，使用不便，故在饲料中主要使用苯甲酸钠。苯甲酸钠外观呈白色颗粒或结晶性粉末，无臭或微带气味，味微甜后涩，有收敛性。在空气中稳定，杀菌性较苯甲酸弱。苯甲酸钠是一种酸性防腐剂，在pH值为5.5以上时，对很多霉菌无杀灭作用，其最适pH值为2.5～4.0。该类防腐剂的使用剂量不得超过0.1%。

c.山梨酸及其盐类：山梨酸又叫清凉茶酸，为无色或白色针状结晶或结晶粉末。无臭或稍有刺激性臭味，无腐蚀性，具有较强的吸水性，微溶于水，易溶于有机溶剂。对光、热稳定，但在空气中长期存放易氧化变色；山梨酸盐类包括山梨酸钠、山梨酸钾、山梨酸钙等。山梨酸钾常用作防霉剂，为无色或白色鳞片状结晶或结晶粉末，无臭或稍具臭味。在空气中不稳定，能被氧化着色。具有吸湿性，极易溶于水。山梨酸用量一般为0.05%～0.15%，山梨酸钾用量一般用0.05%～0.3%，最适pH值为5～6以下。

在配合饲料中加入抗氧化剂和防霉剂固然在一定程度上可以起到抗氧化和防霉效果，但是，主要精力应放在原料的选择与储存上。选择优质的原料和适当的储存方法是保护饲料最根本的措施，加入保护剂只是一种辅助措施。实际上，抗氧化剂和防霉剂发挥作用要求有一定的条件，并且其效果也有一定的限度，因此，饲料中即使加入保护剂，也应尽量加快其周转速度，缩短储存期。一般要求配合饲料的储存期不超过3个月。对于那些加工后马上投喂的饲料，可以不加饲料保护剂。

3.饲料调质剂

（1）诱食剂　诱食剂又称诱食物质、引诱剂或促摄物质。其作用是刺激水产动物的味觉、嗅觉和视觉等器官，诱引并促进水产动物的摄食。

① 诱食剂的特点

a.协同作用：即使一种物质也可以产生诱食效果，但要使诱食效果理想，最好使两种或两种以上的物质相配合，使其发挥协同作用。如两种以上的氨基酸、氨基酸和核苷酸、氨基酸和甜菜碱、氨基酸和色素或荧光物质等。

b.专一性：不同种类的水产动物对不同种类诱食剂的反应不同，不同的水产动物对同一诱食剂的刺激也可表现出完全不同的反应。如丁香水煮液对鲤鱼有排斥作用，而对鲫鱼则有引诱作用。田螺水煮液对鲤有强烈的引诱作用，但对鲫鱼却有强烈的排斥作用。

c.氨基酸结构：所有D-氨基酸均无诱食活性，有些还会产生阻碍摄食的作用；有些L-氨基酸对某些水产动物也会产生阻碍摄食的作用，如L-丙氨酸对鲤鱼有引诱作用，而对鲫鱼有排斥作用。

d.诱食效果受诱食成分在水中的溶解度、扩散速度、浓度分布等因素影响很大。

② 诱食剂的种类

a.甜菜碱：一种白色结晶状的生物碱，是水产动物常用的诱食剂之一。甜菜碱存在于动物体内，有些植物体内也有。商品形式主要是从甜菜加工副产品中提取的，故名甜菜碱。甜菜碱作为诱食剂其生物学功能主要有：提高消化酶活性；促进脂肪代谢，防治脂肪肝；对渗透压的激变起到缓冲作用；提高生长速度和成活率，降低饲料系数；提高机体抗应激能力。目前，在饲料中的建议添加量为2 ～ 20g/kg。

b.动植物提取物：研究表明，水蚯蚓、牛肝、蚕蛹干、带鱼内脏和鱼干等水提取液对南方鲶仔鱼均有良好的诱食效果。枝角类浸出物、摇蚊幼虫浸出物、蚕蛹水煮液、田螺水煮液、蚕蛹乙醚提取物对鲤鱼有诱食效果。丁香水煮液、蚕蛹水煮液、蚯蚓水煮液、蚕蛹乙醚提取物对鲫鱼有诱食作用。海蚯蚓对真鲷有诱食效果。沙蚕提取物、沙蚕提取物＋尿苷酸对中华绒螯蟹有诱食效果。蚯蚓对中国对虾有诱食作用。

大蒜、洋葱中因含有硫的挥发性低分子有机物而具有特殊气味，其强烈的蒜香对多数鱼类的嗅觉有刺激作用，能引诱水产动物来摄食。一些天然植物香料及中草药也有强烈的诱食作用，如丁香、黄柏、八角、陈皮、阿魏及广陵香等，对多数淡水鱼类都有诱食效果。新鲜水果（如葡萄、樱桃、甜瓜、柿子等）的提取液对鱼类也有一定的诱食效果。

动植物提取物的不同加工方法会影响其诱食效果，如蚯蚓水煮液对鲫鱼有明显的引诱效果，而乙醚提取物对鲫鱼则无作用。动植物提取物化学成分复杂，其诱食作用的成分尚未完全清晰。

c.含硫有机物：主要是DMPT（二甲基-丙酸噻唑，又名硫代甜菜碱）、大蒜素等。DMPT是一种新型的有效的水产动物诱食剂，具有海洋气味，存在于海藻和较高等的植物中。对真鲷、牙鲆、鲤鱼、鲫鱼、金鱼、长臂虾等具有明显的诱食效果，并能改变养殖品种的肉质，使淡水品种呈现海产风味，从而提高其经济价值；大蒜素不仅可以促进摄食，而且还可以使真鲷、牙鲆、虹鳟肉质细腻紧密，鲜美香浓，同时对细菌性疾病也有一定的防治效果。另外，溴化羧甲基二甲基硫对鲤鱼也有一定的诱食作用。

d.氨基酸、脂肪和糖类。多数氨基酸对水产动物的味觉和嗅觉都具极强的刺激作用。如苯丙氨酸、组氨酸、亮氨酸等具有独特的甜味；缬氨酸、异亮氨酸等带侧链的氨基酸具有巧克力的香味。脯氨基酸公认是引诱水产动物最有效的化合物之一。鳗鱼饲料中添加丙氨酸、脯氨酸、甘氨酸、组氨酸的混合物后，能有效地促进其摄食和消化吸收。酪氨酸、苯丙氨酸、赖氨酸、组氨酸对虹鳟有诱食作用。

亚油酸、亚麻酸、鱼油等能促进团头鲂的摄食。脂肪能促进草鱼的摄食。

糖类的甜味对所有鱼、虾、蟹、贝等水产动物均具有诱食作用，而且添加多少都不会产生摄食阻害作用。如蔗糖能促进中华鳖的摄食。

e.其他被证实对水产动物有诱食作用的物质有核苷酸、尿苷-5-单磷酸盐、羊油、甲酸、香味素、类似维生素B_2的荧光物质、盐酸三甲胺、柠檬酸等。苷氨酸三甲丙脂是天然的生物碱化合物,在饲料中添加0.5% ～ 1.5%便对所有淡水鱼和甲壳动物的嗅觉和味觉均有较强的刺激作用。盐酸三甲胺对罗氏沼虾有诱食作用。

在一般饲料中加入诱食剂可以提高摄食量,特别是当饲料中植物性饲料含量高时,更应加入诱食剂以改变其适口性。在捕捞水产品时,饲料中适量加入诱食剂,则可大大提高起捕率。

研究证实,通常作为诱食剂的物质同时具有多种其他作用,如营养作用、防治疾病、提高消化酶活性、提高消化吸收率、改善肉质等。

(2)着色剂 人工养殖的水产动物,其体色往往不如在天然水域中生产的色彩鲜艳,因而影响了其商品价值。若在饲料中添加着色剂则可解决这一问题。例如使鲑鱼与鳟鱼的体表与卵增色,使锦鲤、金鱼等观赏鱼和真鲷、虾蟹类的体表更为鲜艳美观,则可提高其商品价值。

水产动物的体色主要是由类胡萝卜素在体内积累的多少所致。水产动物的类胡萝卜素是从食物中来获得,在体内积累起来,使体表、肌肉、卵等呈现颜色。因此,应根据情况在配合饲料中适量添加类胡萝卜素。

类胡萝卜素是一类化合物的总称,可分为胡萝卜素、叶黄素、虾青素、玉米黄素和裸藻酮等。它们存在于动物、植物及微生物体内。胡萝卜素主要有α、β、γ三种,都是红、黄色;叶黄素种类很多;甲壳类的虾青素通常与蛋白质相结合,呈灰绿色。加热后,虾青素与蛋白质的结合键被打断,游离的虾青素被氧化成虾红素,故而变成红色;裸藻酮在对虾体内可转变成虾青素,在饲料中添加0.02%,喂养4周即可见效,是优良的着色剂。裸藻酮利用范围很广,鲑鱼、虹鳟、真鲷、金鱼、虾、鲤鱼等皆可使用。在饲料中添加0.001% ～ 0.004%裸藻酮,可以改善虹鳟的皮、肉及卵色。除具有着色效果外,裸藻酮还可促进卵成熟,提高受精率及孵化率。

类胡萝卜素的色素源:植物性原料有辣椒、金盏花粉、苜蓿粉、黄玉米面筋粉、裸藻、绿藻、蓝藻等;动物性原料有糠虾、磷虾、鳌虾、蟹粉等。

虾青素为红色系列着色剂。在饲料中添加虾青素饲喂对虾8周,对虾体内的虾青素即达到最高值,在4周后就能看到色彩的改善,因此,改善体色历时1个月即可。将红法夫酵母添加到饲料中,鲑鱼和鲟鱼食用了经破碎细胞壁的红法夫酵母后,虾青素积累在皮肤和肌肉中呈红色,这种鱼营养价值高,色泽鲜艳,味道好,经济价值高。红鲑鱼的虾青素含量通常为5 ～ 20mg/kg(鲜重),而虾青素在饲料中的含量为40 ～ 150mg/kg。

虾青素对鱼类的繁殖也起着重要作用,可作为激素促进机体生长和成熟,提高生殖力,提高鱼卵受精率,减少胚胎的死亡率。另外,还有促进抗体产生、增强机体免疫能力、抗脂肪氧化、消除自由基等方面的作用,这方面的能力均强于β-胡萝卜素。表2-7所示为目前在配合饲料生产上着色剂的添加量。

表 2-7 着色剂与着色对象

着色对象	体色主要成分	添加量 /%	色素源	着色部位
真鲷	虾青素、胡萝卜二醇	虾青素 0.2 ～ 1.0	糠虾、南极磷虾	体色变红
鰤鱼	胡萝卜二醇	虾青素 0.2 以上	南极磷虾	体色鲜艳、出现黄色带
虹鳟	虾青素	虾青素 0.3 ～ 0.5	糠虾、磷虾	体表、肌肉、卵变红
香鱼	玉米黄素	玉米黄素 0.2 ～ 0.4	螺旋藻、小球藻	体表变黄
罗非鱼	玉米黄素	玉米黄素 0.5	螺旋藻、小球藻、虾类	体色鲜艳

（3）抗结块剂　抗结块剂（也称流动剂、助流剂等）。它是提高饲料质量、产量和耐存性的辅助剂。它可防止饲料结块，提高饲料在加工过程中的流动性和储存的稳定性。一般都在添加剂预混合饲料的制作工艺上使用，不在配制基础物料中使用。常用的抗结块剂有：硬脂酸钙、硬脂酸钠、硬脂酸钾、滑石、硅藻土、脱水硅酸和硅酸钙等。抗结块剂的使用量为预混合饲料的0.5%～2.0%，因抗结块剂种类和使用目的不同来进行调整。

4.饲料调制剂

饲料调制剂主要包括黏结剂、青贮饲料调制剂、粗饲料调制剂和乳化剂等。

（1）黏结剂　黏合剂是在饲料中起黏合作用的物质，在水产饲料中起着非常重要的作用，特别是甲壳类和鳗鱼的饲料，因其摄食特性为抱食，要求饲料在水中保持长时间不溃散，饲料中必须有黏合剂存在。

① 黏合剂的主要作用　黏合剂将各种营养成分黏合在一起，保障水产动物能从配合饲料中获得全面营养，减少饲料的崩解及营养成分的散失，减少饲料浪费及水质污染等。

② 作为水产饲料黏合剂应具备的条件　黏合剂应具有价格低，用量少，来源广，无毒性，加工简便，不影响水产动物的摄食、消化和吸收，黏合效果好，水稳定性强等特点。

③ 水产饲料黏合剂的类别　水产饲料黏合剂根据其来源可分为天然黏合剂和人工黏合剂两大类。前者主要有淀粉、小麦粉、玉米粉、小麦面筋粉、褐藻胶、骨胶、皮胶等；后者主要有羧甲基纤维素、聚丙烯酸钠等。

④ 影响水产饲料黏合剂黏合效果的因素

a.黏合剂本身的性质：不同种类的水产饲料黏合剂的化学组成不同，其对饲料的黏合效果自然不同。

b.饲料组成与黏合剂用量：饲料中含脂质多的鱼卵、鱼肝等超过20%，则黏合效果不好。

c.同一种黏合剂用量多，则黏合性效果较好。

d.饲料原料的粉碎细度：饲料原料粉碎细度越高，与黏合剂接触面越大，因而越易于被黏合。在使用虾（蟹）粉及质量不高的鱼粉等为饲料原料时，最好对原料进行微粉碎和二次粉碎，使其粒度达到0.172mm（100目）以上。

e.加工温度：以糖类、动物胶类等作黏合剂时，生产的颗粒饲料应在80℃以上的温度下干燥，黏合效果才好；如果是晒干，则黏合效果差。

f.制粒工艺条件：生产颗粒饲料前，原料中的加水量、与黏合剂混合的均匀度、造粒时的温度、所用设备、造粒时原料间紧密的程度、饲料颗粒表面的光滑程度（表面越光滑在水中越不易失散）、成粒后的干燥方法等均会影响黏合效果。

（2）青贮饲料调制剂　世界上凡是养殖业发达的国家，青贮技术都有很大的发展。现代青贮技术中最重要的方法之一是采用了青贮饲料调制剂。青贮饲料调制剂是一类加在青饲料中防止青饲料霉变、酸败、腐烂，以保障青饲料良好的适口性和营养价值的物质。

青贮饲料调制剂在畜牧业的使用非常普遍，其主要目的是为了保证乳酸菌在发酵中占有优势，并可防止青贮饲料的霉烂，提高营养价值。青贮饲料调制剂主要分为三类。

① 保护剂　保护剂起抑制饲料中有害微生物活动，防止饲料腐败和霉变，减少其中营养成分消耗和流失的作用。如甲酸：禾本科牧草添加0.3%，豆科牧草添加0.5%，一般不用于玉米青贮。甲醛：能抑制蛋白质分解和蛋白质在瘤胃中降解，增加过瘤胃蛋白。添加量0.3%～0.7%；甲醛和甲酸结合使用。丙酸：在阻止酵母及霉菌的繁殖上作用较好，从而可在

装窖时间长，密封不完全的情况下发挥作用。预防二次发酵。添加量0.5%～1%。

②促进剂　促进剂起促进乳酸发酵的作用，以达到保鲜储存的目的。如接种乳酸菌：每克材料添加10^5～10^6菌数。添加糖蜜：补充原料中糖分的不足，提高和改善饲料适口性，促进乳酸发酵。添加量为原料中含糖量的2%～3%，添加时用热水稀释2～3倍。因此，不适合高水分原料的青贮。添加酶制剂：乳酸菌不能利用淀粉和纤维素，可以加淀粉和纤维素分解酶，促进淀粉和纤维素的分解。

③非蛋白氮等营养性物质　添加非蛋白氮可补充蛋白质，提高饲料的营养价值，改善饲料风味等。如尿素、磷酸脲、矿物质和微量元素等营养性物质。

尿素，一般用量0.3%～0.5%，它能使普通青贮玉米的粗蛋白含量由6.5%提高到11.7%。磷酸脲，一般用量0.35%～0.5%，不仅增加青贮饲料的氮、磷含量，且具有增加酸度的作用，使青贮饲料的pH值较快达到4.2～4.5，有效地保存饲料中养分，特别是胡萝卜素含量。

矿物质和微量元素：碳酸钙，补钙，还具有使青贮发酵持续进行和酸生成的效果；添加磷酸钙既可补磷又可补钙，添加量为0.3%～0.5%；在尿素玉米青贮中添加0.5%硫酸钠，可以促进反刍动物对非蛋白氮的有效利用。此外，可在每吨青贮原料中添加硫酸铜2.5g，硫酸锰5g，硫酸锌2g，氯化钴1g，碘化钾0.1g，硫酸钠0.5g，以提高饲养效果。

（3）粗饲料调制　粗饲料的种类和数量都很多，饲料来源广泛，价格便宜。其特点是体积大，粗纤维含量高，而易被消化的无氮浸出物含量低，水产动物对其消化率低。通过加入粗饲料调制剂，则可改变粗饲料的理化特性，提高其营养价值和消化率，扩大饲料来源。

粗饲料调制剂：是指对秸秆等粗饲料进行化学处理时，加入的一类化学制品，以提高动物采食量和营养消化利用率。粗饲料的加工调制方法主要有三类：物理处理法、化学处理法和生物学处理法。

①物理处理法　就是将粗饲料切断或粉碎，对于提高消化率的作用很小，主要是为化学处理法和生物学处理法做准备。

②化学处理法　常用的粗饲料调制剂主要有氢氧化钠、氢氧化钾、氧化钙（生石灰）、液氨、石灰、尿素和NSP（非淀粉多糖）酶等。NSP是植物组织中除淀粉以外的所有多糖的总称，主要有β-葡聚糖、阿拉伯木（戊）聚糖、纤维素、果胶、苷露糖等。NSP酶即分解这些物质的酶。饲料中添加NSP酶可以摧毁植物细胞壁结构，降低食糜黏稠度，减少消化道疾病，提高内源性消化酶的活性。

③生物学处理法　常用的粗饲料调制剂主要是微生物制剂，靠微生物产生酶，酶再分解粗纤维。

五、其他添加剂

1.中草药添加剂

中草药一般泛指草本植物的根、茎、皮、叶、花和籽实，也包括一些树、乔木和灌木的花和果实，因其资源丰富，加工简单，效果显著，在机体内无残留，无毒副作用，不会使病原体产生抗药性和污染等优点，而日益受到人们的重视。现将其生物学功能和主要种类简介如下。

（1）中草药添加剂的生物学功能

①作为诱食剂，促进水产动物摄食，提高摄食量。如陈皮、大蒜、多香果、洋葱、香芹、小豆蔻、白胡椒等。

② 作为促生长剂，参与新陈代谢，提高机体生理机能和饲料消化率，提高水产动物生长速度和饲料效率，降低饵料系数。如当归、川芎等。

③ 改善肉质，提高水产品经济价值。

有些中草药可使水产品的肉质更细嫩，味道更鲜美。在鱼饵中添加一定量的栀子，既可提高鱼肉的鲜味，又可增进鱼体的色泽，从而提高水产品经济价值。

④ 作为疾病防治剂，提高机体成活率。许多中草药具有抗细菌、病毒、真菌、原虫和螺旋体等作用。如用乌桕叶制成$2.5 \sim 3.7mg/kg$石灰浸液全池泼洒，可防治鱼类的烂鳃病、白头白嘴病。

⑤ 具有营养作用。中草药化学成分复杂，一般含有蛋白质、糖类、脂肪、维生素、矿物质、生物碱、苷类、有机酸、挥发油等多种营养成分，对水产动物有一定的营养作用。

⑥ 增强机体免疫功能。中草药中的生物碱、苷类、有机酸、挥发油、多糖等有增强免疫力的作用。现已确定黄芪、刺五加、党参、当归、穿心莲、大蒜、石膏等都有增强机体免疫力的作用。

⑦ 抗应激作用。一些中草药能够增强动物对物理、化学、生物各种有害刺激的防御能力，使紊乱的机能恢复正常。如柴胡、石膏、黄芩等有抗热刺激的作用。黄芩能增强抗低氧、抗疲劳、抗刺激作用。有些中草药（如刺五加）等能使机体在恶劣环境中的生理功能得到调节，并使之朝有利的方向发展和增强机体适应能力。

⑧ 对饲料有抗氧化和防霉变作用。许多中草药的生化活性与它们所含的能抑制环氧酶、脂氧酶、脂质过氧化物酶活性，保护低密度脂蛋白中的胆固醇免受破坏的具有抗氧化活性的化合物有关。在这些抗氧化成分中，类黄酮和植物酚对预防疾病最重要。多酚和类黄酮具有共轭羟基结构，能有效地抑制氧化。

中草药作为饲料添加剂的有很多种，大蒜是水产养殖上最常用的中草药添加剂，也是人们研究最为彻底的中草药添加剂。

（2）大蒜 大蒜是一种常用的中草药，同时又是一种常用的调味剂，具有多方面的功能。大蒜在西汉时期从西域传入我国。经人工栽培繁育深受大众喜食。大蒜含精油约0.2%，其中含无气味的蒜氨酸，蒜氨酸溶于水并对热稳定。大蒜在粉碎时，在蒜酶的作用下生成蒜辣素。蒜辣素为二烯丙基二硫单氧化物，是有效的抗菌成分，而且其性质极为稳定。在大蒜精油中还有一种成分为二烯丙基化三硫醚，命名为大蒜新素，目前已可人工合成，合成产品名称为大蒜素。大蒜素对热和光都较稳定，也是较好的抗菌成分。此外，大蒜素还含有甲基烯丙基三硫化物和一些酶与肽的化合物。

① 大蒜的生物学功能。促生长作用；诱食作用；降脂作用；保肝作用；抗肿瘤作用；抗菌作用；健胃作用等。

② 大蒜的使用。两种方法：一是直接投喂，一般将新鲜大蒜直接与水产动物喜食的饲料混在一起，粉碎后直接投喂，正常用量为水产动物体重的1%～2%，用于防止细菌性疾病。该法经济、实用、方便。二是加工后使用，将大蒜浸泡去皮、打浆、脱水、烘干、粉碎制成大蒜粉，用量为饲料的0.5%。

（3）大蒜素 饲料工业中使用的大蒜素，一般是指以人工合成的大蒜油为原料经一定的载体吸附制成的预混合饲料。大蒜素预混合饲料的常用规格有15%和25%两种。人工合成的大蒜油的主要成分是三硫化二丙烯（50%～80%）、二硫化二丙烯（20%～50%）、少量的单硫化二丙烯和四硫化二丙烯。其中的四硫化二丙烯的含量很少，而且化学性质不稳定，容易分解。这4种主要成分的总含量在92%以上，其余不到8%的分别为低沸点的丙酮与乙醇、二丙基硫醚等杂质。

① 理化性质。表观为白色流动性的细小粉末，其理化性质主要取决于大蒜油的理化性能。大蒜油的各主要成分都属硫醚类化合物，与对应的醚相比较，化学性能稳定得多，在非强酸性环境中可耐高温120℃以上而不分解。但如长期暴露于紫外线下可诱发分解。在强氧化环境中可被氧化为亚砜和砜。因此，大蒜油应存放于阴凉处并避免与强酸或氧化性物料存放在一起。

② 饲用价值。诱食作用；掩盖饲料中的不良气味；杀菌作用；促生长作用；提高水产品质量；防霉作用等。

③ 添加量。添加量因使用目的不同而异，以25%的大蒜素预混合饲料计算，在饲料中的用量为：用于诱食时，80～150mg/kg；用于促生长时，100～200mg/kg；替代抗生素时，250～350mg/kg。

2.酵母细胞壁

酵母细胞壁是生产啤酒酵母过程中从可溶物质中提取的一种特殊副产品，产品为淡黄色粉末。主要成分为β-葡聚糖（又称免疫多糖）、甘露寡糖（又称病原菌吸附剂或病原菌清除剂）、糖蛋白和几丁质。酵母细胞壁是一种环保型绿色饲料添加剂，在水产养殖中应用的主要生物学功能是：

① 增强、激发机体免疫力功能；

② 增强机体的抗应激能力；

③ 平衡肠道微生态、抑制有害菌的繁殖、促进生长以及吸附饲料霉菌毒素等功能，并能部分代替抗生素；

④ 提高生长率和成活率。

酵母细胞壁在鱼、虾中的推荐用量：正常状态下1.0～2.0kg/t；应激状态下3.0kg/t；疾病状态下10.0kg/t。用时均匀混于饲料中，直接或经制粒后投喂。

3.微生态制剂

微生态制剂又称微生态调制剂、活菌制剂、益生素、益生菌、促生素、生菌素、促菌素、活菌素等。是一类根据微生态学原理，以调整动物微生态失调、保持微生态平衡、提高宿主健康水平和生长速度为目的，经过筛选而培养的活菌群及其代谢产物。

① 微生态制剂的主要生物学功能如下：提供营养素；提高生长率和饲料利用率；补充有益菌群，恢复或保持消化道菌群平衡；提高机体免疫力；改善水产品的质量和抗应激能力；防止有害物质的产生；提高水产动物的成活率；提高水产动物（如杂交鲤）的越冬能力，降低冷休克死亡率。

② 微生态制剂的分类及常用菌种，根据菌株的组成可分为单一菌株和复合菌株。生产上常用的是复合菌株。目前，最常用的菌株是乳酸杆菌属、粪链球菌属、芽孢杆菌属和酵母杆菌属等。前两者为正常存在的微生物，后两者仅少量存在于肠道中；芽孢杆菌具有较高的蛋白酶、脂肪酶和淀粉酶的活性，可明显提高动物生长速度和饲料利用率。芽孢杆菌在饲料加工过程及酸性环境中具有较高的稳定性。我国批准使用的菌种除上述四种外，还有黑曲菌和米曲菌。

③ 微生态制剂产品。鲜活菌种经过冷冻、干燥及独特的保护剂处理形成被膜，使菌群呈

休眠状态，稳定性强，纯度高，能够抵抗一定的温度和压力（经饲料生产证明，微生态制剂产品可耐85℃制粒温度，0.3 ~ 0.4个大气压，经10min菌群存活率在90%以上），在室温下能保持15个月以上，生命力强，耐胃酸，耐胆盐。进入肠道，在肠道中定植、生长、繁殖。十几分钟即可繁殖一代，成为肠内优势菌群，保持肠内微生态平衡。

④ 适宜添加量。在成鱼饲料中的添加量一般为0.1% ~ 0.2%，幼体时应多一些。

4.低聚糖

低聚糖又称寡聚糖、寡糖或少糖类，是指由2 ~ 10个单糖通过糖苷键连接起来形成直链或支链的一类糖，在自然界中的种类达1000多种。他们具有低热、稳定、安全无毒等优良的理化性能，大部分不能被动物本身的消化酶所消化；但达到肠道后可作为有益微生物的底物，却不能为病原微生物所利用，从而促进有益微生物的繁殖而抑制病原微生物的繁殖。目前，在动物上应用的主要有甘露寡糖（MOS）和果寡糖（FOS）。

低聚糖的功能：促进有益菌的增殖，调节动物消化管的微生态；促进有害菌的排泄，激活动物特异性免疫系统，具有提高机体免疫功能的功能。

5.糖萜素

糖萜素是浙江大学的科技人员从植物中提取出来的，由糖（≥30%）、配糖体（≥30%）和有机酸组成的天然生物活性物质，是一种棕黄色微细状结晶；不溶于乙醚、氯仿、丙酮，可溶于水、二硫化碳和乙酸乙酯，易溶于含水甲醇、含水乙醇中。糖萜素的有效成分性能稳定，使用安全，与其他添加剂无配伍禁忌，无残留、无污染。是一种新型的绿色饲料添加剂。

① 生物学功能：增强机体免疫力；促进生长，提高成活率和饲料转化率；抗刺激，抗氧化；改善水产品质量；对细菌性疾病有一定的防治效果。

② 糖萜素在饲料中的添加量：糖萜素在饲料中的添加量一般为200 ~ 500mg/kg。

6.磷脂

磷脂作为油脂类的组成成分，是油料在制油过程中油脂的伴随物，在大豆油中含量较高。它吸水性较强，在油脂中易使油脂酸败变质，因此，毛油必须精炼除去其中的磷脂，才能长期储存。磷脂为油厂的副产品，已被广泛应用于食品、医药、化工和养殖业。

① 磷脂的种类与结构：磷脂广泛存在于动植物体内，主要有卵磷脂和脑磷脂，卵磷脂由甘油、脂肪酸、磷酸和胆碱组成；脑磷脂由甘油、脂肪酸、磷酸和胆胺组成。

② 磷脂添加剂的存在形式：饲料级商品磷脂有油膏状和粉状两种形式。油膏状磷脂基本上就是油脚，脂肪含量很高，比较黏稠，使用时不易混合；粉状磷脂两种：一种是用玉米芯粉等稀释剂将油膏状磷脂稀释而成的产品，使用比较方便，但磷脂的有效成分和能量水平降低了；另一种是用丙酮萃取精制的产品，颜色很浅，磷脂含量高，脂肪含量只有3% ~ 4%。

③ 添加磷脂的注意事项：年龄越小，需要提供的磷脂越多；饲料中脂肪的含量越高，对磷脂的需求越多；对于那些体内无法合成磷脂的水产动物（如甲壳类），饲料中必须添加磷脂。

④ 在饲料中的添加量：磷脂在饲料中的添加量，目前普遍认为，一般水产饲料中卵磷脂的添加量为1% ~ 3%。

7.肉碱

肉碱是一种含氮物质，与脂肪代谢成能量有关。它有三种光学异构体，即左旋、右旋和消旋，后两者在大剂量时对人和动物有害。是合成物质，不存在于生物系统中。只有L-肉碱

（左旋肉碱）在动物体内有生物活性，以天然成分存在于微生物、植物和动物体组织中。

L-肉碱又称肉毒碱，是一种广泛存在于肝脏器官中的水溶性氨基酸，它性能稳定，能耐200℃以上高温。是B族维生素类似物，曾被称为维生素B_T。肉碱性质类似胆碱，常以盐酸盐的形式存在。成年动物能在肝脏、肾脏、脑、心等器官中利用1分子赖氨酸和3分子蛋氨酸，并在烟酸、抗坏血酸、二价铁离子及相关酶的作用下合成1分子L-肉碱。但对幼体动物来说，自身合成量不能满足需求，必须由外源添加。

作为饲料添加剂的L-肉碱一般为工业产品，其生产方法主要有提取法、酶转化法和微生物发酵法。

① 基础饲料中的含量：L-肉碱广泛存在于自然界，是动物、植物和微生物的基本成分。在植物性饲料干物质中的含量较低，大约为10mg/kg，在动物性饲料中的含量大多在100mg/kg以上，高者达1000mg/kg。哺乳动物骨骼肌、心肌和附睾中含有大量的L-肉碱，体内L-肉碱90%以上存在于骨骼肌中。而植物性和动物性脂肪中均不含L-肉碱。

② 主要生物学功能：主要是参与长链脂肪酸的转运和β-氧化作用，携带长链脂肪酸通过线粒体膜；另外，还有利于排出体内过量酰基，防止机体因酰基积累而造成代谢毒性；促进乙酰乙酸的氧化和调节生酮作用；在机体中能够刺激中链脂肪酸的氧化；参与缬氨酸、亮氨酸和异亮氨酸代谢的运输，促进支链氨基酸的正常代谢。因此，在饲料中添加L-肉碱对水产动物的作用是：提高水产动物的生长速度和成活率，降低饲料系数，提高饲料效率；提高水产动物蛋白质含量，降低体脂率，改善肉质；提高鱼类的繁殖率。

③ 在饲料中的添加量：饲料中肉碱的建议添加量为：鲤鱼、鳊鱼和罗非鱼100～400mg/kg，鲑鱼和鳟鱼300～1000mg/kg，鲇鱼300mg/kg。

8.小肽添加剂

过去的蛋白质营养理论认为，蛋白质必须完全水解为游离氨基酸之后才能被吸收利用，即蛋白质营养就是氨基酸营养。但近年来研究发现，按照理想的蛋白质模式配制的氨基酸混合物或低蛋白氨基酸平衡饲料饲喂给动物，并不能获得最佳生产性能和饲料利用率，动物对某些完整蛋白质或小肽有着特殊的需要。因而人们开展了对小肽的研究和推广。

① 小肽作为饲料添加剂的作用：一是可以替代部分抗生素：近年来不断研究发现，生物活性肽既有抗菌活性又有抗病毒活性，还可促进肠道内有益菌生长，提高消化吸收功能，因而是抗生素理想的取代者。二是改善饲料风味，提高饲料适口性，促进水产动物摄食。三是提高饲料转化率，促进生长。四是增强机体免疫力和抗病力。五是已成为动物生长的必需营养素。

② 小肽制品：目前，国内主要肽产品主要有：乐能肽，快大块，喂大块，肠膜蛋白粉，优补健——无抗原大豆小肽蛋白，小肽营养素，绿色饲料添加剂动物促长肽，复合氨基酸螯合物等。

【思考题】

1.名词解释：饲料添加剂

2.简述饲料添加剂的分类。

3.简述饲料添加剂的作用。

4.营养性饲料添加剂有哪些？

5.非营养性饲料添加剂有哪些？

技能训练七 常用饲料原料的识别与鉴定

【实验目的和要求】

通过本次实验使学生能对常见饲料原料进行正确识别和鉴定，同时对饲料原料的生产及销售情况有一个概括性的了解，为将来从事水产养殖事业和饲料生产工作打下良好的基础。

【实验材料】

1. 具备各种饲料原料标本、幻灯片或挂图。

2. 粗饲料、蛋白质饲料、能量饲料、青饲料、矿物质饲料、维生素饲料等标本或实物。

① 青干草、玉米秸、麦秸、稻草、花生壳、高粱壳、玉米芯、豆荚、树叶等。

② 鱼粉、肉骨粉、血粉、羽毛粉、豆饼（粕）、棉籽饼（粕）、花生饼（粕）等。

③ 玉米、高粱、大麦、小麦、燕麦、荞麦、大米、糙米、小米等。

④ 紫花苜蓿、青刈玉米、胡萝卜、甘蓝、瓜类、水花生、水葫芦等。

⑤ 食盐、肉骨粉、贝壳粉、石灰石粉、硫酸铜和硫酸亚铁等。

⑥ 维生素A、维生素B_1、维生素B_2、维生素D及复合维生素等。

⑦ 商品蛋氨酸、赖氨酸、防腐剂、抗氧化剂、着色剂等。

【实验内容】

1. 能够根据饲料的营养特点和来源将上述饲料原料进行分类，要求说出各类饲料的分类依据和营养特点。

2. 同种饲料要根据其各自的外观特征（个体形状、体积大小、外观颜色、生长部位）和加工方法等区分品种优劣和记忆品种名称。

3. 对所提供的饲料原料能够正确识别、鉴定后分别加以描述。

4. 提交实验报告。

第三章 饲料的配方设计

【学习指南】

本章从配合饲料的基本定义和分类入手，按照设计饲料配方的依据、原则和流程要求，设计全价配合饲料配方、预混合饲料和浓缩饲料配方。

全价配合饲料设计方法主要有手工计算法和计算机辅助设计方法两种。其中手工计算法主要有对角线法、代数法和试差法，以试差法实用性最强；计算机辅助设计方法作为我们了解内容，饲料厂家一般都有相应的专业配方软件。但考虑到专业配方软件设计要求精细、价格昂贵的特点，小型饲料厂、养殖场常使用微软Excel程序计算饲料配方。

为了简化配合饲料厂的工艺设备，提高生产效率，改善混合性能，满足中小型配合饲料厂的需要，保证微量组分的添加效果、安全性和配合饲料的质量，可将各种微量组分制成"由一种或多种微量活性成分，按一定比例配制、加到载体或稀释剂中制成均匀混合物"，再加到配合饲料中，这种混合物就是添加剂预混合饲料。

浓缩饲料是以蛋白质、微量矿物元素、维生素和其他添加剂组成的营养成分较高的一种配合饲料的中间产品，除能量值较低外，其他营养成分都很丰富。因此，浓缩饲料很适合于那些能量饲料有丰富来源的小型饲料厂，购买浓缩饲料配成全价饲料后投喂给水产动物，同时也适合当地养殖专业户使用。

【教学目标】

1. 掌握配合饲料的基本定义和分类。
2. 明确设计饲料配方的依据、原则和基本流程。
3. 掌握使用代数法、对角线法、试差法进行饲料配方设计的方法与步骤。
4. 能够明确用Excel进行饲料配方设计的方法与步骤。
5. 熟悉添加剂预混合饲料、浓缩饲料配方设计的方法与步骤。

【技能目标】

1. 能运用对角线法选择几种饲料原料进行简单的配合饲料配方的设计。
2. 能运用Excel程序计算饲料配方。
3. 能进行添加剂预混合饲料的配方设计。
4. 能进行浓缩料的配方设计。

第一节 饲料配方设计的基础知识

一、配合饲料的定义和分类

1.配合饲料的定义

我国的水产养殖尽管历史悠久，但在20世纪以前，水产养殖主要用传统的办法，依靠施肥、使用单一的饲料原料或低值的鱼、虾、贝类为饲料进行养殖。据统计，我国每年直接用于水产养殖的饲料原料高达3000万t，其中鲜杂鱼、虾达400万t，如折合成蛋白质计算，则是用1kg饲料蛋白换取1kg鱼肉。这是对我国有限资源的巨大浪费，是对我国脆弱养殖环境的无情摧残。在水产养殖中直接使用饲料原料或低值鲜杂鱼、虾作饲料，是养殖环境污染和病原传播的重要途径，是无公害饲料生产的主要障碍。同时，在这样环境条件下养殖的产品，也将对我们的食品安全构成严重威胁。

简单地将几种饲料原料混合在一起，制成的饲料称为混合饲料，这是一类与配合饲料相似而又不同的饲料，相似之处是由多种单一饲料组成；不同之处是没有经过严格的科学配方设计，其营养成分不能满足养殖动物的生理需要；但一般来说，其营养价值及经济效益比单一饲料要高得多。混合饲料通常是为粗放养殖的草食性与杂食性水产动物生产的，它所含有的营养组分不能完全满足水产动物的营养需要，摄食混合饲料后，水产动物还得在生长环境中寻找其他食物来补充混合饲料中的不足营养素。

配合饲料不是简单地将多种饲料原料进行混合，而是以水产动物的营养研究、饲料分析与评价为基础，结合不同养殖方式、不同的水体环境、养殖目的及养殖生产中积累的经验等，用科学合理的配方计算方法设计各种原料的比例，然后以科学的生产工艺流程配制加工而成的一种工业化的商品饲料。因此说，配合饲料是根据动物的营养需要，将多种饲料原料按一定比例均匀混合，经加工而成一定形状的饲料产品。由于养殖对象不同，生长阶段不同，所需要的配合饲料，从营养成分到饲料形状和规格等都会有所不同。配方科学合理，营养全面，完全符合动物生长需要的配合饲料，特称为全价配合饲料。通常人们所说的配合饲料指的就是全价配合饲料，水产动物采食适量的全价配合饲料后，无需再由其他食物提供任何营养物质。

2.配合饲料的分类

水产动物配合饲料按产品的物理形态和制作方式可分为粉状饲料、颗粒饲料和微粒饲料等多种。

（1）粉状饲料　粉状饲料是细粉状的商品性水产饲料，主要用于饲喂鳗鲡、河豚、鳖和某些鱼类的幼体。将选择的多种饲料原料粉碎到一定粒度（许多粉末水产饲料要求产品中各组分能通过网目尺寸为0.25μm的检查筛，用于饲喂幼小水产动物的粉状饲料要求通过网目尺寸为0.18μm或0.15μm的检查筛），按配方比例充分混合后进行包装。使用时将粉状饲料加适量的水和油充分搅拌，形成具有强黏结性和弹性的团块状饲料或软颗粒饲料。根据饲喂水产动物的不同种类和不同的生长期采用不同的加水量，一般加水量为粉末饲料重量的70%～200%。对同种动物而言，生长前期加水量高于生长后期。在加水的同时，将油脂加入，有必要时将部分添加剂及药物等一并加入，也可将打成糜浆的鲜鱼、瓜果、蔬菜等加入粉状饲料中一起混合成团。由于粉末饲料以团块状使用，因此要求粉末饲料具有成团后在水中不易溶散的物理特性。

中国、日本等国采用粉状饲料养殖鳗鲡。虽部分养殖场尝试用颗粒饲料饲喂鳗鲡，但因效果不良，至今未全面推广。将粉末饲料加水和油搅拌成团后，分成几千克至十几千克的团块投入鳗鲡池内的食篮中。食篮悬挂在近水面的水中，由钢筋或尼龙绳编织而成，编织材料间的孔隙足以供鳗鲡自由进出，但可将饲料团挡在篮内。鳗鲡围着饲料团，由外向里逐口咬下。

饲喂河豚的饲料在加工方式和使用方式上与鳗鲡的饲料相似，只是以较小的团块投入食篮。供河豚采食的食篮采用较密的编织物，将食篮沉至较深的水下，河豚从上方进入食篮采食。

鳖喜食质地柔软、水分含量高的饲料。将粉末饲料加水等搅拌成团后，做成几十至几百克重的小团块，或将饲料团用螺杆式软颗粒机制成直径3～5mm的软颗粒。小团块或软颗粒放在食台上供鳖采食。

在一些饲养场地，粉状饲料还被用于幼虾、幼蟹及鲟鱼、香鱼等特种水产动物的养殖。粉状饲料使用前加入了大量的水，使养殖动物接触的饲料柔软、适口，易于为动物接受。但粉状饲料的价格较高，常用于经济价值较高的水产动物养殖。

（2）颗粒饲料　一般呈短棒状，颗粒直径根据所喂鱼、虾的大小而定，一般为：鱼饲料2～8mm，虾饲料0.5～2.5mm，长度为直径的1～4倍。依加工方法和成品的物理性状可分为以下几种。

① 软颗粒饲料　软颗粒饲料可利用渔场资源就地生产，就地使用。采用渔场丰富的鲜杂小鱼或鱼品加工厂中的鱼内脏、鱼皮、鱼头尾等鱼体废弃物为主要蛋白质原料，配以适量的能量饲料、维生素和矿物质原料，混合成含水量在25%～30%的湿粉料后用成型机制成颗粒饲料。这种颗粒饲料因含水量高而呈柔软状，故称为软颗粒饲料，其颗粒密度为1g/cm³左右，水中稳定性差，一般采用螺杆式软颗粒饲料机生产。

软颗粒饲料中的鲜杂小鱼活体废弃物未经其他处理，在常温下成型，营养成分无破坏，易被鱼体直接吸收利用。同时质地松软，具有鱼、虾所喜爱的鱼腥味，对鱼、虾引诱力强，适口性好。但软颗粒饲料水分含量高，运输、保藏都比较困难，投喂也较麻烦。同时，软颗粒饲料采用未经灭菌的鲜湿原料，增加了水产动物之间疾病传播的危险。

② 硬颗粒饲料　一般将密度为1.3g/cm³左右、水分含量在13%以下的颗粒饲料称为硬颗粒饲料。硬颗粒水产饲料以圆柱体型和不规则型为多，圆柱体的直径以1.5～5.0mm为多，长度为直径的2～3倍，小颗粒饲料的长径比较大，大颗粒的长径比较小。

硬颗粒饲料主要由环模压粒机或平模压粒机压制成，在蒸汽的作用及压模、压辊的挤压、摩擦作用下，物料相互紧靠、黏结。与模孔壁接触部位，受压和摩擦最为强烈，致使颗粒表面硬结。高质量的硬颗粒饲料结构紧密、硬实、表面光洁。投入水中后，表面硬结层能阻挡水向内部渗透，使颗粒有较好的水中稳定性，营养成分不易溶失。硬颗粒饲料的制作，机械化程度高，生产能力大，适宜大规模生产。由于配方和压制条件的不同，硬颗粒饲料的相对密度可在1.1～1.4内变化，投入水中后能较快地沉入水底，属于沉性饲料。

硬颗粒水产饲料的密度大于水，饲喂时能很快沉至水底，因而适用于虾、蟹等底栖性的水产动物。定时将硬颗粒沿养虾池或养蟹池池边投入浅水区域。在每个池中选1～2个观察点，观察点中安放细小孔眼的网兜，在沿池边均匀投料时网兜中也积存了硬颗粒饲料。投料2h后提出网兜，根据网兜中残料量的多少及网兜中虾胃的饱满程度，分析养殖虾的健康状况并决定下一次的投饲量。

硬颗粒水产饲料也被用于习惯在上层水域生活和采食的鱼。由投料机以较小的流量将硬颗粒投入池中。投料流量和投料的时间根据鱼体大小、水温、气候等情况进行调整。硬颗粒水产饲料在下沉的过程中被鱼食入。这种投料方式下，应使用密度较小的硬颗粒饲料，使饲料入水后能缓慢下沉，让鱼有更多的时间采食，以减少饲料的浪费。

在手工投料方式下使用硬颗粒水产饲料，需在养殖池水面下安放一食台。食台可随池水的涨落上下浮动，使食台与水面保持固定的距离。将硬颗粒水产饲料投放到食台上，习惯于上层水域活动的鱼在食台上采食。食台设于养殖池的固定点，经驯养后，在固定的投料时间前，鱼就会聚集到食台周围等待进食。

③ 挤压颗粒饲料　利用挤压机制造的水产颗粒饲料称为挤压颗粒饲料，挤压机以往被称为膨化机或挤压膨化机。在水产饲料中，由挤压机生产的浮性颗粒具有多孔结构，故又称为膨化颗粒。然而近几年中，挤压机又用于生产沉性颗粒饲料。在用挤压机制作沉性颗粒的过程中，物料不发生膨化，即挤压机在这种加工中不起膨化作用，故称其为膨化机或挤压膨化机不确切。采用挤压机制造的水产颗粒饲料，按投喂时在水中不同的状态或根据饲料膨化程度的高低，将其分为浮性颗粒饲料、挤压慢沉性饲料和挤压沉性饲料。可根据养殖模式和养殖对象制取不同大小、密度和形状的产品。挤压颗粒直径可在 1 ~ 6mm 的范围内选择。新型的挤压机可生产出直径为 0.5mm 的小颗粒饲料。

（3）微粒配合饲料　微粒配合饲料又名人工浮游生物，粒径通常在 1.0mm 以下。美国科学家自 20 世纪 60 年代率先进行这方面的研制和生产，日本在 70 年代开始这方面的研制和生产，我国 80 年代末才逐渐重视。

我国的水产苗种生产，长期以来主要采用培育单胞藻、强化浮游动物、添加半人工饲料（蛋黄、豆浆）等方法，来解决苗种幼体的开口饵料和幼体生长培育所需的饵料。自 20 世纪 80 年代以来，随着规模化养殖的发展，对水产养殖苗种生产要求提高，传统使用的生物活饵料，特别是卤虫卵，由于受自然环境的影响，生产不稳定，不仅在产量上已远远不能满足苗种生产需求，而且由于其价格昂贵，更是增加了苗种生产的波动性和风险。为此，国内有关的水产科学家也开展了微粒饲料的研究。

随着研究的深入，微粒饲料在营养和性状上越来越完善，其适口性、水中悬浮性和稳定性越来越好，特别是针对鱼、虾、蟹及贝类幼体的生长特性、营养需求，配制生产专用的微粒饲料，经过与轮虫、卤虫并用到完全替代轮虫和卤虫，微粒配合饲料的研究和应用取得了突破性进展。目前，微粒配合饲料可以单独使用，也可与浮游生物混合使用进行育苗生产，因此，微粒饲料具有广阔的应用前景。

① 作为微粒饲料应符合下列条件

a.原料经微粉碎，粉碎粒度能通过孔径 0.150mm（100 目筛）以上。

b.高蛋白、低糖，脂肪含量在 10% ~ 13%，能充分满足幼苗的营养需要。

c.投喂后，在水中饲料的营养素不易溶失。

d.在消化管内，营养素易被消化吸收。

e.微粒饲料颗粒的大小应与仔稚鱼（虾）的口径相适应（10 ~ 300μm）。

f.具有一定的漂浮性。

② 微粒饲料的生产　一般生产颗粒饲料的设备，难以生产粒径 1.5mm 以下的颗粒饲料，经过冷却后的大颗粒饲料用颗粒破碎机破碎后，可筛分成许多大小不等的碎粒或粗屑，以满

足饲养各种规格幼、稚鱼的需要。采用这样生产微粒饲料的方法，主要是由于由大颗粒破碎成小颗粒比直接挤压加工成小颗粒容易，且成本低。另外，呈多面体的碎粒和粗屑表面反射光线，对靠视力寻找食物的鱼来讲是一种诱惑，有利于提高摄食效率。

一般10g以下的鱼种，应选择粒径为0.5～1.5mm的破碎料进行投喂；10～15g的幼鱼，应选择粒径为1.5～3.0mm、粒长为4～5mm的柱状颗粒饲料进行投喂；50g以上的养成鱼阶段，应选择粒径4～6mm、粒长6～8mm的柱状颗粒料饲料投喂。

③ 微粒饲料的分类　按制备方法和性状的不同可将微粒饲料分为以下几种（图3-1）。

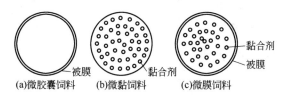

图 3-1　微粒饲料

（引自《水产动物营养与饲料学》）

a.微胶囊饲料（MED）：是一种液状、胶状、糊状或固体状等不含黏合剂的饲料原料用被膜包裹而成的饲料。所用被膜种类不同，所得颗粒性状也不同。这种饲料的稳定性主要靠被膜来维持。微胶囊饲料有微胶囊添加剂饲料和用于水产动物幼体的微胶囊开口饲料。

微胶囊饲料的粒径在几微米至几千微米之间。将饲料原料制成溶液、胶体、悬浮液或粉末状，而后在微液滴或微粉末外包以多聚膜。多聚膜的作用是防止营养成分在水中溶失，同时又能被消化酶所消化。在此微小的颗粒中含有两种材料：心材与壁材。心材：又称囊核，是饲料中具有主要效用的物质。如微胶囊添加剂饲料的心材为维生素、酶制剂或氨基酸等。微胶囊开口饲料的心材包含多种蛋白质、矿物盐、糖类、脂肪、防病抗病促生长剂等。心材有液体也有固体，也可固体、液体同处于一个微胶囊之中；壁材又称囊壁，处于微胶囊饲料的外层，用于包裹心材。壁材可以是一种材料，但大多由多种材料复合而成。壁材常是水产动物的良好营养物质。常用的壁材有明胶、阿拉伯胶、琼脂、骨胶原、糊精、蜂蜡、石蜡、海藻酸钠、海藻酸钙、淀粉、玉米蛋白、卵清蛋白、氢化牛脂、甲壳素、聚胺基多糖等。

b.微黏饲料（MBD）：是一种用黏合剂将饲料原料黏合而成的饲料。这种饲料的稳定性主要靠黏合剂来维持。微黏饲料将饲料原料微粉碎，然后按照苗种的营养需求进行配制混合，混匀后再加入稀释的黏合剂，充分搅拌混匀，干燥微粉碎过筛，制成粒径一般为50～300μm的微颗粒饲料。

微黏饲料依靠黏合剂将原料黏合在一起，以保持饵料的形状和在水中的稳定性，便于鱼、虾、蟹等幼体摄食，提高饲料利用效率，防止水质恶化。黏合剂应具有价格低、用量少、无毒性、来源广、加工简便，不影响鱼、虾等水产动物的幼体对营养物质的吸收和消化，黏合效果好、水中稳定性强等特点。常用的黏合剂有酪蛋白、玉米醇溶蛋白、海藻酸钠、卡拉胶、琼脂、水骨胶、尼龙蛋白等。

c.微膜饲料（MCD）：是一种用被膜材料将微黏饲料包裹起来的饲料，依靠被膜和黏合剂共同维持饲料形状及保持其在水中的稳定性。粒径一般为10～300μm。被膜的成分一般为玉米醇溶蛋白、尼龙蛋白、卵磷脂等。将饲料原料制成溶液、胶体、悬浮液或粉末状，而后在微液滴或微粉末外包以多聚膜。多聚膜的作用是防止营养成分在水中溶失，同时又能被消化酶消化。

除了以上的分类方法，水产动物的配合饲料还可根据饲喂对象的种类不同划分为以下几种。鱼类配合饲料：包括鲤鱼、罗非鱼、鲂鱼、鲫鱼等专用配合饲料。甲鱼配合饲料：包括甲鱼开口饲料、幼甲鱼饲料、甲鱼育成饲料、亲甲鱼产前饲料、亲甲鱼产后饲料。河蟹配合饲料：河蟹开口饲料、幼蟹饲料及河蟹育成饲料。虾类配合饲料：包括虾类开口饲料及虾类育成饲料。其他特种水产饲料：包括牛蛙饲料、青蛙饲料、水貂饲料等。

另外，还可根据养殖对象的规格不同，将其划分为苗种配合饲料和养成配合饲料等。水产动物的摄食特点是，当它能吞食较大颗粒的饲料时，不选择小颗粒的饲料，因此，应根据水产动物口径的大小选择粒径适合的饲料。

二、设计饲料配方的依据和原则

1. 设计饲料配方的依据

设计配合饲料配方的主要依据：一是依据养殖对象的营养需求和饲养标准；二是依据饲料原料营养成分及其营养价值；三是市场原料供应状况及其价格成本；四是依据法规、法令等。

（1）依据养殖对象的营养需求和饲养标准

① 营养需求　养殖对象的营养需求是动物在适宜的环境条件下，正常、健康生长或达到理想生产成绩对营养物质种类和数量的最低要求，它是一个群体平均值，不包括一切可能增加需要量而设定的保险系数。进行配方设计时，应在营养需要中规定的营养定额基础上，根据具体情况考虑一定的保险系数。这些具体情况包括原料中某种营养成分含量虽高，但利用率低下。如玉米粉中维生素 B_2、维生素 B_5 含量虽较多，但多以结合态存在，难以被动物吸收利用；加工中某些营养成分的损失；养殖环境条件不理想，密度过大、水质恶化等。

制定这种营养需要的目的是为了使营养物质的需要量具有更广泛的参考意义。因为在最适宜的环境条件下，或同种动物在不同地区或不同国家对特定营养物质的需要量没有明显差异，这样就使营养需要量在世界范围内可以相互借鉴和参考。为了保证相互借鉴和参考的可靠性及经济有效地饲养动物，营养物质的需要按最低需要量给出。对一些有毒有害的微量营养素，常给出耐受量和中毒量。

饲料配方设计和饲料生产的目的是满足养殖动物生长繁殖等的营养需求。若饲料中营养物质含量过多会造成饲料浪费和养殖成本上升；若饲料中营养物质过少会影响养殖鱼、虾的健康和生产性能。因此必须充分考虑水产动物的营养需要特点（包括所需营养成分的种类、数量及相互间的比例），选择和搭配多种饲料原料，贯彻营养平衡的原则，设计合理配方。

② 饲养标准　养殖对象的营养需要、饲养标准与饲养要求是设计饲料配方的首要科学依据。根据养殖对象的营养需要、饲养标准与饲养要求进行饲料配方中原料的选择与组合以及营养浓度的计算，可以避免盲目性，有利于发挥饲料的营养作用，有利于发挥动物的生产潜力和降低生产成本。事实表明，饲养标准是设计饲料配方的首要科学依据。

根据大量饲养实验结果和动物生产实践的经验总结，对各种特定动物所需要的各种营养物质的定额作出的规定，这种系统的营养定额及有关资料统称为饲养标准。饲养标准常以表格形式出现，一个完整的饲养标准包括两部分，即动物营养需要量（营养定额数值）和常用饲料营养价值表以及一些附加的说明。营养定额是饲养标准中某一营养成分数量化的具体体现，是应用饲养标准时的主要参考部分。营养定额一般是以表格的形式列出每一种营养成分的具体数值，以方便查找和参考。

　　饲养标准中规定的营养物质定额是在特定条件下制定的，一般不适宜直接在动物生产中应用，常要根据不同的具体条件，适当考虑一定程度保险系数。其主要原因是实际动物生产的环境条件一般难达到制定动物营养需要所规定的条件要求。因此应用饲养标准中的定额时，认真考虑保险系数十分重要。

　　标准中规定的营养定额实际上显示了动物的营养平衡模式，按此模式向动物供给营养可使动物有效利用饲料中的营养物质。在饲料或动物产品的市场价格变化的情况下，可通过改变饲料的营养物质浓度，不改变营养物质间的平衡关系，而达到既不浪费饲料又实现调节动物产品量和质的目的，从而体现饲养标准与效益统一性的原则。

　　③ 饲养标准或营养需要的四个基本特性

　　a.科学性和先进性：饲养标准或营养需要是动物营养和饲料科学领域研究成果的概括和总结，高度反映了动物生存和生产对饲养及营养物质的客观要求，具体体现了本领域科学研究的最新进展和生产实践的最新总结。"标准"的科学性和广泛的指导作用无可非议。此外，总结、概括纳入饲养标准或营养需要中的营养、饲养原理和数据资料，都是以可信度很高的重复实验资料为基础，对重复实验资料不多的部分营养指标，在"标准"或"需要"中均有说明。表明"标准"是实事求是、严谨认真科学工作的成果。

　　随着科学技术不断发展、实验方法不断进步、动物营养研究不断深入和定量实验研究更加精确，饲养标准或营养需要也更接近动物对营养物质摄入的实际需要。

　　b.权威性：饲养标准的权威性首先是由其内容的科学性和先进性决定的。其次以其制定的过程和颁布机构的地位、作用看，也体现了权威性。饲养标准或营养需要不但是大量科学实验研究成果的总结，而且它的全部资料都要经过有关专家定期或不定期地集中严格审定，其审定结果又以专题报告的文件形式提交有关行政部门颁布。这样，不仅有权威性，其严肃性也是显而易见的。

　　我国研究制定的猪、鸡、牛和羊等的饲养标准或营养需要，均由农业部颁布。世界各国均由该国的有关权威部门颁布，其中有较大影响的饲养标准有：美国国家科学研究委员会（NRC）制定的各种动物的营养需要，英国农业研究委员会（ARC）制定的畜禽营养需要，日本的畜禽饲养标准等。它们都颇有代表性，并且各有特点，值得参考。

　　c.可变化性：饲养标准不可能一成不变。就"标准"本身而言，它不但随科学研究的发展而变化，也随实际生产的发展而变化。变化的目的是为了使饲养标准规定的营养定额尽可能满足动物对营养物质的客观要求。就应用"标准"而言，仅起着指导饲养者向动物合理提供营养物质的作用。不能一成不变地按饲养标准的规定供给动物营养，必须根据具体情况调整营养定额，认真考虑保险系数。只有充分考虑饲养标准的可变化性特点，才能保证对动物经济有效的供给，才能更有效地指导生产实践。

　　d.条件性和局限性：饲养标准是确切衡量动物对营养物质客观要求的尺度。饲养标准的产生和应用都是有条件的，它是以特定动物为对象，在特定环境条件下研制的满足其特定生理阶段或生理状态的营养物质需要的数量定额。但在动物生产实际中，影响饲养标准和营养需要的因素很多，诸如同品种动物之间的个体差异，各种饲料的不同适口性及其物理特性，不同的环境条件，甚至市场经济形势的变化等，都会不同程度地影响动物的营养需要量和饲养标准。这种饲养标准产生和应用条件的特定性和实际动物生产条件的多样性及变化性，决定了饲养标准的局限性，即任何饲养标准都只在一定条件下、一定范围内适用，切不可不问时间、地点、条件生搬硬套。在利用饲养标准中的营养定额拟订饲粮、设计饲料配方、制订饲养计划等工作中，要根据不同国家、地区、不同环境情况和对养殖动物生产性能及产品质量的不同要求，对饲养标准中的营养定额酌情进行适当调整，才能避免其局限性，增强实用性。

总之，我们既要肯定由饲养标准的科学性、先进性所决定的"标准"的普遍性，即其在适用条件和范围内的普遍指导意义，又要看到条件差异形成的特殊性，在普遍性的指导下，从实际出发，灵活应用饲养标准，只有这样，才能获得预期效果。

（2）依据饲料原料营养成分及其营养价值　不同的饲料原料具有各自的特点，除包括其营养成分含量及其营养价值不同外，还包括加工特性、适口性、有毒有害物质含量、配伍特性、氨基酸平衡程度等。按配方生产的配合饲料，必须是养殖对象适口、喜食、并在水中稳定性好、吃后生长快、饲料效率高的饲料，要做到这一点，除必须掌握饲料原料的各种理化特性外，还必须熟悉常用饲料原料的使用量和使用注意事项。如菜（棉）籽饼粕、麦麸、草粉等原料，粗纤维含量较高，结构疏松，不利于制粒，若在草食性鱼类的饲料中应用了较多的上述原料，则应结合使用一定量的淀粉质原料，也可考虑添加适量膨润土以增加颗粒黏结性和水中稳定性。鳗鱼、甲鱼使用粉状饲料，使用时再调成面团状，因此必须使用粗纤维含量低的原料，并选用黏结性能较好的α-淀粉。

设计饲料配方，并不是简单地将多种饲料原料拼凑起来满足饲养标准或饲料营养标准中规定的各种营养物质数量，它还应包括满足动物的饲养要求，例如适口性、可消化性、饲料容积、不损害动物健康等。而且，按饲料配方去生产的饲料产品，应该加工方便，耗能耗资少，有一定的耐储存性能和水中稳定性，对水产品质量无不良影响等。要做到这些，必须掌握所用原料的营养成分及其特性。我国已建成较为完善的饲料数据库，大部分常用饲料原料的营养成分含量均可从中获得；由于实际条件的千差万别，即便同一种原料，因产地环境条件、收获时间、加工方式、储存时间等的不同，其营养成分含量也会有较大差异。因此，有条件的厂家，最好能自行测定每批原料的主要营养成分。

《中国饲料数据库》中列出了主要营养成分含量，这些营养成分总含量的数据对于畜禽、水产饲料均适用，但其中的有效能、有效氨基酸等数据则只适用于畜禽。目前我国尚缺乏一套针对水产动物的有效营养成分数据。

（3）依据市场原料供应状况及其价格成本

① 市场原料供应状况　饲料原料是设计饲料产品配方的物质基础。不了解原料供应状况，搞纸上谈兵的配方设计，往往不能形成产品。为了使产品配方设计尽可能少地受原料供应的限制，原料供应状况的市场调查要尽量做细些。调查的主要内容包括：a.市场上现有原料的种类与供货渠道，尤其是当地的原料品种、质量、来源、库存等；b.原料的价格以及不同供货渠道的价格差异；c.原料质量、质量稳定性与保质期等；d.原料的数量与供货稳定性；e.稀有原料的来源与可开发的途径等。

② 市场需求　市场需求是配合饲料产品配方设计最根本的出发点。市场需求分现实需求和潜在需求两种，既不放过前者，又要瞄准后者，这才是开发配合饲料新产品的明智决策。针对目标市场情况进行有针对性的产品设计才可能得到良好的回报。因此，在设计配方之前必须调查了解以下市场情况：

a.用户饲养水产动物的种类与品种及养殖规模；

b.水产动物应有的生产潜力和当前的实际生产水平；

　　c.水产动物的饲养管理方式与现有饲养管理设备条件;

　　d.目前所用配合饲料的来源、质量、价格、需求量以及饲用效果;

　　e.水产动物生产中遇到的问题(包括资金、苗种、饲料、设备、环境与疾病等),解决的办法和受到的危害,以及水产动物生产的发展方向;

　　f.用户的饲养习惯、思想观念、经济状况、技术水平及经营管理水平;

　　g.用户对配合饲料产品的需要与意见等。

　　通过上述调查,可了解使用饲料用户的现实需要,分析其潜在需求,同时又为设计饲料产品配方掌握必需的有关水产动物生产条件的第一手资料,以及同类产品的相关信息。

　　③ 同类产品状况及其价格成本　了解市场上主要同类配合饲料产品的配方、工艺、质量、价格成本、销售方式、使用效果、产品特点和信誉等情况及发展趋势,学他人之长,建立自己的特色,以提高产品的市场竞争力。同时,应将收集此项资料与市场调查结合起来进行。

　　(4)法律法规及行业标准　饲料的质量不仅指营养质量,还有卫生质量、加工质量、感观性状、饲用效益等内容。为此,许多国家相继制定了饲料法规以及带辅助性质的由国家行政机关制定和颁布执行的饲料质量管理文件。这些都具有法律权威性和强制施行性,是各饲料企业必须遵照执行的,所以也是设计配合饲料配方的依据之一。

　　目前,我国已经颁布了一系列行业标准,以保证饲料原料、饲料产品和养殖动物产品的安全性。水产饲料配制过程中应执行的有关安全卫生方面的行业标准有:《食品动物禁用的兽药及其他化合物清单》(农牧发〔2002〕1号)、《饲料卫生标准》中华人民共和国国家标准(GB 13078—2001)、《无公害食品　渔用药物使用准则》中华人民共和国农业行业标准(NY 5071—2002)、《无公害食品　渔用配合饲料安全限量》中华人民共和国农业行业标准(NY 5072—2002)等,这些都是配方设计者必须遵照执行的。

　　2.设计饲料配方的原则

　　进行饲料配方设计时应遵循科学性、实用性、经济性和卫生安全性原则。

　　(1)科学性　科学性是配方设计的基本原则。饲料配方的科学性体现在营养标准的科学合理,尤其是各种营养指标比例的平衡,使全价饲料配方真正具备全价性、营养全面的特点;能充分发挥动物生产的遗传潜力,同时,最大限度地提高饲料营养的转化利用效率。饲料配方的科学性体现在配方设计中能吸收运用动物营养与饲料领域的新知识、新成果,除考虑一般性营养指标外,还应考虑各种微量营养指标;除考虑水产动物本身因素外,还应考虑环境因素、饲养方式等因素;并且对已有的饲料配方,设计者也能根据新知识进行修正。

　　(2)实用性　实用性即生产上的可行性原则。设计的饲料配方不能脱离生产实践,在养殖生产中要用得起,用得上,用得好。要做到这一点,就必须对饲料资源状况、生产条件和市场情况做充分的调查和了解。只有根据供方(原料供应、生产条件)和需方(市场需求)的具体情况,如产品的档次、市场定位、客户范围以及特点需求等,进行系列配方设计,生产出质优价廉的各种配合饲料,并做好售后服务和信息反馈,随时加以修正,解决实际生产中的问题,才能体现出配方设计实用性的价值,也才能使设计的饲料产品占有更大的市场份额。

　　(3)经济性　经济性即同时考虑经济效益和社会效益。配合饲料在追求高质量的同时,往往会付出成本上的代价,配方设计必须在这两方面之间进行权衡。用于生产的饲料配方必须在经济上合理，才能使饲料生产企业和养殖企业均有经济效益，促进饲料工业和养殖业的共同发展和进步。经济性原则要求根据原料的供应状况及其成本进行饲料原料的选择。确定原料价格时，要明确原料价格是库存价格还是市场价格，是预测价格还是平均价格。根据价格变化及时调整配方，这样可以降低配方成本。组成配方的原料一定要因地制宜，就地取材，尽量选用营养丰富、价格低廉的饲料原料来配制，这样可以减少运输和储藏环节，节省人力和物力，降低成本。此外，不能为了谋求较高的经济效益而损害社会效益，如高铜饲料和高磷饲料会污染环境，带来严重的环境灾难，最终损害的是自己的利益。

（4）卫生安全性 安全性是第一位，没有安全性作前提，也就谈不上科学性、实用性和经济性。水产动物食品的卫生安全，很大程度上依赖于饲料的安全，而饲料安全是设计配方时必须考虑的，要严格禁止使用有毒有害的成分于配方中。进行配方设计所选用的各种饲料原料包括各种添加剂必须安全当先，对养殖动物乃至人体必须是安全的。各种违禁的饲料添加剂、药物和生长促进剂不能用于配方中；发霉变质、受微生物污染的原料、未经科学试验验证的非常规饲料原料也不能使用；对于含有有毒成分的饲料原料如菜籽粕、棉籽粕等要注意限量使用。

同时，我国已经颁布了一系列法规、法令，以保证饲料原料、饲料产品和养殖动物产品的安全性。所有饲料加工生产企业和养殖企业必须遵照执行。

三、饲料配方设计流程

设计饲料配方不是一蹴而就、一劳永逸的工作，而是一项需要在理论研究、饲料成分分析、饲养试验及市场论证等诸多方面，不断地分析总结，对饲料配方进行修改完善的艰巨工程。为了实现符合要求的效益养殖，饲料配方设计流程可以大体归纳如下。

1.了解及研究养殖对象

一个好的饲料配方必须是针对性强的配方，因此，首先必须确定养殖对象，然后才能明确养殖对象的营养需求，制定出符合养殖对象的营养标准。养殖对象的营养标准，是通过对养殖对象营养生理的试验和研究，得出的不同种类、不同生长阶段以及不同环境条件下对多种营养物质的不同需要量，是多次试验和研究结果的一个平均值。水产养殖发展到现在，一些养殖历史悠久的鱼类如鲤鱼的营养标准已经研究得非常清楚，可以直接应用。而饲养标准是指在营养标准的基础上，结合生产实践经验和饲养目的等，合理制定的供给单位体重的养殖对象，每日所需的能量和各种营养物质的数量。必须说明的是，饲养标准只是最低标准，实际生产中可以在此基础上酌情添加。在设计配方时，应根据具体生产实际，全面分析各有关因素，对所选饲养标准灵活掌握，拟订一个符合实际生产条件的实用饲养标准或营养标准。

从1940年开始，美国国家科学研究委员会就制定了养殖动物的营养需求，并且，随着水产养殖各方面研究的不断深入，营养需求的数据也在不断升级、更新。其中，斑点叉尾鮰、虹鳟等方面的资料非常详细，可供参考查阅。除上述来源外，鱼类的营养需求还可以参考自己掌握的实践经验、实验结果以及他人的实践经验、实验结果或育种公司推荐的营养水平等制定。与传统饲料配方不同的是，效益饲料配方技术更加强调饲料营养物质的实际养殖效益，即更加注重单位养殖水产品的经济和社会效益均衡时最适营养物质的浓度。效益饲料最适营养浓度的确定，是在国外饲养标准（如美国NRC标准）或国内饲养标准（如农业部推荐标准）的基础上，综合考虑水产品品质与其他生产要求、养殖模式的不同、原料资源的差异、水产品最佳上市时机、产品的特异功能性、病害的暴发趋势以及对养殖环境的影响等多方面影响养殖综合效益的因素，来确定水产品的适宜营养需求量，选择最适原料、计算饲料配方，最终得到经济和社会效益的平衡，实现水产养殖的可持续发展。

养殖对象确定以后，只有充分挖掘该养殖对象生物学知识方面给我们带来的信息，才不至于使制定的饲料配方出现较大偏差。

（1）食性对配方的提示　食性主要是定性确定饲料中粗蛋白含量以及糖类含量。一般来说，肉食性鱼类饲料中粗蛋白含量一般在40%～45%，杂食性鱼类饲料粗蛋白含量在30%左右，草食性鱼类饲料粗蛋白含量一般低于30%。同时，鱼类对糖的利用率也依其食性不同而异。肉食性鱼类对糖的利用率最差，杂食性鱼类次之，草食性鱼类最高。

（2）养殖鱼类所适宜的水温对配方的提示　依此可以定性确定饲料中粗脂肪含量。一般来说，冷水性鱼类饲料中粗脂肪含量在15%～20%，温水性鱼类在6%～10%，热带鱼类在3%～5%。而且，冷水性鱼类饲料中高度不饱和脂肪酸含量要高于温水性鱼类。

（3）养殖鱼类的运动性对配方的提示　运动性主要用来确定饲料中能量的水平。运动性强的鱼类饲料中能量水平应高于运动性弱的鱼类，这样才能节约蛋白质，提高生长速度。运动性强的鱼体内磷的代谢量加大，因此饲料中有效磷含量以及一些作为辅酶的维生素水平都应适当提高。另外，运动性强的鱼类血红素含量高一些，因此，作为血红素组成之一的铁应该适当增加一些，铜和钴的含量也应该适当提高。

（4）养殖鱼类的生长阶段对配方的要求　要求苗种阶段饲料中蛋白质含量和脂肪含量要高于成鱼和亲鱼阶段。同时矿物质、维生素的添加要跟上，以便更好地发挥苗种快速生长时各种酶的活性。再者，苗种的消化器官和功能尚未完全发育成熟，因此，饲料原料的消化率应该比成鱼的高才好。亲鱼需要储存物质和能量来完成精子、卵子发育成熟过程。因此，应该在成鱼营养需要基础上适当提高蛋白质、脂肪含量，特别是适当提高卵磷脂的含量。

（5）养殖鱼类的生理状态对配方的要求　应激状态和疾病状态时，饲料中蛋白质含量应该略微调高，能量水平适当提高，以满足鱼类额外支出的、用于抵抗外来应激和病原体侵袭的能量需求。

此外，为了更科学地确定水产动物的营养需要，还要了解养殖方式和养殖环境等内容；同时也要了解养殖对象的摄食器官、摄食方式和生活习性等生物学特征，为饲料原料的选用及饲料加工的粉碎细度、加热温度、成品形状及颗粒密度等加工参数的确定提供参考。

2.了解、分析饲料原料

饲料原料的选择、原料的质量对配合饲料的质量具有重要作用。许多配合饲料质量问题是由饲料原料引起，要想成为一个优秀的饲料配方师，除了广泛积累各种养殖水产动物的营养需求外，还要了解或分析所选用饲料原料的营养成分组成及有毒、有害物质的种类和含量，要对原料的营养成分含量及其营养价值做出正确的分析评估。就某一水产养殖品种，要熟悉所用饲料原料的基本用量与最高限量，以便进行合理搭配，发挥原料间的互补性，从而提高动物对饲料的利用率。此外，还需对饲料原料的等级、适口性（口感、味道）、加工特性（韧性、脆性、易混合性等）、供给状况及价格因素等进行调查和了解，以增大所设计配方的可行性。如原料价格会随季节、供需状况等而有所变动，但品质也是左右价格的主要因素，切不可只注意价格而忽视品质，要挑选物美价廉的饲料原料。

3.用科学的计算方法求解饲料配方

配方求解的过程，利用手工计算和借助简单的计算器等工具进行配方计算时，考虑的限制条件少，所达到的目标必然不多，计算出来的配方的实用性、满足水产动物营养需求的程度也较差。未知数多，限制条件多，达到的目标也多，需要选用科学的数学方法进行运算求解。目前，大量生产中均借助计算机和特定的配方设计软件来完成配方的求解计算过程。当前，饲料界普遍采用的是最低成本饲料配方模型，也是最基本的配方模型，以单位（kg或t）饲料成本最低为目标函数，在已知原料营养成分和给定的饲料原料市场价格情况下，根据线性规划原理，借助计算机求解满足所设定的约束条件下的"最佳"饲料配方。

4.根据配方组成，确定科学合理的加工技术

就水产配合饲料质量而言，如果说饲料配方设计是关键，饲料原料质量是基础，那么，加工技术则是保障。一个好的饲料配方需要经过合理的加工生产来实现其良好的养殖效果。例如根据养殖对象的消化生理特点，确定原料的粉碎细度；根据养殖对象的口径大小和摄食习性，确定加工产品的粒径和密度等；根据饲料原料营养物质的特性，确定加工中的压力大小、温度高低等加工参数，从而正确选用恰当的加工设备和加工工艺流程。

5.进行饲养试验

饲养试验是低成本和低风险地对饲料配方进行实践检验的方法，条件较好的企业都要进行饲养试验。产品的实际饲养效果及经济效益是评价配方科学合理、经济实用的重要标准。分析饲养结果，对比数据、方法和措施，查找原因进行修整和完善，直至满意为止。随着社会的进步，配方产品的安全性、最终的环境和生态效应也将作为衡量配方质量的尺度之一。

6.及时改进和完善配方

进行规模生产后，及时收集产品使用中的反馈信息和市场需求等，对配方做出合理的调整。利用某一配方生产的产品，在大面积使用中的结果可能与饲养试验中所得的结果有偏差，加之原料品质在使用和储存过程中也会随时发生变化，人们对产品的质量要求会随生产发展、科技进步而越来越高，所以，及时改进和完善饲料配方是必需的，也是必要的。

第二节　全价配合饲料的配方设计

饲料配方技术是动物营养与饲料学同近代应用数学相结合的产物，是实现饲料合理搭配，获得高效益、低成本饲料配方的重要手段。尤其是计算机技术的发展和普及，越来越多的饲料生产企业采用电脑配方软件来优选饲料配方，这对降低动物生产成本、提高配合饲料质量、促进饲料工业和养殖业的发展将起到巨大的推动作用。

饲料配方的设计方法主要有手工计算法和计算机辅助设计方法两种。手工计算法是依据动物营养与饲料学的基本知识和简单的数学运算，计算配方中各种饲料的配合比例，一般先满足配方中能量和蛋白质的水平要求，后满足钙、磷等其他成分的水平，氨基酸不足部分由合成氨基酸补足。常见的有交叉法（方块法）、代数法和试差法等。手算法设计过程清晰，可充分体现设计者的意图，是计算机设计配方的基础。但当饲料种类及所需考虑的营养指标较多时，该方法运算量大，速度慢，计算过程繁杂，往往需进行反复调整。

我国从20世纪80年代中期开始较为普遍地应用计算机技术、运筹学及线性规划方法设计配合饲料配方。计算机配方通过线性规划或多目标规划原理，可在较短时间内，快速设计出营养全价且成本最低的优化饲料配方。目前，我国在线性规划最大收益饲料配方设计、多目标规划饲料配方设计及"专家系统"优化饲料配方设计的软件研究与开发方面已取得了很大进展。现在已有很多软件供计算机设计配方使用，使用时只要输入有关的营养需要量、饲料营养成分含量、饲料价格以及相应的约束条件，即可很快得出最优饲料配方。线性规划法是饲料配方设计的发展趋势。

尽管计算机配方技术日益普及，但手工计算法在水产动物生产中，如一般养殖场（户）及中小型饲料加工企业仍普遍采用。

无论哪种设计方法，在设计之前都应首先掌握必要的资料，一是饲料配方要满足的营养指标；二是养殖对象的饲养标准；三是各原料的营养特性、原料来源及市场价格等；四是添加剂预混合饲料的使用量等。下面分别加以介绍。

一、手工计算法

1.对角线法

对角线法又叫方块法，也称交叉法、正方形法等，是直观易懂、简单易行的一种手工计算方法，在考虑营养指标少且原料种类不多的情况下，可采用此法。该法是把多种原料分成2～3组（即蛋白质饲料原料组、能量饲料组、预混合饲料组），每种原料在同一组中的比例也是预定的（根据生产实践经验），再求得每一组原料在配方中应占的比例，最后按原定的每种原料在本组中的比例，计算出饲料配方。

【案例分析1】

某养殖场应用上海鱼粉、豆饼、玉米、大麦、米糠、次面粉、矿物质混合盐预混合饲料及维生素添加剂预混合饲料为团头鲂成鱼设计配合饲料配方。其步骤如下。

第一步，依据草鱼营养需求，确定其饲料粗蛋白含量为28%，再查饲料营养成分表（有条件的可实际测定），各原料的粗蛋白含量为：上海鱼粉60%，豆饼37.4%，玉米9%，米糠13.6%，大麦10%，米糠13.6%，次面粉14.2%，添加剂预混料不含蛋白质。

第二步，根据粗蛋白含量的不同，将上述各原料划分为蛋白质饲料和能量饲料及添加剂三组，根据各原料的现有数量、理化特性及市场价格等确定其在同一组饲料中的百分比，并计算出各组饲料的粗蛋白含量，见表3-1。规定矿物质添加剂、维生素添加剂占最终饲料配方的比例分别为2%和1%。

表 3-1　各类饲料的蛋白质含量

蛋白质饲料	初拟蛋白质饲料中的粗蛋白含量	粗蛋白含量合计
鱼粉	40%×60%=24.00%	
豆饼	60%×37.4%=22.44%	46.44%
能量饲料	初拟能量饲料中粗蛋白含量	粗蛋白含量合计
玉米	30%×9%=2.70%	
大麦	25%×10%=2.50%	
米糠	15%×13.6%=2.04%	11.50%
次面粉	30%×14.2%=4.26%	
添加剂预混料	初拟添加剂预混料占配合饲料的百分比	预混料总量
矿物质混合盐预混料	2%	
维生素添加剂预混料	1%	3%

第三步，把不含粗蛋白的添加剂从预配制的配合饲料中除去，再核算余下的配合饲料中粗蛋白的含量。即假定配制100kg的配合饲料，添加剂占3%，余下的97kg饲料中，含蛋白质的量为28kg，其粗蛋白百分含量为：28÷97=28.87%。

第四步，画对角线，把能量饲料组和蛋白质饲料组的粗蛋白含量分别写于左上角和左下角，由两组饲料构成的配合饲料的粗蛋白含量写于中间，连接对角线，顺对角线方向，大数减小数，将差数分别写在右上角和右下角，再计算两大类饲料在配合饲料中应该占的百分含量。

能量饲料：$\dfrac{17.57}{17.37+17.57}\times100\%=50.29\%$

蛋白质饲料：$\dfrac{17.37}{17.37+17.57}\times100\%=49.71\%$

第五步，分别计算出各饲料原料最终在全价配合饲料配方中所占的配比。

玉米：	97%×50.29%×30%=14.63%
大麦：	97%×50.29%×25%=12.20%
米糠：	97%×50.29%×15%=7.32%
次面粉：	97%×50.29%×30%=14.63%
鱼粉：	97%×49.71%×40%=19.29%
豆饼：	97%×49.71%×60%=28.93%
矿物质混合盐预混料：	2.00%
维生素添加剂预混料：	1.00%
合计：	100%

【案例分析2】

某养殖场应用国产鱼粉、豆饼、玉米、米糠、麸皮、三等粉（次粉、黑粉、黄粉）、矿物质及维生素添加剂预混料为草鱼成鱼设计配合饲料配方。其步骤如下：

第一步，依据草鱼营养需求，确定草鱼成鱼的配合饲料粗蛋白含量为25%，实际测定各原料的粗蛋白含量为：鱼粉48%，豆饼40%，玉米9%，大麦10%，三等粉17%，添加剂预混料不含蛋白质。

第二步，根据粗蛋白含量的不同，将上述各原料划分为蛋白质饲料和能量饲料及添加剂三组，根据各原料的现有数量、理化特性及市场价格等确定其在同一组饲料中的百分比，并计算出各组饲料的粗蛋白含量，见表3-2。规定矿物质添加剂、维生素添加剂占最终饲料配方的比例分别为2%和1%。

表3-2　各类饲料的粗蛋白含量

蛋白质饲料	初拟蛋白质饲料中的粗蛋白含量	粗蛋白含量合计
鱼粉	30%×48%=14.4%	
豆饼	70%×40%=28.0%	42.4%

续表

能量饲料	初拟能量饲料中粗蛋白含量	粗蛋白含量合计
玉米	40%×9%=3.6%	
大麦	30%×10%=3.0%	11.7%
三等粉	30%×17%=5.1%	
添加剂预混料	初拟添加剂预混料占配合饲料的百分比	预混料总量
矿物质混合盐预混料	2%	
维生素添加剂预混料	1%	3%

第三步，把不含粗蛋白的添加剂从预配制的配合饲料中除去，再核算余下的配合饲料中粗蛋白的含量。即假定配制100kg的配合饲料，添加剂占3%，余下的97kg饲料中，含蛋白质的量为25kg，其粗蛋白百分含量为：25÷97%=25.77%。

第四步，画对角线，把能量饲料组和蛋白质饲料组的粗蛋白含量分别写于左上角和左下角，由两组饲料构成的配合饲料的粗蛋白含量写于中间，连接对角线，顺对角线方向，大数减小数，将差数分别写在右上和右下角，再计算求得两大类饲料在配合饲料中应该占的百分含量。

能量饲料：$\dfrac{16.63}{16.63+14.07}×100\%=54.17\%$

蛋白质饲料：$\dfrac{14.07}{16.63+14.07}×100\%=45.83\%$

第五步，分别计算出各饲料原料最终在全价配合饲料配方中所占的配比。

玉米：	97%×54.17%×40%=21.02%
大麦：	97%×54.17%×30%=15.76%
三等粉：	97%×54.17%×30%=15.76%
鱼粉：	97%×45.83%×30%=13.34%
豆饼：	97%×45.83%×70%=31.12%
矿物质混合盐预混料：	2.00%
维生素添加剂预混料：	1.00%
合计：	100%

2.代数法

代数法又叫方程组法或解方程法。代数法适用于原料种类不多且考虑营养指标较少时的配方设计。通常是以原料营养成分含量为系数，以原料在配方中的比例为未知数，列出二元（或三元）一次方程组，并求解原料在配合饲料中比例的方法。

【案例分析3】

用鱼粉、豆饼、菜籽饼、次面粉、米糠、玉米、麸皮和添加剂预混合饲料设计一个粗蛋白含量为38%的配合饲料配方。

第一步，查饲料营养成分表或实测获得上述原料的粗蛋白含量依次为60%、37.4%、

36%、14.2%、13.6%、9%和16.1%。

　　第二步，将7种基础饲料划分为两组，即蛋白质饲料组和能量饲料组，并根据其特性、来源及市场价格及经验等确定每种饲料原料在所在组中的比例。然后计算出每组饲料的粗蛋白含量。

原料		所占比例	粗蛋白含量
蛋白质饲料	鱼　粉	20%×60%=12%	
	豆　饼	50%×37.4%=18.7%	41.50%
	菜籽饼	30%×36%=10.8%	
能量饲料	次面粉	30%×14.2%=4.26%	
	米　糠	20%×13.6%=2.72%	
	玉　米	20%×9%=1.8%	13.61%
	麸　皮	30%×16.1%=4.83%	

　　第三步，确定添加剂预混料占配合饲料的2%。扣除2%不含粗蛋白的添加剂预混料后，基础饲料配方中应含粗蛋白为：38%÷(100%−2%)=38.78%。

　　第四步，列方程：设蛋白质饲料占基础饲料配方的x，能量饲料占基础饲料配方的y，则得方程：

$$\begin{cases} x + y = 100\% \\ 41.5\% \times x + 13.61\% \times y = 38.78\% \end{cases}$$

　　第五步，解方程得：

$$\begin{cases} x = 90.25\% \\ y = 9.75\% \end{cases}$$

即蛋白质饲料和能量饲料分别占基础饲料配方的90.25%和9.75%。

　　第六步，计算各基础饲料原料占最终配合饲料的比例。

鱼　粉：98%×90.25%×20%=17.69%

豆　饼：98%×90.25%×30%=26.53%

菜籽饼：98%×90.25%×50%=44.22%

次面粉：98%×9.75%×30%=2.87%

米　糠：98%×9.75%×20%=1.91%

玉　米：98%×9.75%×20%=1.91%

麸　皮：98%×9.75%×30%=2.87%

【案例分析4】

　　已知下列原料及其粗蛋白含量分别为：鱼粉55%、豆饼45%、菜籽饼38%、大麦10%、麸皮15%、米糠18%，其中固定大麦的用量为16%，还要求有4%的矿物质和维生素添加剂，3%的菜油磷脂，请以上述原料为基础，设计一个粗蛋白含量为28%的鲤鱼成鱼饲料配方。

　　第一步，计算出固定成分的总量及粗蛋白含量。固定成分为大麦、矿物质和维生素添加剂、菜油磷脂，其总量为16%+4%+3%=23%，固定成分的蛋白质含量为16%×10%+0+0=1.6%。

第二步，把其余的原料分为蛋白质饲料和能量饲料两大类，并根据经验等人为规定其中各原料的比例，并求出蛋白质饲料和能量饲料两组饲料的蛋白质含量。蛋白质饲料中鱼粉占30%、豆饼占50%、菜籽饼占20%，则该蛋白质饲料的粗蛋白含量为55%×30%+45%×50%+38%×20%=46.6%；能量饲料中麸皮、米糠各占50%，则该能量饲料的粗蛋白含量为（15%+18%）×50%=16.5%。

第三步，列方程组求解，设蛋白质饲料组的比例为x，能量饲料组的比例为y，可得方程：

$$\begin{cases} x+y+0.23=1.00 \\ 0.466\times x+0.165\times y+0.016=0.28 \end{cases}$$

解方程组可得：

$$\begin{cases} x=45.5\% \\ y=31.50\% \end{cases}$$

第四步，整理配方，各原料在最终配方中的比例如下。

鱼粉、豆饼、菜籽饼分别为：45.5%×30%=13.65%；45.5%×50%=22.75%；45.5%×20%=9.1%

麸皮、米糠各为：31.5%×50%=15.75%

大麦为16%，矿物质和维生素添加剂为4%，菜油磷脂为3%。

另解：用对角线法

扣除固定成分后的基础饲料蛋白质含量为：(28–1.6)÷(100–23)=34.29%

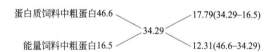

则在扣除大麦、矿物质和维生素添加剂、菜油磷脂的基础饲料中蛋白质饲料组所占比例为：

17.79÷(12.31+17.79)=59.1%

能量饲料组所占比例为：12.31÷(12.31+17.79)=40.9%

则鱼粉在最终配合饲料配方中所占的比例为：77%×59.1%×30%=13.65%

豆饼在最终配合饲料配方中所占的比例为：77%×59.1%×50%=22.75%

菜籽饼在最终配合饲料配方中所占的比例为：77%×59.1%×20%=9.1%

麸皮、米糠各为：77%×40.9%÷2=15.75%

大麦为16%，矿物质和维生素添加剂为4%，菜油磷脂为3%。

3.试差法

试差法又叫凑数法、试差平衡法，是目前中小型饲料企业和养殖场（户）经常采用的方法，适宜于多种饲料原料及多种营养指标。试差法计算较烦琐，但一个经验丰富的配方师可在较短的时间内得出一个较为理想的配方；初学者或经验不足者，往往需多次的计算、调整和对比才能完成。

（1）试差法设计饲料配方的一般步骤

① 确定饲养标准　根据养殖对象和其营养标准，确定所配制的饲料应该给予的能量和各种营养物质的数量。目前，我国尚无统一的鱼、虾类饲养标准（部分省、市对个别养殖对象制定了地方性的饲养标准），因此，设计鱼、虾类饲料配方时参考一些试验中所得出的养殖鱼类对营养物质的最适需求量，就成了配方设计的依据之一。

② 根据当地饲料源状况及自己的经验，初步拟定出饲料原料的试配配合率。

③ 从饲料营养成分和营养价值表查出所选定原料的营养成分的含量或实测数据。

④ 用每种原料的试配配合率去乘该原料所含的各种养分的百分含量，再将各种原料的同种养分的含量相加，即得到该配方中每千克配合饲料中各项营养成分的含量。然后与所确定的饲养标准相比较，若有任一养分超过或不足时，可通过增加或减少相应的原料比例进行调整和重新计算，直至所有的营养指标都基本上满足要求为止，再检查价格。

⑤ 根据饲养标准添加适量的添加剂，如矿物质、维生素等。

【案例分析5】

南方某养殖场用国产鱼粉、血粉、豆粕、菜籽粕、玉米、米糠、麦麸等为基础原料，为某2龄鲤鱼鱼种设计一种基础饲料配方。

第一步，查2龄鲤鱼鱼种配合饲料营养标准并结合实际情况，确定配方营养标准，如表3-3所示。

表3-3　鲤鱼鱼种饲养标准　　　　　　　　　　　　　　　　单位：%

粗蛋白质	粗脂肪	赖氨酸	总磷
35.00	5.00	2.00	1.250

第二步，查饲料营养成分表，将各基础原料营养成分含量列于表3-4中。

表3-4　所用饲料原料的营养成分含量　　　　　　　　　　　单位：%

原料名称	粗蛋白质	粗脂肪	赖氨酸	总磷
鱼粉	55.00	9.30	3.64	2.90
血粉	81.00	0.40	6.67	0.31
豆粕	43.50	1.90	2.45	0.61
菜籽粕	36.40	7.40	1.33	0.96
玉米	8.60	3.5	0.27	0.04
米糠	12.10	15.6	0.56	1.20
麦麸	16.00	3.90	0.58	1.18
磷酸二氢钙	—	—	—	23.00
维生素、矿物质添加剂	—	—	—	—

第三步，试配配方，按照确定的营养指标要求，根据当地实际生产实践和经验，初步拟定各原料的用量，计算此试配配方的各营养成分总量，并与目标值进行比较，见表3-5。

表 3-5 鲤鱼鱼种饲料初配配方营养成分表 单位：%

原料名称	比例	粗蛋白质	粗脂肪	赖氨酸	总磷
鱼粉	14.00	7.7	1.302	0.510	0.406
血粉	4.00	3.24	0.016	0.267	0.012
豆粕	30.00	13.05	0.570	0.735	0.183
菜籽饼	22.00	8.008	1.628	0.293	0.211
玉米	10.00	0.86	0.35	0.027	0.004
米糠	6.00	0.726	0.936	0.034	0.072
麦麸	12.00	1.92	0.468	0.070	0.142
磷酸二氢钙	1.00	—	—	—	0.23
维生素、矿物质添加剂	1.00	—	—	—	—
合计	100.00	35.504	5.27	1.936	1.260
目标值	100.00	35.00	5.00	2.00	1.250
与标准相差	0.00	0.504	0.27	−0.064	0.01

试配结果表明：粗蛋白、粗脂肪和总磷均较营养标准稍偏高，赖氨酸较营养标准偏低。需要进行调整。

第四步，调整配方中原料的用量，使各项指标基本符合饲养标准规定量。考虑到鱼粉的价格昂贵，因此，选择降低鱼粉含量，增加玉米用量的方式进行试配。替代量计算公式：

替代量＝某种营养成分的相差量÷替代后某营养成分的单位增加量×100%

替代量＝粗蛋白质的相差量÷(高蛋白原料粗蛋白含量−低蛋白原料粗蛋白含量)×100%

$$= 0.504\% \div (55\% - 8.6\%) = 0.504\% \div 46.4\% = 1.086\%$$

即减少鱼粉用量1.086%，增加1.086%玉米的用量，即可基本满足粗蛋白的需求。按此调整后的配方重新计算各营养指标，结果见表3-6。

表 3-6 调整后的饲料配方营养成分表 单位：%

原料名称	比例	粗蛋白质	粗脂肪	赖氨酸	总磷
鱼粉	12.914	7.103	1.201	0.47	0.375
血粉	4.00	3.24	0.016	0.267	0.012
豆粕	30.00	13.05	0.570	0.735	0.183
菜籽饼	22.00	8.008	1.628	0.293	0.211
玉米	11.086	0.953	0.388	0.03	0.004
米糠	6.00	0.726	0.936	0.034	0.072
麦麸	12.00	1.92	0.468	0.070	0.142
磷酸二氢钙	1.00	—	—	—	0.23
维生素、矿物质添加剂	1.00	—	—	—	—
合计	100.00	35	5.207	1.899	1.229
目标值	100.00	35.00	5.00	2.00	1.250
与标准相差	0.00	0.00	0.207	−0.101	−0.021

从表中可知，调整后的配方各营养指标与目标值相比基本一致。其中赖氨酸缺少0.101%，总磷缺失0.21%，可以添加剂形式添加赖氨酸盐酸盐（赖氨酸有效含量78%）和磷酸二氢钙，计算结果添加赖氨酸盐酸盐是0.101%÷78%=0.130%；磷酸二氢钙添加0.021%÷23%=9.1%。若配方各营养指标与目标值仍相差较大，就需要再进行若干次调整，直至满意为止。

第五步，整理配方，最后确定了鲤鱼鱼种饲料配方。

可见，试差法简单易学，尤其是对于配料经验比较丰富的人，非常容易掌握。缺点是计算量大，尤其当自定的配方不够恰当或饲料种类及所需营养指标较多时，往往需反复调整各类原料的用量，且不易筛选最佳配方，成本也可能较高。但若借助于电脑编程处理计算过程，则尤为便捷。

（2）试差法设计饲料配方的注意事项

① 试差法计算繁琐，营养指标平衡困难，为简化计算过程，减少营养平衡过程中的困难程度，试差时只选取粗蛋白和能量（粗脂肪或无氮浸出物）作为计算营养指标，其他营养指标（如钙、磷、赖氨酸、蛋氨酸、食盐等）留待上述2个指标完全平衡后采取补添饲料添加剂的方法来平衡。这样，可以大大减少计算工作量，缩短试差时间，收到事半功倍的效果。

② 为减少试差计算麻烦，试差过程中选取了粗蛋白和能量作为计算营养指标，其他各营养指标都没有考虑。也就是说，试差时没有考虑钙、磷、食盐、氨基酸、微量元素和多维等营养指标的平衡，也没有考虑其他各种非营养性饲料添加剂的补充，根据经验，有必要预留3%的"空格"作为这些成分的添加与补足之用，这就要求能量饲料和蛋白质饲料只按97%预配，各种添加剂按3%预留。一般来说，预留的3%由能量饲料所占份额或蛋白质饲料节余份额中扣留。

③ 在试差法配方设计过程中，很难做到所配日粮的营养成分含量与标准完全一致，不可避免地会出现一定程度的偏差，但对这种偏差应努力加以控制，使其处于最小的允许范围内，以保证饲料配方设计效果。

a.所配日粮各种养分供给量低于最低需要时，差值不得超过最低需要量的3%。

b.能量供给量不得超过需要量的5%，尤其是对水产动物而言。

c.一般情况下，粗蛋白供给量应略高于其需要量，以5%～10%为宜，防止因原料实际粗蛋白水平不足而导致的日粮粗蛋白不足问题，提高饲料配方的可靠性。

d.钙与磷的供给量应首先保证其处于标准所要求的钙磷比范围内，并尽可能做到钙、磷水平不至于太高。

④ 致力于经验积累，掌握某些饲料原料的限制用量范围。某些饲料原料因适口性不佳（如三等面粉等）、含有有毒有害物质（如棉饼、菜饼等）、营养物质难以消化吸收（如羽毛粉、血粉、酵母等）、价格昂贵（如进口鱼粉）等特殊原因，致使其在配方应用中受限，设计配方时必须限量使用。对于这些特殊情况，配方设计者应广泛收集有关资料，充分掌握这类原料的限量应用范围，以期合理应用这类原料配制出质优价廉的饲料产品。

二、计算机设计法

1.用线性规划法设计最低成本饲料配方

采用手工计算、设计饲料配方，由于所采用的饲料原料比较有限，以及计算能力的局限性，所得配方只能使部分营养指标满足要求，这往往既不是最低成本饲料配方，也不是最大收益饲料配方。要实现饲料配方的优化设计，只有借助于计算机才有可能实现。

一个好的配合饲料配方设计，既要能够合理利用各种饲料原料，又要符合养殖对象的营养需要，既要能够充分发挥配方中营养物质的功用（利用率高），又要使配方成本（价格）最低，这样设计的饲料配方才是优化配方。

采用计算机技术，优化设计饲料配方最常用的是线性规划法。线性规划法简称LP法，是最简单，应用最广泛的一种数学规划方法，它是运筹学的一个重要分支，也是最早使用的一种优化方法。该法将饲料配方中的有关控制因素和限制条件转化为线性数学函数，求解在一定约束条件下的目标值（最小值或最大值）。

要使配合饲料的成本最低，并且在其基础上逐渐成为优化配方，实质上就是解决一个最优化的问题。而利用最低成本线性规划法设计出来的配方，可满足对饲料成本的最低要求，它只是从价格因素方面实现了最优化配方，但从营养学和其他效益方面综合起来看，它可能并未实现最优化，并不一定是最优配方，是否最优，还要根据养殖实践来进行判断，并根据判断进行调整和计算，直至满意为止。

（1）用线性规划法设计最低成本饲料配方必须具备的条件

① 掌握养殖对象的营养需要或饲养标准：营养需要或饲养标准由营养学家研究修改制定，满足营养标准或饲养标准就是线性规划求解的主要约束条件之一。

② 一种饲料原料的使用量与该原料的营养素的量成正比（即原料使用量加倍，营养素的使用量也加倍）。

③ 掌握饲料原料的价格、营养成分含量：在符合以上条件的基础上，采用成本最低或收益最大的原料配比就是求解的目标，即最低成本目标函数。

④ 饲料原料的营养成分和营养价值数据具有可加性，规划过程不考虑各种营养成分的相互作用关系。也就是说两种或两种以上的饲料原料配合时，营养素的含量是各种饲料原料中的营养素的含量之和，无配合上的互损抵消作用。

（2）用线性规划法设计最低成本饲料配方的一般步骤

① 建立数学模型　就是把要解决的问题用数学语言来描述，写出数学表达式。在建立数学模型时，必须考虑如下基本因素。

a.掌握养殖对象的饲养标准或饲料标准，或根据经验推知养殖对象的营养需要量。一般把对能量、粗蛋白质、粗脂肪、粗灰分、矿物盐、维生素、甚至氨基酸等营养素的要求量作为饲料配方设计中的营养素含量或含量范围的约束条件（营养约束）。

b.掌握所需饲料原料的品质、价格和营养成分特性及含量，通过查表或实测获得各原料的营养成分含量，有选择地对一些原料的用量加以限制，如原料资源紧张的，加工工艺难度大的，价格昂贵的，含有毒素等的饲料原料，均应限量使用，将这些限制使用的原料用量作为约束条件（重量约束）。

c.确定目标函数，在满足养殖对象的营养需要的条件下，达到饲料价格（成本）最低的目标。

将以上考虑的因素及参数用数学语言来描述，即为：

Ⅰ：设有n种饲料原料，添加剂也可视为一种饲料原料。拟对m个营养指标进行设定，m即为约束方程的个数。

Ⅱ：参与配方配制过程的各种饲料原料（添加剂也可视作一种原料）在配合饲料中相应的用量比例为x_j（x_1，x_2，x_3，x_4，$x_5 \cdots x_n$）。

Ⅲ：a_{ij}（$i=1$，$2 \cdots m$；$j=1$，$2 \cdots n$）为各种原料相应的营养成分及其含量。

Ⅳ：b_1，$b_2\cdots b_m$ 为配合饲料应满足的各项营养指标（重量指标）的常数项值。

Ⅴ：c_1，$c_2\cdots c_n$ 为每种饲料原料的价格。

Ⅵ：线性规划数学模型的一般形式是求一组解 x_1，x_2，x_3，x_4，$x_5\cdots x_n$，使它满足以下约束条件。

$x_1+x_2+x_3+\cdots+x_n=1$

$x_j\geqslant 0$（$j=1,2\cdots n$）

$a_{11}x_1+a_{12}x_2+\cdots+a_{1n}x_n\geqslant b_1$（或 $\leqslant b_1$）

$a_{21}x_1+a_{22}x_2+\cdots+a_{2n}x_n\geqslant b_2$（或 $\leqslant b_2$）

…

$a_{m1}x_1+a_{m2}x_2+\cdots+a_{2n}x_n\geqslant b_m$（或 $\leqslant b_m$）

并使目标函数 Smin（配合饲料成本）$=c_1x_1+c_2x_2+\cdots+c_nx_n$（最小）。

由于最大收益配方涉及因素多，编制模型和计算机软件均有一定难度，目前用得多的仍是最低成本饲料配方。

② 解数学公式，求出未知数　对数学模型的求解是线性规划的核心，一般求解方法极为复杂，手工求解极为费时且容易出错，计算机软件设计法需要编制复杂的程序或使用专业的配方软件借助计算机才能完成。在此我们利用微软 Excel 电子表格程序计算配方，无须弄懂计算原理也不需要自己编程，只要输入相应的数据和约束条件即可求解，十分方便。

③ 研究求得的解，设计出具体的饲料配方　对计算结果进行检查，看是否达到了设计者的目的。有时结果并不如意，例如可能会出现这样的情况：在模型中对某一廉价的饲料原料只给了一端的约束（如只有下限约束，不低于多少，没有上限约束不高于多少）或没有约束，得出的配方该原料的配合比例特别高，而这样高的比例并不是设计者所希望的，因为该原料的消化率可能不高；另一种相反的情况是某种饲料原料在配方中的比例可能是零（因为价格昂贵而计算机不选），而设计者并不希望在配方中不含有这种原料（为了平衡氨基酸，增强饲料品质），这些情况都是由于设计者在建立数学模型时考虑不周引起的。只要对模型进行简单的修改，采用两端约束（上、下限）即可避免。

有时计算机给出的结果是"无解"，这往往也是线性规划数学模型中存在的问题，如约束条件之间发生矛盾，各种饲料原料的营养成分之和达不到营养指标的最低规定量等。此时应仔细检查数学模型，修改约束值，必要时更换饲料原料重新运算求解。

需要说明的是，用线性规划法设计出的最低成本饲料配方并不一定是最佳饲料配方。衡量一个配方的好坏最终要以养殖试验结果来评价，因为即使实现了成本最低，但饲料的品质可能保证不了，如饲料的适口性、饲料原料之间和各种营养素之间的相互影响等会影响增产效果，所以还要根据经验及饲养试验结果调整饲料配方，最终获得经济效果高而成本又低的最佳效益配方。

2.利用 Excel 程序设计水产动物饲料配方

线性规划是饲料配方计算中最常用、最有效的方法之一，但计算极为复杂，需要编制复杂的程序或使用专业的配方软件。在此我们利用微软 Excel 电子表格程序计算配方，不需要自己编程，计算也十分方便。输入数据一次后，计算其他配方时只需打开存盘文件，并输入饲养标准，由计算机重新求解即可。

我们正常使用的多是 Microsoft Office System 2003 中的 Excel。如果"工具"菜单中找不到"规划求解"选项，则需单击"工具"菜单下的"加载宏"，选择"规划求解"并确认。注意：只有Excel是完全安装时，"加载宏"下才有"规划求解"选项。但你可以将完全安装相同版本Excel 2003的其他计算机上的"Program Files"\"Microsoft office"\Office11\Library\Solver中的两个文件solver.dll、solver32.dll拷贝到你的机器中，然后用"加载宏"下的"浏览（B）……"找到刚拷贝的"solver"，确定即可。在安装Microsoft Office System 2003时，选择的是"自定义安装"中的"全部安装"，且"从本机运行所有程序"，从"工具"菜单—"加载宏"命令—"加载宏"对话框中选中"规划求解"复选框，然后单击"确定"按钮，即可使用"规划求解"功能了。完成安装后，只需要单击"工具"菜单，点选"规划求解"命令就可以使用。

利用Excel 2003计算一个饲料配方，首先要新建一张工作表，然后输入原料、营养成分、价格和饲养标准等（图3-2）。在图3-2中，行1为原料营养指标名称，在此共选择了7种指标，其中苏氨酸仅供参阅，故实有6个计算指标。如果需要添加新指标，可单击工具菜单中的"插入"，选择"列"，再依次添加各原料中该指标含量。插入时建议插在有效磷、赖氨酸之间。插入指标后，由于版本差异，可能需要复制公式（有些不用，公式下详）。行2至行18为所用原料及其营养含量。在此共选用了17种原料，如果有某些要用的原料不在其中，可自行插入行。插入原料行时不需修改公式（此处所用数据来自中国饲料数据库，其余为经验数值，价格为市场价，各地根据本地价格随时调整）。

	A	B	C	D	E	F	G	H	I	J	K	L	M
1	原料	价格	消化能	粗蛋白	钙	有效磷	赖氨酸	蛋+胱	苏氨酸	用量	原料上限	原料下限	浓缩料
2	玉米	1.08	3.41	8.7	0.02	0.12	0.24	0.38	0.3		100	0	
3	麦麸	0.96	2.24	15.7	0.11	0.24	0.58	0.39	0.43		25	0	
4	豆粕	1.5	3.28	43	0.32	0.17	2.45	1.3	1.41		100	0	
5	花生仁饼	0.9	3.08	44.7	0.25	0.31	1.32	0.77	1.05		5	0	
6	胆碱	5									0.5	0.5	
7	棉籽饼	0.86	2.37	36.3	0.21	0.28	1.4	1.11	1.14		5	0	
8	鱼粉	4	3.1	62.5	3.96	3.05	5.12	2.21	2.51		100	1	
9	肉骨粉	2.3	2.83	50	9.2	4.7	2.6	1	1.63		100	0	
10	石粉	0.12			35						100	0	
11	菜籽饼	0.8	2.88	35.7	0.59	0.33	1.33	1.42	1.4		5	0	
12	磷酸氢钙	1.8			21	16					100	0	
13	麦饭石	0.12									5	0	
14	盐	0.8									100	0	
15	预混料	17									1	1	
16	油	6.8	7.7								100	0	
17	蛋氨酸	30									100	0	
18	赖氨酸	18									100	0	
19	营养标准		3.1	16	0.55	0.23	0.51	0.45	0.51				
20	营养含量	0	0	0	0	0	0	0	0	0	100	100	0

图3-2 Excel 工作簿

行20是配方养分指标计算值。其值应是各饲料原料某成分所在列各单元格（从行2到行18）与J列（各原料用量）对应值乘积的和。如C_{20}（消化能计算值）应为"$(C_2 \times J_2 + C_3 \times J_3 + \cdots + C_{17} \times J_{17} + C_{18} \times J_{18})/100$"，在Excel中，可以用公式"=SUMPRODUCT（C_2：C_{18}, $\$J_2$：$\$J_{18}$）/100"表示。注意不要漏掉"="号和J前的"$"符号。然后，复制C_{20}格的公式到B_{20}至I_{20}，共8格。其中B_{20}单元格计算的是价格，所用公式相同。J_{20}格表示所有用的原料总量，输入公式"=SUM（J_2：J_{18}）"。表格中的K、L列，是为限制某种原料使用量设计的，数值范围为 $0 \sim 100$。若对某种原料不限量，请将上限设为100，下限定为0。如果上下限值相等，则表示限定此种原料用量（如预混合饲料，上下限均为1）。如果上下限均为0，则此种原料本次计算不允许选择。注意不要将下限设定值大于上限值。单元格K_{20}为总量的允许上限值，L_{20}为允许下限值。此两格通常均为100。数据输完后，我们可以计算配方了。在此之前，我们还需要设定约束条件。单击"工具"菜单中的"规划求解"命令，会出现一个对话框（图3-3）。可依次进行下述操作。

图3-3　规划求解

（1）指定目标单元格　目标单元格是我们在计算时要达到的某种目标的单元格。在此，我们要求的是配方成本最低。显然，B_{20}单元格中的值表示的是全价配合饲料单价（元/kg），因此要求B_{20}最小。

在对话框的"设置目标单元格"中输入或用鼠标单击\$ B \$20，选择等于"最小值"。

（2）指定要调整的可变单元格　可变单元格是我们允许计算机在计算时自动调整的单元格。即计算出来的配方所在的单元格，在此为"\$J\$2：\$J\$18"，可输入或用鼠标单击。

（3）指定约束条件　约束条件是我们希望满足的某些条件，如实际营养含量大于或等于指标，原料用量在上下限值之间等。单击图3-3"添加"按钮，出现对话框（图3-4）。依次输入。

图3-4　添加约束条件

第一个约束条件：配方营养成分大于或等于饲养标准规定的营养成分（即20行大于19行）。左侧框中输入或单击"\$C\$20：\$I\$20"（实际含量），选择"≥"符号，在"约束值"格内输入"\$C\$19：\$I\$19"（饲养标准），也可以利用鼠标拖动进行选择。

单击"添加"按钮，继续输入第二个约束条件"\$J\$2：\$J\$18≤\$K\$2：\$K\$18"，以及第三个约束条件"\$J\$2：\$J\$18≥\$L\$2：\$L\$18"。这两个约束条件是限制原料使用量的。

第四个约束条件和第五约束条件分别是"\$J\$20≤\$K\$20"；"\$J\$20≥\$L\$20"。它们是约束总量的，一般K_{20}、L_{20}均为100。

第六、第七约束条件是控制钙和蛋白质的。由于石粉价格便宜，配方计算时为追求价格最低，往往自行加入大量石粉，所以要限制钙量，最多允许上浮 10%（\$E\$20≤\$E\$19×1.1）。蛋白质通常也不能超标太多，这里允许增加 0.5 个百分点（\$D\$20≤\$D19+0.5）。此外，我们还可以根据需要，加入一些其他各种各样的约束条件。如 \$E\$20≥\$F\$20×2 和 \$E\$20≤\$F\$20×3 是要求钙：磷为（2～3）：1。这样，约束条件就都输完了。

这几个约束条件已经基本概括了我们在实际生产中常见的约束条件，以后操作中一般只需要在工作表中改变饲养标准即可。

单击"选项"按钮，进入"规划求解选项"对话框（图 3-5），选中"采用线形模型""假定非负""正切函数""向前差分""牛顿法"，然后单击"确定"按钮，回到"规划求解参数"对话框。

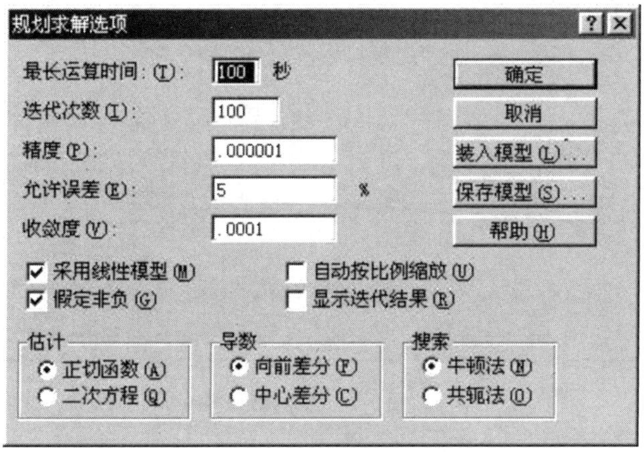

图 3-5　规划求解选项

单击"求解"按钮，开始计算，进入"规划求解结果"对话框（图 3-6），一般很快就可以算出一个配方。

图 3-6　规划求解结果

在计算结果报告中我们可以选择：①保存规划求解的结果（运算结果有效）；②恢复为原值（废弃新结果，恢复运算前的配方）。当规划求解成功时，可以从"报告"列表框中运行"运算结果报告""敏感性报告"和"极限值报告"，并分别保存。"运算结果报告"显示所求出的最优解及其与设置的约束值之间的差。"敏感性报告"中的"拉格朗日乘数"就是影子价格，即现行解保持最佳时，当约束条件的右端项每增加或降低一个单位所引起的目标函数增加或降低的改变量，影子价格信息为用户调整原料用量和约束值，进一步降低配方成本提供了导向和辅助决策作用，这是线性规划的独特之处。"极限值报告"就是所设置的目标函数的值，即最佳饲料配方的价格。需要注意的是，当"规划求解找不到有用的解"时，不能进行"运算结果报告""敏感性报告"和"极限值报告"。

保存规划求解结果（图3-7）后直接打印本报表作为成品配方。如果选择了"使用线性模型"则本配方为"最低成本配方"。

原料	价格	消化能	粗蛋白	钙	有效磷	赖氨酸	蛋+胱	苏氨酸	用量	原料上限	原料下限	浓缩料
玉米	1.08	3.41	8.7	0.02	0.12	0.24	0.38	0.3	70.085	100	0	70.085
麦麸	0.96	2.24	15.7	0.11	0.24	0.58	0.39	0.43	0.000	25	0	0.000
豆粕	1.5	3.28	43	0.32	0.17	2.45	1.3	1.41	8.006	100	0	8.006
花生仁饼	0.9	3.08	44.7	0.25	0.31	1.32	0.77	1.05	5.000	5	0	5.000
胆碱	5								0.500	0.5	0.5	0.500
棉籽饼	0.86	2.37	36.3	0.21	0.28	1.4	1.11	1.14	5.000	5	0	5.000
鱼粉	4	3.1	62.5	3.96	3.05	5.12	2.21	2.51	1.000	100	1	1.000
肉骨粉	2.3	2.83	50	9.2	4.7	2.6	1	1.63	0.000	0	0	0.000
石粉	0.12			35					0.986	100	0	0.986
菜籽饼	0.8	2.88	35.7	0.59	0.33	1.33	1.42	1.4	5.000	5	0	5.000
磷酸氢钙	1.8			21	16				0.349	100	0	0.349
麦饭石	0.12								3.074	5	0	3.074
盐	0.8								0.000	100	0	0.000
预混料	17								1.000	1	1	1.000
油	6.8	7.7							0.000	100	0	0.000
蛋氨酸	30								0.000	100	0	0.000
赖氨酸	18								0.000	100	0	0.000
营养标准		3.1	16	0.55	0.23	0.51	0.45	0.51				
营养含量	1.251	3.100	16.000	0.550	0.230	0.618	0.558	0.528	100	100	100	100

图 3-7　运算结果

如果线性规划无解（图3-6），则弹出的"规划求解"对话框中出现"规划求解找不到有用的解"，那么系统将给出一个与最优解最接近的参考配方。大部分的参考配方只需稍加修改就可以利用，可以直接修改用量（J列），所有的营养成分计算值会自动更新，多次调整至满意即可。如果直接调整原料营养成分也会对总成分造成一定的影响。如果对参考配方不满意，可修改营养标准、约束条件后重新运算。

如果认为配方价格偏高，可以做如下操作。

① 调整某些饲料原料的限制用量，如限制价格比较高的鱼粉、鱼油的用量，而增加价格比较低的原料的用量，如花生粕、棉籽饼等。

② 在不影响生产的情况下，适度下调营养指标或放宽总量限制。

如果设置的约束条件不能得到"最优解"，往往是因为设置的约束条件过分苛刻，一般只要修改约束条件即可。例如把能量、蛋白质水平的约束条件适当降低，允许0.3～0.5个百分点的差值，一般就可以求到最优解。

此外，用Excel可以实现"多配方"，即同时计算多个配方，解决某些优质饲料原料供应不足或劣质原料落选但又必须强制使用时，原料在配方中的分配问题。每个配方均给定产量，要求配方总成本最低，每个配方均可设定最高成本。大约可同时配制10个左右配方，每个配方20种原料，设计方法较为复杂。

由此可以看出，利用Excel 2003设计饲料配方具有以下优点。

第一，容易修改。既可以手工调整配方、饲养标准，也可以修改约束条件，只需要在修改后按"Enter"键即可再次运行"规划求解"，求出最优配方。

第二，提高工作效率。Excel将大量繁琐复杂的数学计算简单化，只要建立合适的数学模型就可以迅速准确地得出结果。

第三，界面美观，打印方便。用Excel 2003的"规划求解功能"设计饲料配方，完全可行。既可以节约购买专用饲料配方软件的高额费用，又可方便使用，大大提高了工作效率，且随时可以更新数据和约束条件，适合我国国情，具有一定的实用和推广价值。

3.计算机软件设计法

随着我国饲料工业的发展和水产养殖集约化程度的不断提高，对水产动物饲料配方的科学性提出了越来越高的要求，要求出最优化饲料的配方，就需要通过复杂的数学运算。中国从20世纪80年代初期就开始了饲料配方软件的研制和开发，经过几十年的发展，软件行业有了长足的进步。到了20世纪末，饲料配方软件作为专门优化饲料配方的工具，克服了手工配方设计和线性规划的缺点。只要输入所要设计配方的营养、价格、原料要求等限制条件，利用计算机软件的配方设计程序和饲料原料营养素数据库的数据，就可以计算和设计出符合要求的饲料配方，还能通过人工智能来优化配方。

计算机软件的配方设计软件内存大量的原料数据，饲料营养价值和丰富的营养标准数据，可以快速计算出因原料营养变化而引起饲料配比变化的配方。根据营养指标的动态选择，可同时产生多种配方产品。还可对饲料价格进行快速分析，对饲料原料进行评价，避免了配方产品实施过程中的原料浪费，提高了饲料配方设计速度、饲料研究水平和企业经济效益，科学在发展，配方软件也与时俱进，目前，开发应用的有"资源配方师Refs3000"等软件。

第三节　预混合饲料的配方设计

一、预混合饲料概述

各种饲料添加剂在配合剂饲料中的添加量很少，而且许多活性物质相互影响或受到许多其他因素的影响而使其活性降低，所以在配合时，对设备的生产性能和生产技术要求都很高，而这些生产设备和生产技术在中小型饲料厂通常是不具备的。为了简化配合饲料厂的工艺设备，提高生产效率，改善混合性能，满足中小型配合饲料厂的需要，保证微量组分的添加效果、安全性和配合饲料的质量，可将各种微量组分制成"由一种或多种微量活性成分，按一定比例配制、加到载体或稀释剂中制成均匀混合物"，再加到配合饲料中，这种混合物就是预混合饲料。

1.预混合饲料的相关概念和分类

（1）预混合饲料　预混合饲料简称预混料，又称饲料添加剂预混合饲料、添加剂预配料或预拌剂等。是指一种饲料添加剂与载体或稀释剂按一定比例配制而成的均匀混合物。配制预混合饲料有利于微量添加剂均匀分散于大量的配合饲料中。预混合饲料不能直接饲喂水产动物，只有将它们与适当比例的能量饲料和蛋白质饲料配合以后，才能制成全价配合饲料，投喂给水产动物。

在预混合饲料的生产过程中，通过载体、稀释剂、抗氧化剂、黏结剂、防结块剂等保护剂和加工辅助剂的科学使用，利用混合技术解决或改善各种添加剂的稳定性，与其他物料的相容性和混合特性，以保证其在日粮中的活性和均匀分布；通过乳化剂的应用，改变饲料添加剂的溶解性即将脂溶性物质改变为水溶性，或将水溶性改变为脂溶性，扩大饲料添加剂的应用范围和增加其使用的方便性。预混合饲料在配合饲料中的添加量一般为0.01%～5%。国外以0.01%～0.5%添加量产品为多，我国以0.05%～2%的添加量产品最为普遍。

饲料添加剂我们在前面已经作了详细介绍，根据其作用区分有营养性添加剂和非营养性添加剂两大类。几十种微量成分，在配制全价配合饲料时，其用量微少，多以百万分之几（mg/kg或g/t）来计算，但它是预混合饲料的核心内容。

（2）载体与稀释剂　载体是一种能接受和承载粉状活性微量组分的非活性物质。它能够与一种或多种微量组分相结合并改变微量组分对外显示的物理性质。载体承载微量组分后，掩盖了微量组分原有的物理特性，使载体和微量组分的混合物对外显示的外观、流动性、分散性等特性，适合于进一步的水产饲料加工。

稀释剂是一类能改变微量组分浓度，但不能改变其混合特性的可饲物质。与载体不同，稀释剂是用于稀释一种或多种微量组分，以减小微量组分的浓度。与微量组分混合后，稀释剂与微量组分自身的物理性质都不会发生明显的变化。

① 载体与稀释剂原料的基本要求

a.含水量：载体和稀释剂的含水量直接影响活性组分的稳定性和预混合饲料的生产。含水量越低越好，一般不宜超过10%。用于维生素和药物添加剂的载体水分含量应小于5%。若含水量达15%，不仅会给配料带来困难，而且使微量活性物在储存过程中极易失效，严重影响预混合饲料的质量。因此，必须严格控制载体和稀释剂的含水量。

b.粒度：粒度是影响载体和稀释剂混合特性的重要因素，在一定范围内载体的粒度决定载体承载微量活性组分的能力，同时还影响载体和稀释剂的质量浓度、表面特性、流动性等。载体和稀释剂的粒度决定于预混合饲料在日粮中的添加量、对载体承载力的要求和微量活性组分的粒度。预混合饲料的载体粒度要求在0.177～0.59mm。稀释剂的粒度要求比载体要均匀和细，一般在0.074～0.59mm。

c.质量浓度（容重）：载体和稀释剂的质量浓度是影响混合均匀度的又一重要因素。最好选择与微量组分质量浓度接近的物质作稀释剂，以保证混合均匀度和降低输送过程中发生分离现象。就混合均匀度而言，粒度和质量浓度是最为重要的两大因素。由于载体对微量组分的承载作用是将微量组分吸附在载体上，混合好后一般不易分离，而其质量浓度也较载体有所增加，因此，最好选择那些质量浓度稍小而承载能力大的物质作为载体。如脱脂米糠、麸皮粉、玉米芯粉、大豆皮粉等。一般认为载体质量浓度为0.3～0.8g/ml为佳。常用饲料添加剂和载体的质量浓度见表3-7、表3-8。

表 3-7　常用饲料添加剂的质量浓度

饲料添加剂	质量浓度 /（g/ml）	饲料添加剂	质量浓度 /（g/ml）
L-赖氨酸	0.67	七水硫酸亚铁	1.12
维生素 A	0.81	一水硫酸亚铁	1.00
维生素 E	0.45	七水硫酸锌	1.25
维生素 D_2	0.65	一水硫酸锌	1.06

表 3-8 常用载体的质量浓度

饲料载体	质量浓度 / (g/ml)	饲料载体	质量浓度 / (g/ml)
玉米粉	0.76	鱼粉	0.64
大麦碎粉	0.56	食盐	1.10
小麦麸	0.31～0.34	石粉	1.3
苜蓿粉	0.37	碳酸钙	0.94
大豆饼粉	0.60	脱氟磷酸氢钙	1.2
棉籽饼粉	0.73	贝壳粉	1.6

d.表面特性：载体具有粗糙的表面或皱起的脊、沟和小孔，是它承载微量组分的重要表面特性。微量活性成分在与载体混合的过程中进入小孔或被吸附在粗糙的表面上。一些粗纤维含量高的谷物壳皮表面粗糙，常被选作载体。如粗面粉、小麦麸、碎稻谷片、大豆皮、玉米面筋、玉米芯粉、稻壳粉等。微量元素添加剂的载体多用碳酸钙或二氧化硅等。另外，液体吸附剂（如蛭石、黑云母等）也是很好的载体。稀释剂因不要求有承载性能，故不要求表面粗糙，而要求有良好的流动性，易于混合。如石灰石粉、玉米粉、豆粕粉等。

e.吸湿性、结块性：载体和稀释剂吸收空气中的水后，则其含水量增加，会影响活性成分在储存过程中的稳定性，预混合饲料结块甚至霉变。载体和稀释剂的结块多是由于其吸湿性造成。结块直接影响配料的正常性和混合均匀度。因此应选择不易吸湿、结块的物质作为载体和稀释剂。对有些必需使用的易结块载体可加入二氧化硅等抗结块剂，以降低结块的可能性。

f.酸碱特性：载体和稀释剂的酸碱性对许多微量组分的活性影响很大，因此，载体和稀释剂的化学性质应稳定，不应因其变化而影响活性物质的活性。单项预混合饲料的载体或稀释剂最好选择与活性组分pH值相近的物料，以提高其稳定性。组分复杂的预混合饲料载体或稀释剂一般以中性为佳。常见的载体pH值见表3-9。

表 3-9 常见的载体 pH 值

载体	石粉	小麦细麸	次小麦粉	稻壳粉	玉米干酒糟	玉米粉	大豆皮粉	玉米芯粉
pH 值	8.1	6.4	6.5	5.7	3.6	4.0	6.2	4.8

g.静电吸附特性：干燥而粉碎得很细的纯净活性物常会带有静电荷，从而产生吸附或排斥作用。在预混合饲料的加工过程中易吸附在混合机或输送设备表面，一方面造成混合不均匀和活性成分的损失，另一方面又造成下次混合的"污染"。此外，带同性电荷的粒子之间的相互排斥作用，会使物料体积增大，影响流动性。一般可在载体表面添加少量植物油或糖蜜等抗静电物质，以消除静电影响。有人认为，可利用静电作用，选择静电荷相反的载体或稀释剂，使载体或稀释剂与微量组分紧密结合，则载体的承载力增加，体积减小，流动性增加且不易分离。但总的来说，不带静电为佳。

h.流动性：流动性对微量组分与稀释剂或载体的均匀混合起着重要的作用。流动性差，不易混匀；流动性太强，预混合饲料成品在输送过程中容易分离，载体的流动性一般以静止角在40°～60°较好。物料的流动性受其粉碎粒度的影响，但当对载体或稀释剂粒度的要求与对其他特性要求发生矛盾时，一般认为首先应满足对粒度的要求，而适当牺牲其他如流动性等特性。

② 载体和稀释剂的选择　由于微量活性物质各自的特性不同，要想获得质量好的预混合饲料，不同的添加剂应根据各自的特性认真选择相宜的载体或稀释剂。

a.根据不同的预混合饲料选择

ⓐ 维生素预混合饲料。由于维生素稳定性差，质量浓度偏低，在生产维生素预混合饲料时，应以保持维生素的活性为主要目的，多选用含水量低，不易吸湿，其pH值有利于维生素的稳定性（多维预混合饲料的载体pH值应近中性）、化学性质稳定、质量浓度小、表面粗糙、承载性能较强的脱脂米糠、麸皮、砻糠、大豆皮粉等有机物作为载体。

ⓑ 微量元素预混合饲料。微量元素质量浓度大，因而多选用质量浓度较大的，如石灰石粉、碳酸钙、石膏粉等无机物作载体或稀释剂。

ⓒ 综合性预混合饲料。生产含有维生素和矿物微量元素等组分复杂，粒度、质量浓度、混合特性等差异大的综合性预混合饲料时，虽然麸皮、大豆皮粉、砻糠、脱脂米糠质量浓度小，不易与微量元素等比重大的添加剂混合均匀，但其表面粗糙，承载能力强，一旦承载混合完成，不易再发生分离；而且，这些粗纤维含量高的有机物性质稳定，对维生素等成分的稳定性影响小，能够保证产品的质量，故常用作这类预混合饲料的载体。碳酸钙等质量浓度大、pH值高的无机物不宜作为这类综合性预混合饲料的载体。研究资料显示，综合性预混合饲料的载体以脱脂米糠为佳。

b.依据载体和稀释剂不同的作用和特点选用：由于载体的承载作用是将活性物质吸附于载体上，一般在生产高浓度单项预混合饲料或生产预混合饲料的几种微量组分质量浓度差异大时，为保证微量组分的稳定性，改变混合性能，防止成品再分离，应选用载体，而用高浓度原料生产较稀释预混合饲料时，加起稀释作用的稀释剂。

c.根据不同的生产目的要求进行选择：一般商品性添加剂及预混合饲料储存和流通时间长，选择载体和稀释剂应严格。而配制厂内的预混合饲料，其载体的应用，主要为改进活性成分的特性，因而主要是考虑其承载能力，稀释剂只是用于暂时稀释，储存时间短，因此，其他方面要求可适当放宽，这样可简化生产工艺、降低生产成本。

此外，选择载体和稀释剂应本着因地制宜，就地取材的原则，以减少运输费用，降低成本。载体和稀释剂的添加量，根据预混合饲料在配合饲料中的配料比例而定，一般占预混合饲料的70%以上，在某些高浓度单项预混合饲料添加剂中为10%～20%，而在一些添加量少的单项预混合饲料中，载体或稀释剂的比例可达99%以上。

2.预混合饲料的分类

（1）单项预混合饲料　也称同类添加剂预混合饲料，是指单一某种饲料添加剂与适当比例的载体或稀释剂混合配制成的均匀混合物。如：微量元素预混合饲料指由多种微量矿物元素添加剂按一定的比例与适当比例的载体或稀释剂混合配制成的均匀混合物；维生素预混合饲料（即复合多维），是指由多种维生素添加剂按一定的比例与适当比例的载体或稀释剂混合配制成的均匀混合物。

（2）综合预混合饲料　是由不同种类的多种饲料添加剂按配方制作的均匀混合物。除了含多种微量矿物元素、维生素外，一般还含氨基酸添加剂、保健促生长剂、甚至常量矿物元素等成分。只需将它们与适当比例的基础饲料配合在一起就能制成全价配合饲料。

3.预混合饲料配方设计要求

预混合饲料是半成品，不能直接饲喂水产动物。一般在配合饲料中占0.5%～5%。从预混合饲料的组成上看，添加剂是预混合饲料的核心内容，其微量活性组分常是配合饲料饲用效果的决定因素，具有使配合饲料营养趋于平衡、促进水产动物生长、改善饲料品质和养殖对象的产品品质等作用；载体和稀释剂是条件，占预混合饲料的70%以上。因此，在设计和制作预混合饲料时，需注意以下几点。

① 预混合饲料配方设计必须以饲养标准为依据。

② 注意添加剂的安全性问题，使用饲料添加剂时预混合饲料应与载体和稀释剂混合均匀。

③ 储藏预混合饲料时，要注意密封、通风、阴凉、避光、防潮湿。

④ 预混合饲料开封后要尽快使用，不能在空气中久放。

⑤ 尽量少搬动预混合饲料，以防止出现分级现象。

⑥ 配制全价配合饲料时要严格按照推荐配方选择原料和按比例配制。

二、预混合饲料的配方设计

1.微量元素预混合饲料的配制

微量元素预混合饲料的配方设计方法与维生素预混合饲料的配方设计方法基本相同，一般方法和步骤如下。

（1）根据设计对象、饲养标准等，确定实际需要的微量元素的种类和数量。

（2）查明或分析基础饲料配方中各种微量元素的含量。

（3）确定预混合饲料在全价配合饲料中的添加量。

（4）选择适宜的微量矿物元素添加剂的原料，明确原料规格、纯度和分子式等。

（5）计算微量矿物元素添加剂原料的实际用量。

（6）选择载体，并计算载体在预混合饲料中所占的比例，整理出预混合饲料的配方。

【案例分析6】

为鲤鱼设计微量元素预混合饲料的配方

第一步，查表3-10得到鲤鱼对四种主要微量元素锰、锌、铁、铜的需要量分别占饲料干重的0.013%、0.03%、0.015%、0.003%。

表3-10　鲤鱼饲料中矿物质的最适含量

矿物质	鲤鱼的规格 /（g/ 尾）	含量（占饲料干重的比例）/%	作者
McCcllum185 号（矿物质混合盐）	2.0	4 ～ 5	Gino 和 Kamizono，1976
镁	8.5	0.04 ～ 0.05	Gino 和 Chiou，1976
钙	8.5	2 ～ 2.5	Gino 和 Chiou，1976
钙 / 镁	8.5	50	Gino 和 Chiou，1976
磷	—	0.6 ～ 0.7	Gino 和 Chiou，1976
锰	1.86 ～ 1.92	0.012 ～ 0.013	Gino 和 Yang，1980
锌	1.5 ～ 1.9	0.015 ～ 0.03	Gino 和 Yang，1978
铁	—	0.015	Gino 和 Yang，1980
铜	1.86 ～ 1.92	0.003	Gino 和 Yang，1980

注：引自魏清和《水生动物营养与饲料学》。

第二步，查明或分析基础饲料配方中各种微量元素的含量。已知基础饲料由鱼粉、豆饼、玉米、棉籽饼、碎米和麸皮组成，将查表所得这些原料的各种微量元素含量乘以各种原料的配比，得出基础饲料中各种微量元素的含量为锰0.003%，锌0.005%，铁0.013%，铜0.001%。

第三步，确定预混合饲料在全价配合饲料中的添加量。

锰0.013%–0.003%=0.010%，锌0.03%–0.005%=0.025%，

铁0.015%–0.013%=0.002%，铜0.003%–0.001%=0.002%

第四步，选择适宜的微量矿物元素添加剂的原料，将原料分子式和纯度等列表，根据分子式计算各个纯原料的元素含量列入表3-11中。

表 3-11　原料分子式和纯度

矿物质	分子式	元素符号	分子量	元素含量 /%	纯度 /%
硫酸锰	$MnSO_4 \cdot H_2O$	Mn	168.96	32.52	98
硫酸锌	$ZnSO_4 \cdot 7H_2O$	Zn	287.45	22.74	99
硫酸亚铁	$FeSO_4 \cdot 7H_2O$	Fe	278.01	20.09	98.5
硫酸铜	$CuSO_4 \cdot 5H_2O$	Cu	249.68	25.45	98.5

第五步，计算微量矿物元素添加剂原料的实际用量。根据化合物中元素含量，将应添加的锰、锌、铁、铜换算成硫酸锰、硫酸锌、硫酸亚铁和硫酸铜的量，再根据商品纯度换算成原料的量。即纯原料量=应添加量÷元素的百分含量；商品原料量=纯原料量÷纯度。相应数据见表3-12。

表 3-12　原料的实际用量

元素	锰 /%	锌 /%	铁 /%	铜 /%
折合纯原料量	0.031	0.111	0.005	0.008
折合商品原料量	0.032	0.112	0.005	0.008

第六步，选择载体并计算载体在预混合饲料中所占的比例，整理出预混合饲料的配方。在此例中，设定微量元素预混合饲料所占的比例为0.6%，则

载体用量 =0.6%–(0.032%+0.112%+0.005%+0.008%)=0.443%

因此，添加剂配方为：

硫酸锰（$MnSO_4 \cdot H_2O$）	0.031%
硫酸锌（$ZnSO_4 \cdot 7H_2O$）	0.111%
硫酸亚铁（$FeSO_4 \cdot 7H_2O$）	0.005%
硫酸铜（$CuSO_4 \cdot 5H_2O$）	0.008%
载体	0.44%
合计：	0.6%

2.维生素预混合饲料的配方设计

因为维生素类需要量相对较少，所以不可能每一种维生素都单独添加，而是制造成预混合饲料的形式添加于基础饲料中。

（1）配制维生素预混合饲料应注意的问题

① 应选择稳定的维生素制剂　因为维生素在加工和储运中容易失效，进入水体后，水溶

性维生素容易散失，因此，应选择稳定的维生素制剂。如维生素C，应选择包膜维生素C或维生素C磷酸酯；泛酸应选择泛酸钙等。

② 正确选择载体和稀释剂　载体或稀释剂是维生素预混合饲料的组成成分，起着扩大体积的作用。

③ 适当添加混合改进剂，如适量的添加氯化钙，可防止吸潮，增加流动性，适量的添加植物油可起到消除静电的作用。

④ 注意配伍禁忌，如氯化胆碱不能和其他维生素原料制成预混合饲料。

⑤ 为了保证最终产品的效价，在配制维生素预混合饲料时，维生素的量要适当多加，尤其是不稳定的维生素原料，如维生素C等，一般多加量为10%。

⑥ 为了减少维生素的损失，预混合饲料中应适当添加抗氧化剂和防霉剂。

（2）维生素预混合饲料的配方设计　维生素预混合饲料配方的设计与微量矿物元素添加剂配方设计的步骤大体相同，即确定维生素的添加量后，选择维生素原料，根据选择的产品纯度和有效含量，将添加量换算成维生素商品的使用量，然后计算载体用量，最后确定配方。同时还需要注意以养殖标准为理论依据，在生产中灵活运用。严格上讲，鱼类对于维生素的需要量并无统一的添加标准，可以参照国内外的试行标准和经验配方。

3.综合预混合饲料的配方设计

通常所说的添加剂预混料即综合添加剂预混合饲料，它是由维生素、微量元素、氨基酸、非营养性添加剂等需要预混的有关成分与载体和稀释剂组成的均匀混合物。一般是到生产配合饲料时，再将各单项添加剂预混合饲料与配好的基础饲料进行混合。配方设计步骤如下。

（1）确定添加剂的种类和数量　首先根据水产动物的营养标准和基础饲料中营养物质含量，确定维生素添加剂、微量元素添加剂、氨基酸添加剂的种类和数量，再根据生产目的及饲料营养特点确定非营养添加剂的种类和数量。

（2）选择添加剂原料种类，确定配方　将所需要的各种添加剂折算成商品原料的量，再根据预混合饲料在全价配合饲料中的比例确定载体和稀释剂用量，即可列出配方。

那些生产规模较小的厂家可以直接购入订制的或通用的单项预混合饲料（如维生素添加剂、微量元素添加剂、氨基酸添加剂）和其他饲料添加剂，按在全价配合饲料中的添加量以及综合预混合饲料在全价配合饲料中的用量，计算出各组分在复合预混合饲料中的比例，即得出综合预混合饲料的配方。

第四节　浓缩饲料的配方设计

一、浓缩饲料配方概述

1.浓缩饲料配方概念

浓缩饲料又称平衡饲料，由添加预混合饲料和蛋白质饲料原料按一定比例加工而成的均匀混合物。相当于全价配合饲料减去能量饲料的剩余部分。

由于很多基础饲料原料如玉米、麸皮、饼粕类等都来自广大农村，如果把这些饲料原料运到城市（一般技术强的大饲料厂都在城市），加工成全价饲料后，再运回农村，会造成饲料成本的提高，也是一种能源的浪费。另外，农村的一些小型饲料厂饲料配制技术和一些微量营养成分的添加技术都不过关。因此浓缩饲料很适合于这些小型饲料厂，利用浓缩饲料继续加工成全价饲料，同时也适合养殖专业户使用。浓缩饲料是以蛋白质、微量矿物元素、维生素和其他添加剂组成的营养成分较高的一种配合饲料的中间产品，除能量值较低外，其他营养成分都很丰富。

2. 浓缩饲料的使用

（1）购买浓缩饲料时一次不要买得太多，要按养殖规模适量购买，以防存放时间过长变质或降低效用。浓缩饲料存放时间一般不超过2个月，储存的场所应保持阴凉、干燥、通风。

（2）浓缩饲料是一种高蛋白质饲料，其中要加入足够的能量饲料，如玉米、次面粉、碎米、糠麸等才能成为全价配合饲料。配合时按照使用说明添加。

（3）配比混合。使用浓缩饲料时，必须按产品说明书推荐的比例进行配制，这样才能确保饲料的营养均衡和达到预期效果。随意配制就达不到节约饲料、降低成本的目的。混合时，一定要先用少量的饲料原料与浓缩料混匀，再与大量的饲料原料混匀。

（4）饲喂要科学。浓缩饲料不能直接饲喂，要加入能量饲料后再饲喂。不必煮或采取其他方法再加工，以防其中的营养物质变性或失效。饲喂植食性鱼类时，可加入适量的青饲料，遵循科学的投饲原则，以提高饲料的利用率，增加养殖效益。

二、浓缩饲料的配方设计

浓缩饲料的配方设计主要有两种方法，即由全价饲料配方推算出浓缩饲料配方，以及由浓缩饲料与能量饲料的已知搭配比例推算浓缩饲料配方。

1. 由浓缩饲料与能量饲料的已知搭配比例推算浓缩饲料配方

（1）根据实际经验确定全价饲料中浓缩饲料与能量饲料比例，以及能量饲料的组成。

（2）由能量饲料组成计算其中营养成分含量，并与标准相比，计算出需要由浓缩饲料补充的营养成分含量。

（3）根据需由浓缩饲料补充的营养成分量和浓缩饲料所占日粮的比例，计算浓缩饲料中各种营养成分含量。

（4）用蛋白质饲料、矿物质饲料、微量矿物元素预混合饲料、维生素预混合饲料及其他饲料添加剂。

（5）标明产品的使用方法。

2. 由全价饲料配方推算出浓缩饲料配方

（1）设计全价配合饲料配方。

（2）根据浓缩饲料的定义从全价饲料中扣除全部能量饲料。

（3）由剩余饲料占原全价配合饲料的总百分比及各自百分比推算出浓缩饲料的配方。

（4）标明产品生产日期、用法和用量等。

浓缩饲料的配制方法并不复杂，只要配制出全价饲料，就可以核算成浓缩饲料。

【案例分析7】

以鲤鱼配方为例来说明浓缩饲料的配制方法。

第一步，根据鲤鱼的饲养标准设计出全价饲料配方。

麸皮43%、鱼粉30%、豆饼15%、大麦10%、添加剂2%。此配方满足鲤鱼的主要营养指标为粗蛋白含量为35%。

第二步，由全价饲料配方推算浓缩饲料配方。

浓缩饲料配方是从全价饲料配方中扣除能量饲料（麸皮和大麦）后计算出来的。计算过程及结果见表3-13。

表3-13　鲤鱼浓缩饲料配方折算　　　　　　　　　　　　　单位：%

饲料名称	麸皮	大麦	鱼粉	豆饼	添加剂	能量饲料	浓缩饲料
占全价配合饲料	43	10	30	15	2	53	47
占浓缩饲料	0	0	63.83	31.92	4.25	0	100

第三步，列出浓缩饲料配方并标明其主要营养物含量：鱼粉63.83%、豆饼31.92%、添加剂4.25%。

第四步，标明产品用量、用法和生产日期等。此浓缩饲料使用时需掺入53%的能量饲料，包括43%的麸皮和10%的大麦，可配成蛋白质含量为35%的全价配合饲料。

┌─ 小知识 ────────────────────────────┐

如何选购浓缩饲料?

（1）看产品外包装　浓缩饲料产品有规范的包装方法，有严格的质量要求和卫生要求，选购时，要注意外包装的新旧程度和生产日期，若外观陈旧，字迹图像不清，说明产品储存过久或是伪劣产品，不能购买。

（2）看标码和商标　合格的浓缩饲料产品应有产品质量检验合格证、注册商标和说明书。说明书要有产品名称、饲用对象、产品登记号或批准文号、原料组成、产品成分分析保证值、用法与用量、净重、生产日期、保质期、厂名、厂址和产品标准编号等，以及标准推荐配方、饲喂方法、预期饲养效果、保存方法和注意事项等。有以上标识和说明书的产品，一般都为正规产品，可以购买。

（3）看产品外观　购买浓缩饲料时要看颜色是否均匀一致，味道是否清香，有无杂质，小袋包装是否完好，重量与说明是否一致，是否结块等。

└────────────────────────────────────┘

第五节　水产动物配合饲料的配方实例

一、主要养殖鱼类的配合饲料配方实例

1.鲤鱼配合饲料配方

北京市水产科研所：（1）麸皮45%、豆饼40%、大麦10%、鱼粉5%，添加复合维生素、无机盐、赖氨酸、蛋氨酸适量，饲料系数为2；（2）麸皮45%、鱼粉30%、豆饼15%、大麦10%，添加复合维生素、无机盐、赖氨酸、蛋氨酸适量，饲料系数为2。

上海市水产科研所：豆饼50%、鱼粉15%、麸皮15%、米糠15%、复合维生素1%，无机盐、抗生素下脚料各1%、黏合剂2%，饵料系数为2.7。

2.青鱼配合饲料配方

浙江淡水水产研究所：干草粉40%、蚕蛹30%、菜饼10%、大麦20%，饵料系数为3。

上海水产学院：青干草40%、棉饼30%、豆饼10%、菜籽饼5%、蚕蛹5%、鱼粉5%、元麦5%，饵料系数为3。

上海市水产科研所：豆饼47.5%、鱼粉35%、酵母1%、无机盐等16.5%，饵料系数为2.26。

3.罗非鱼配合饲料配方

上海市水产科研所：豆饼50%，麸皮40%，鱼粉10%。添加骨粉1%，黏合剂1%，维生素少许。饵料系数1.7～2.1。

北京市海淀渔场：豆饼35%，麸皮30%，鱼粉15%，大麦粉8.5%，玉米面5%，槐树叶粉5%，骨粉1%，食盐0.5%。饵料系数为2。

长江水产科研所：米糠45%，豆饼35%，蚕蛹10%，次面粉8%，骨粉1.5%，食盐0.5%。饵料系数为2.27。

4.草鱼配合饲料配方

珠江水产研究所：米糠40%，麸皮38%，豆饼10%，鱼粉10%，酵母粉2%。本配方饵料系数为1.9；如另加青饲料，则饵料系数为2.2。

长江水产研究所：稻草粉80%，豆饼10%，米糠10%。饵料系数4.9，另加青饲料则饵料系数为13。

山东水产学校研制的78-5号颗粒饲料配方：玉米料粉70%，鱼粉10%，豆饼粉15%，麸皮5%。其添加物和黏合剂为：红薯粉12%，食盐0.5%，复合维生素2%，磷酸氢钙2%。饵料系数为4.8。

山东水产学校研制的73-Ⅰ号颗粒饲料配方：红薯藤粉80%，豆饼粉15%，麸皮5%。其添加剂和黏合剂是：红薯粉12%，食盐0.5%，复合维生素2%，磷酸氢钙2%。饵料系数为4.5。

二、虾类的配合饲料配方实例

1.罗氏沼虾稚、仔虾配合饲料配方

① 广西水产研究所　鱼粉60%，麸皮22%，花生饼15%，矿物质3%，维生素微量。粗蛋白质为50%。

② 东海水产养殖公司　鱼粉50%，豆饼35%，小麦粉15%。粗蛋白质41%。

2.罗氏沼虾成虾配合饲料配方

① 常州饲料公司　a.大麦7%，地脚粉10%，豆粉40%，菜饼12%，米糠7%，麸皮7.2%，鱼粉12%，骨粉4%，微量元素0.5%，食盐3%；粗蛋白质32.2%；b.大麦4%，地脚粉10%，菜饼20%，米糠8.2%，鱼粉16%，肉粉4%，微量元素0.5%，食盐0.3%；粗蛋白质35.6%。

② 广西水产研究所　花生饼30%，鱼粉25%，麸皮45%，维生素及少量促生长素。

3.中国对虾配合饲料配方

青岛海洋大学李爱杰：①鱼粉32%，豆饼10%，花生饼14%，鱼油1%，酵母粉10%，虾糠6%，黄豆粉5%，小麦粉12%，麸皮5%，添加剂3%，矿物质2%；② 鱼粉22.5%，花生饼53%，豆油及鱼油2%，虾糠6%，黄豆、玉米、小麦等混合面14%，维生素0.5%，矿物质2%。

4.斑节对虾配合饲料配方

美国太平洋海洋研究中心：①仔虾——虾粉22%，血粉9%，小麦面精14%，豆饼10%，浓缩鱼蛋白20%，鳕鱼肝油4%，混合盐5.5%，多维4%，螺旋藻7.5%，啤酒酵母5%；②成虾——虾粉8%，血粉11%，小麦面精10%，肉粉21.5%，大米6%，花生饼17%，浓缩鱼蛋白6%，鳕鱼肝油4%，混合盐3%，多维5%，蛋氨酸5.5%。

三、河蟹的配合饲料配方实例

1.早期幼蟹饲料配方

辽宁省营口市水产研究所：鱼肉浆20%，蛋黄30%，豆浆30%，麦粉20%。

2.蟹种人工饲料配方

河北省保定水产研究所：进口鱼粉25%，发酵血粉15%，豆饼22%，棉籽饼10%，麸皮11%，玉米9.8%，骨粉3%，酵母粉2%，多维0.1%，矿物盐2%，蜕壳促长素0.1%，黏合剂1.5%。

3.成蟹饲料配方

辽宁省营口市水产研究所：豆饼45%，麸皮27%，土面10%，蟹壳粉或骨粉13.1%，海带粉4.5%，生长素0.35%，维生素A和维生素D 0.05%。

河北省保定水产研究所：（1）进口鱼粉20%，发酵血粉15%，豆饼22%，棉籽饼15%，麸皮11%，玉米9.8%，骨粉3%，酵母粉2%，矿物盐2%，蜕壳促长素0.1%，黏合剂1.5%；（2）进口鱼粉15%，发酵血粉20%，豆饼22%，棉籽饼15%，麸皮11%，玉米9.8%，骨粉3%，酵母粉2%，多维0.1%，矿物盐2%，蜕壳促长素0.1%，黏合剂1.5%。

山东省淡水产研究所：进口鱼粉25%，发酵血粉15%，豆饼或花生饼35%，麸皮8%，玉米9%，骨粉2%～3%，黏合剂2%～4%，矿物盐2%（钙、磷比为1：1.9），氨基酸适量。

【思考题】

1.名词解释：配合饲料　添加剂预混合饲料　浓缩饲料

2.简述配合饲料的定义和分类。

3.请简要说明设计饲料配方的依据、原则和基本流程。

4.简述使用对角线法进行饲料配方设计的方法与基本步骤。

5.简述Excel法进行饲料配方设计的基本方法与步骤。

6.简述添加剂预混合饲料和浓缩饲料配方设计的方法与基本步骤。

第四章 配合饲料的加工

【学习指南】

随着水产养殖业的迅速发展，水产配合饲料的需求量越来越大，了解和掌握配合饲料加工技术，已成为从事饲料加工及养殖业人员必须具备的知识。本章主要学习渔用配合饲料的特点，根据水产动物的营养需要特点进行配合饲料的加工；熟悉加工过程中使用的主要机械设备，能根据制作产品的特点选择合理的加工工艺，正确管理与使用好已有的饲料生产线。

【教学目标】

1. 明确渔用配合饲料的特点。
2. 了解配合饲料的生产过程。
3. 了解主要加工设备的使用。
4. 掌握配合饲料的生产加工工序及工艺流程。

【技能目标】

1. 能由饲料粒径判别投喂水产动物的生长阶段。
2. 基本明确配合饲料的生产加工工序及工艺流程。
3. 能对配合饲料质量进行简易的鉴别。

第一节 配合饲料加工工艺

由于水产饲料投喂对象的不同，所以需要不同类型的配合饲料，如粉状饲料、颗粒饲料和微粒饲料等，而不同类型的配合饲料需要使用不同的加工机械，采用不同的加工工艺流程。要想制得符合水产动物不同需求的配合饲料产品，首先必须了解渔用配合饲料的特点。

一、渔用配合饲料的特点

由于水产动物在分类地位、进化程度、栖息环境及消化吸收特点等方面，均与畜禽有较大差异，所以对配合饲料产品的要求也在某些方面具有很大的特殊性。

1.渔用饲料原料具有良好的水稳定性

渔用配合饲料在水中的稳定性是指饲料在水中浸泡一定时间后，保持组成成分不被溶解和不散失的性能。一般以一定时间内饲料在水中的散失量与饲料质量之比的百分数（即散失率）表示，也可用饲料在水中不溃散的最少时间表示。技术上要求鱼饲料浸泡30min，水中散失率要小于20%，对虾饲料水中浸泡2h散失率小于12%，同时，要求饲料在浸泡的过程中表面形成一种保护膜，使饲料中的水溶性元素不被溶失。否则，容易造成饲料的浪费，水体的污染，饵料系数的提高和水产动物的消化吸收障碍。因此，饲料的水中稳定性是评价渔用饲料质量的重要指标之一。

2.渔用饲料原料的粉碎粒度更细

由于水生动物的消化道较短，消化腺不发达；各种消化酶因体温随环境温度变化而变化，因而不能充分发挥其活性；食物在消化道停留时间较短；肠道中起消化作用的有益菌数量较少，以上因素均造成水产动物的消化能力不如畜禽，因此在饲料加工中，水产动物的饲料原料要求粉碎粒度更细。

3.渔用饲料形状及大小

畜禽一般为嚼食或啄食，对饲料形状无特殊要求。出于成本考虑，我国养殖企业更倾向于使用粉状饲料，但也有部分企业为减少浪费使用颗粒饲料，而鱼类由于齿和舌不发达，主要以吞食的方式摄食，而虾、蟹为饱食，因此，一般制成颗粒饲料。也有少数水产动物因摄食方式特殊（如鳗鱼、甲鱼等）其饲料形状较为特殊为粉状的，使用时再加水或油，将其调制成面团状或糜状。水产动物颗粒饲料的粒径大小必须与水产动物的口径相适合，才有利于摄食。

4.水产动物的营养需求方面

水产动物属于变温动物，能耗较少，对糖类利用较差，对蛋白质的需求量和油脂的消化率比其他动物要高，因此，水产饲料加工时必须考虑到水产动物的营养需求特点。

二、配合饲料的加工工序及其作用

1.原料的接收、储存与清理

（1）原料的接收 原料的接收是配合饲料生产的第一道工序，根据原料的不同，采用的接收方式可分为散装接收、袋装接收和灌装接收。如谷物籽实及其加工的副产品多采用散装接收或袋装接收；液体原料常采用灌装接收。

（2）原料的储存　在饲料进厂时，大多不能直接进入生产线，需要经过一段时间的储存。原料的储存直接影响原料的质量和生产的正常进行，因此储存时要注意各种原料的特点，调整储存环境（如温度、湿度等）以及存放时间等。保证原料的储存安全。

（3）原料清理　为了保证饲料成品质量，维持加工机械的正常运转，减少设备的损耗，必须进行水产饲料原料的清理工作。如螺旋给料器带有旋转长轴，假如饲料原料清理效果不好，饲料中残留的杂质（长纤维、大型杂质和硬质杂质等）易破坏设备，使其不能正常生产。

2.饲料粉碎

粉碎是指将饲料施以机械力，减少饲料粒度，增加饲料粉粒个数的过程。无论在陆生动物还是水产动物的配合饲料加工中，粉碎都是一项必不可少的加工工序，而且渔用配合饲料加工对配合饲料的粉碎粒度要求更加严格。

（1）粉碎的目的

① 提高饲料利用率　水生动物的消化道较短、酶的活性一般较低，这些因素决定了水产动物需要易于消化的饲料。同时饲料的粒度越小，与消化道接触的表面积越大，消化液就更易于作用于饲料，从而使饲料在较短时间内被消化。实践证明，饲料粒度越小，配合饲料的利用效率越高。

② 有利于进一步加工　水产饲料原料的颗粒几何尺寸差异很大。较小的尺寸在0.1mm左右，而较大的尺寸在5mm左右。如果将这些大小不同，形状各异的原料进行混合，无疑加大了饲料加工过程中的难度。粉碎还可减小各种原料间外形及大小的差异，进而提高饲料加工中的混合效率，减缓饲料中间产品或饲料成品的自动分级，改良产品的均一性。

③ 提高饲料的水中稳定性和均一性　饲料在成型过程中，粉碎粒度越小的饲料原料会被压得更紧。原料在粉碎后的粒度越合适、均匀，经加工后所形成的颗粒表面越光洁，内部结构均匀，营养物质分布均一，饲料的稳定性也会提高。

（2）粉碎的要求　普通鱼类饲料原料要求全部通过孔径40目筛，60目筛上物不得超过20%，特种水产饲料如对虾、鳗鱼饲料原料要求全部通过80目筛。而畜禽仅要求饲料原料细度全部通过8目筛，16目筛上物不大于20%。

3.配料计量

饲料的配料计量是按照预设的饲料配方要求，采用特定的配料计量系统，对生产所需的各种原料进行投料及称量的工艺过程，是实现配方科学性的关键环节。经配料计量后的物料送至混合设备进行搅拌混合，生产出营养成分和混合均匀度都符合产品标准的配合饲料。饲料配料计量系统是以配料秤为中心，包括配料仓、给料器、卸料机构等，是实现物料的供给、称量及排料的循环系统。现代饲料生产要求使用高精度，多功能的自动化配料计量系统。电子配料秤是现代饲料企业中最典型的配料计量秤。

4.混合

所谓配合饲料的混合是将计量好的各种配料组分搅拌混合，使之互相掺和、均匀分布的过程。配合后的饲料经过加工后，其中的每一部分与整体的营养物质含量保持一致性，也就是说，动物采食一口饲料与整天，甚至整周、整月采食的饲料的成分比例与配方要求的营养物质含量相同。由此可以看出：混合的好坏，直接制约着配合饲料的质量。

要做到精确混合，尤为重要的就是维生素、矿物质、微量元素及抗生素等微量成分的混合均匀，一般先将上述物质加工成预混合饲料，再与其他物质进行混合，以降低混合的难度。

在预混合饲料的混合过程中，一般在混合时先添加量大的成分，然后再添加量少的成分，混合时间最好由试验确定。

5.制粒

饲料原料经粉碎、混合加工后，已包含水产动物生长所需的各种营养素，但水产动物生活在水中，如饲料不经成型，不具有一定的水中稳定性，各种营养素入水后会在水中溃散，使水产动物得不到营养全面的物料。同时，大量的营养物质被浪费在水中，不但造成浪费，也会对环境造成污染。因此除少数水产动物饲料外，大部分饲料均采用成型后的颗粒饲料。

6.产品的包装与储运

将经过生产线生产出来的配合饲料成品进行筛分与质检，按规格分别称量包装，贴上标签，标签上注明饲料组成、投喂对象、生产日期和保质期等，并按照要求储存于仓库或运输出厂。

三、配合饲料加工的工艺流程

配合饲料的生产厂根据原料的资源情况、产品的质量要求以及建厂条件、机械设备等因素，选择设计相应的配合饲料生产工艺。我国目前较大型的饲料厂采用重量式配料、间歇混合、分批式生产工艺。这种工艺的优点是配料准确，混合均匀，质量稳定，自动化程度高，同时也便于清仓管理和经济核算。

重量式配料、间歇混合、分批式生产工艺，看起来比较复杂，但概括地讲主要有先粉碎后配合加工工艺、先配合后粉碎加工工艺和微粒饲料的加工工艺。

1.先粉碎后配合加工工艺

先粉碎后配合加工工艺是我国多数饲料厂采用的生产工艺，需要粉碎的原料在粉碎过程中逐一粉碎为单一品种的粉状原料之后，进入中间配料仓，再按照饲料配方的配比，对这些粉状的蛋白质饲料、能量饲料和添加剂逐一进行计量后，进入混合设备进行充分混合，即成粉状配合饲料。如需压粒，就进入压粒系统加工成颗粒饲料，或按要求破碎后，进一步筛分包装成成品。主要生产工艺流程如图4-1。

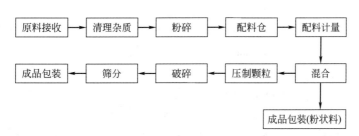

图4-1 先粉碎后配合加工工艺流程图

这种生产工艺的特点是：原料可分品种进行粉碎，有利于充分发挥粉碎机的效能，可按物料特性及饲料配方中的粒度要求选择调整粉碎机，使粉碎饲料的粒度质量达到最好，粉碎机的工作效率最高。但由于原料按品种分别粉碎，因而需要较多的配料仓，建设投资大；当需要粉碎的原料种类较多时，粉碎机的操作控制较难。这种工艺更适合于生产规模较大，配比要求与混合均匀度高的大型饲料厂。

2.先配合后粉碎加工工艺

先配合后粉碎加工工艺是先将各种原料（不包括维生素和微量元素等添加剂预混合饲

料）按照饲料配方的配比，采用适合的计量方法配合在一起，然后进行粉碎，粉碎后的粉料进入混合设备进行分批混合或连续混合。并在混合开始时，将被稀释过的维生素、微量元素等添加剂预混合饲料加入。混合均匀后即为粉状配合饲料。如果需要将粉状配合饲料压制成颗粒饲料时，将粉状饲料经过蒸汽调和，加热使之软化后进入压粒机进行压粒，然后再经冷却即为颗粒饲料，按要求破碎至要求粒径后，进一步筛分包装成成品。其生产工艺流程如图4-2。

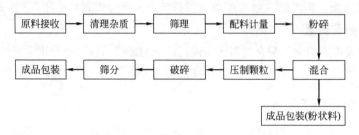

图 4-2　先配合后粉碎加工工艺流程图

这种生产工艺的特点是工艺流程简单，结构紧凑，投资少，节省料仓数量。但由于是先行配料后统一粉碎，故所有基础原料同时进入粉碎机进行粉碎，使部分粉状饲料粉碎过细，不仅影响粉碎效率和产量，还会因过度粉碎浪费能耗，提高成本，而且一旦粉碎机运行发生故障，将会造成之后工序的全面停产；粒度、容重不同的物料容易发生分级，配料误差大，产品质量难以保证。这种工艺更适合小型饲料加工厂。

3.微粒饲料的加工工艺

微粒饲料主要用作鱼、虾、蟹等育苗场的苗种开口饲料，按制备方法和性状的不同有微黏饲料、微膜饲料和微胶囊饲料。微粒饲料不但要求饲料的营养成分组成比较符合水产苗种的要求，具有较好的水中稳定性，而且粒径要求与鱼苗口径相适应，对鱼苗具有较强的诱食和促生长性能等。

提高水产饲料耐水性的方法，一般是在物料中添加黏结剂，还有专门为幼体鱼、虾设计的微胶囊饲料，即在微粒饵料的外面包被一层蛋白质膜，但其加工工艺复杂，成本过高，至今没有得到广泛应用。

目前，因为微粒饲料加工设备和技术要求较高，我国生产微粒饲料的厂家比较少，且主要是生产比较方便的微黏饲料，其加工过程是先将原料进行超微粉碎，按照饲料配方正确计量，充分混合均匀后加入黏合剂，搅拌均匀，经过固化、干燥再微粉化制成（图4-3）。这种加工方法主要利用黏合剂的黏合作用，保持饲料的形状和在水中的稳定性。

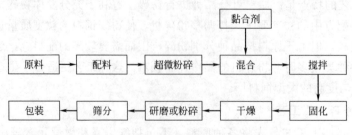

图 4-3　微黏饲料加工工艺

四、预混合饲料的加工工艺

预混合饲料作为配合饲料的重要组成部分，也是提高饲料产品质量的关键部分。生产预混合饲料所用的原料如各种维生素、氨基酸、微量元素和其他饲料添加剂等种类繁多、用量少、差异大、化学性质不够稳定等，所以，预混合饲料的生产工艺与配合饲料的生产工艺是有区别的。

制作预混合饲料需要载体和稀释剂，其目的是稀释或承载添加剂，配合到基础饲料中去，使水产动物能有效地利用各种微量成分。所以，除了要求预混合饲料配方组成合理外，在加工过程中对加工的要求也较高。

1.预混合饲料的加工工艺

（1）原料的选择

生产预混合饲料产品所用添加剂原料的种类、理化特性、生物学效率及加工型是决定预混合饲料质量的关键，因此必须选择最佳原料和适宜的载体或稀释剂。

① 原料的来源、特性及价格　在选择原料时要考虑到该种原料在饲料加工地区是否有稳定的进货来源；同时必须注意原料的特性，能否影响预混合饲料成品的质量，包括吸潮性、氧化性、溶解性及颗粒大小等；还要注意到所选择原料的进货价格，做到物美价廉。

② 适口性　所选择的原料应该对动物采食无不良影响或影响较小，最好是能够提高动物采食量的原料。

③ 化学稳定性　当某种饲料添加剂加入到预混合饲料或各种饲料中时，它的效价可能受稳定性的影响。选用原料时需要考虑微量成分的纯度、商品形式或在配合料中可能的损失，认识其局限性。对不稳定的添加剂需要明确规定使用的范围，注意影响稳定性的因素，注意添加剂的保质期与有效期。

④ 配伍禁忌　制作预混合饲料时往往将多种微量组分混合到一起，因此，需要在化学性质上考虑是否存在一种添加剂对其他添加剂稳定性及其效价的影响，如果一种添加剂对另外一种添加剂存在干扰，影响其生物效价，则二者存在配伍禁忌。在配制预混合饲料时应尽量了解和避免各种添加剂间的配伍禁忌。

⑤ 毒性、残留、抗药性　选择的原料不得对畜禽产品产生急性或慢性中毒，不得导致组织细胞癌变和遗传变异等。动物食入添加剂后，其有害成分向养殖动物产品的转移和残留量不得超过国家规定的允许量。

（2）原料接收　矿物质微量元素原料以包装形式进车间，装入微量元素箱内，以防其变质；维生素原料单独储存于低温库房，以防止维生素活性的降低；复合预混合饲料的原料均以包装形式进入配料车间。

（3）原料预处理

① 载体或稀释剂的前处理　一般载体或稀释剂在接受前要先除去杂质，根据需要经干燥并粉碎至要求粒度。

② 微量元素前处理　微量元素添加剂主要指铜、铁、锰、锌等的矿物盐与氧化物。这些添加剂中有的水溶性差，工艺上易处理；有的极易吸湿返潮而结块，直接影响加工处理，会降低设备的使用寿命，又影响饲料产品的质量。因此，在应用之前必须进行适当处理。如干燥、细粒化、添加防结块剂，制成预混合饲料等，以改变它们的某些物理性状，使之既符合加工工艺要求，又能确保产品质量。

（4）计量配料　计量配料是将配方中罗列的各种原料按照配方要求准确称量，因此计量配料过程最重要的就是称量准确。计量系统的精度主要指秤的精度，秤的精度至少达到0.1%。要选用两种以上的秤，即大料用大秤，小料用小秤，而且对不同的秤的误差要求也不同。

（5）混合　混合工艺是将预混合饲料配方中各种组分原料经称重配料后，进入混合机中进行均匀混合的工艺过程。

（6）计量打包　混合后的成品直接进入成品仓，计量打包，包装袋上要标明预混合饲料的主要成分百分比、生产日期及有效期等内容。预混合饲料的加工工艺如图4-4所示。

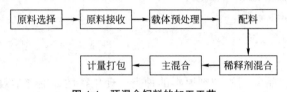

图 4-4　预混合饲料的加工工艺

2.预混合饲料加工工艺的特性

预混合饲料的品质主要取决于两个方面，一是添加剂的组成和质量及其加工，二是与添加剂相混合的载体或稀释剂。预混合饲料的加工工艺主要由粉碎、配料、混合、包装等工序组成。虽然这几个工序在全价配合饲料生产中都存在，但由于预混合饲料原料品种多，添加量相差显著，且各种微量组分的理化特性差异大，彼此间相互影响，产品用户差异也大，因此预混合饲料的加工工艺特性表现在以下几个方面。

（1）工艺简短　预混合饲料加工工艺应尽量采用简短的工艺流程。配料、混合与成品打包之间的连接应尽量利用自然高度差紧凑地完成，尽可能减少提升或水平输送的次数和运送距离，以减少物料在输送机械中的残留，减少物料间的交叉污染和混合后物料的自动分级。打包仓体积不宜过大、过高，以减少入仓和出仓时的物料自动分级。

（2）配料准确　科学的配方要靠精确的计量配料来实现。要保证严格按配方要求准确配料，就要有计量准确的设备及合理的工艺。做到大料用大秤，小料用小秤，尽量做到某一组分专用某一配料秤，以减少交叉污染和提高称量正确率。对于粒度极细、密度又小的维生素等组分，要防止因吸风、静电吸附、残留等造成损失而影响产品的营养性能。

在国外，自动化的微量配料秤虽已逐步推广使用，但是，对于小品种的组分，人工称重添加仍被广泛使用，关键是加强科学的管理，加强对有关设备的定期校准。

（3）混合均匀　微量组分在配合饲料中占的比例很小，要使其在配合饲料中均匀分布，必须首先保证预混合饲料的混合均匀性。一般要求预混合饲料混合均匀度的变异系数（CV）不大于5%。要达到这个要求，在工艺方面应选择高效、低残留、混合均匀程度高的混合机。尽量减少因下落、振动、提升、风运等带来的影响。在管理方面，要正确地确定混合时间、选择合适的载体与稀释剂、严格控制添加物的粒度、规定加料顺序、添加油脂等，以保证微量组分在出混合机时达到规定混合均匀度的前提下，能充分地镶嵌或吸附在载体上，以避免或减少出机后预混合饲料在运输、销售过程中的重新分级。

（4）设备防腐　某些微量组分对加工设备具有腐蚀性，这种特性不仅降低了设备的使用寿命，影响设备的加工精度，而且有些设备的腐蚀产物对动物生长也有害。因此，预混合饲料生产中凡与微量组分接触的设备，如配料秤、混合机、输送机械、料仓和管道等，都采用不锈钢或其他防腐蚀材料制造或进行表面处理。

（5）使用方便　为了方便使用并充分发挥预混合饲料的功能，首先要尽量地使品种多样化、系列化，以适应不同用户与水平的要求，加强与基础饲料的配套性。在浓度与包装的设计上，要充分考虑配合饲料厂或饲养户加工设备与管理的特点及对预混合饲料的特定要求，尽量做到与用户的混合机与计量设备匹配。例如，针对无预混工段的中小饲料厂500kg的主混合机，将1%复合预混合饲料制成5kg的小包装，每次用人工投一包，既保证预混合饲料的质量，又方便使用。

第二节　配合饲料的主要加工设备

配合饲料生产加工中所使用的主要设备是根据不同的产品生产目标进行设计和选择的，但是一般的配合饲料生产企业所配备的主要设备为清理设备、粉碎设备、配料设备、混合设备、制粒设备、液体添加（或喷涂）设备、打包设备、输送设备及通风除尘设备。

一、清理设备

清理设备的主要功能是清除饲料原料中的各种夹杂物，如砂石、绳头、布片、木块、木棍、螺钉、螺帽、铁钉、铁片等，以保护机械设备免受损害及保证产品质量。常用的清理设备主要有振动筛、初清筛、滚筒及吸铁装置等。

1.清理筛

（1）圆筒清理筛　圆筒清理筛具有结构简单，体积小，处理效率和效果好，造价低等优点，在清理出来的夹杂物中含有用物料极少。对大多数饲料原料清理效果较好。圆筒清理筛广泛用于水产配合饲料的粉料除杂中（图4-5）。

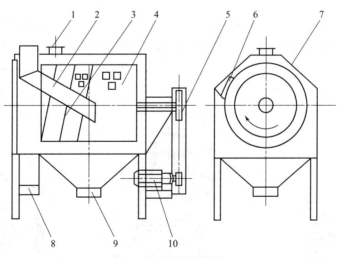

图 4-5　圆筒清理筛结构

1—吸风管；2—进料口；3—倒流螺旋；4—筛筒；5—传动装置；
6—清理刷；7—罩壳；8—排杂口；9—出料口；10—电动机

（2）圆锥粉料清理筛　圆锥粉料清理筛被饲料厂广泛使用于麸皮、鱼粉等粉状原料的清理。圆锥粉料清理筛的结构如图4-6所示。

圆锥粉料清理筛运转平稳，能有效地将粉料中含有的石块、纸片等清理出去，同时占地较小。但对长型柔性杂质（绳、树叶等），易缠绕于进料螺旋中心轴上。

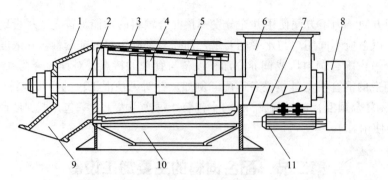

图 4-6 圆锥粉料清理筛结构

1—出料端盖；2—转轴；3—筛筒；4—刷子；5—打板；6—进料斗；
7—助流螺旋；8—防护罩；9—排杂口；10—出料口；11—电动机

2. 去铁设备

去铁机利用磁场吸力将铁、镍及钴等强磁性杂质清除，所以设备中的主要部件是创造磁场的部件，根据产生磁场的方式不同，磁铁可分为永久磁铁和电磁铁两种。永久磁铁，不需要电力，工作成本低，使用较广泛。电磁铁，成本较高，但工作可靠，适合一些大型饲料厂使用。

二、粉碎设备

这是饲料工厂的关键设备。因为粉碎的情况与配合饲料质量、产量、电耗和成本有密切关系。这种设备的功用是将原料中粒度不合要求的物料粉碎成符合需要的粒度，以便于均匀混合和改善养殖对象对饲料原料的消化和吸收。我国饲料工厂常用的粉碎机可分为有筛粉碎机和无筛粉碎机两大类。

1. 有筛粉碎机

水产动物配合饲料厂采用的有筛粉碎机以锤片式粉碎机为主。物料的粉碎过程比较复杂。只能通过现代高速摄影技术才能得到初步的结果。从摄影结果可以看出，饲料在锤片式粉碎机内的粉碎过程主要有两种作用：一是受锤片冲击作用；二是在锤片的搅动下，饲料与筛片形成的剪切作用，图4-7为锤片式粉碎机的结构图。

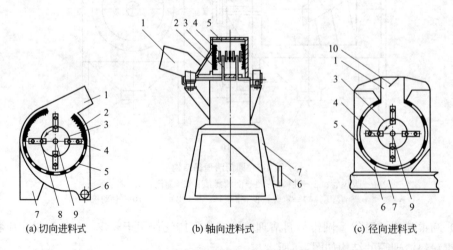

(a) 切向进料式 　　　　　(b) 轴向进料式 　　　　　(c) 径向进料式

图 4-7 锤片式粉碎机及其进料口类型

1—进料口；2—齿板；3—锤片架；4—锤片；5—筛片；
6—出料口；7—机架；8—销轴；9—主轴；10—进料导向板

2.无筛粉碎机

一些特殊的鱼饲料和虾、蟹饲料，尤其是水产动物的开口饵料对饲料的粒度要求很高，需要进行微粉碎。为达到微粉碎的要求，势必采用孔径极小的筛片，但是有筛粉碎机往往不能完成微粉碎的工作，主要原因是物料粒度小，流动性越差，依靠离心力、重力等来过筛的能力越低。孔径越小，筛片的气流阻力越大，粉碎吸风对排料的辅助作用也越弱，孔径小的筛片更易于被物料堵塞。特别在粉碎鱼粉、蚕蛹、谷物胚芽等水分或油脂含量较高的原料时，经常因堵筛而迫使粉碎操作中断。而且采用有筛锤片式粉碎机进行物料微粉碎，相当多已达到粉碎细度要求的细粒不能及时穿过筛孔，这些物料在粉碎室内被反复锤击，并长时间地和筛片摩擦，大幅度地增加了粉碎能耗和降低了产量，同时使物料的温度急剧升高，导致饲料的某些有益组分失效。对于需要微粉碎的物料，采用无筛粉碎机效果较理想。由于水产动物的消化道短及水产饲料的特殊加工要求，要求的饲料粉碎粒度较细，所以在水产配合饲料加工领域，无筛粉碎机的应用更加广泛。

无筛粉碎机的机型种类很多，包括多级卧式微粉碎机、离心气流分级机和立式微粉碎机等，我们仅以无筛粉碎机中的多级卧式微粉碎机为例介绍无筛粉碎机的工作原理。

多级卧式微粉碎机有2个或3个粉碎室，每个粉碎室的内壁由齿板作为固定磨。每室中5～6片锤击片固定在主轴上，随主轴高速转动。锤击片与齿板的间隙可调整，要求产品粒度小时采用小间歇。但该间隙调节技术要求高，工作量大，一般在首次使用时调节合适后，日常使用中很少调节。

来自进料口的物料首先被气流吸入第一粉碎室，受到锤击片猛烈撞击，并在锤击片与齿板的共同作用下受到剪切、研磨、撕裂等粉碎力。继而物料通过一锥形通道被吸入第二粉碎室。相邻两粉碎室采用锥形通道相连，一可减小物料的圆周速度，提高锤击片和物料的相对速度；二可起颗粒分级作用，使较大的颗粒回第一粉碎室重新粉碎。物料通过几个粉碎室的粉碎后，进入最后的风机室，由风机叶片产生的风力送出排料口，多级卧式微粉碎机的构造如图4-8所示。

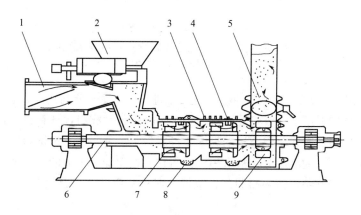

图4-8 多级卧式微粉碎机构造图

1—进风管；2—料斗；3—散热板；4—固定模环；5—排料口；

6—主轴；7—锤击片；8—锥形通道管；9—卸料风机

三、配料设备

　　配料工序是保证配比正确的重要生产环节，是配合饲料厂的心脏。配料设备包括喂料机和配料秤。喂料机是用以将各配料仓中的物料均匀输送到配料秤进行计量的设备。喂料机分螺旋式、叶轮式等。配料秤有机械配料秤、机械电子配料秤和传感器电子配料秤三种，都可按输入配方调整控制装置，使其按配方要求比例将各种原料自动称量并输入混合机。配料秤应经常检查维护，以保证其准确度。

四、混合设备

　　在生产配合饲料时，不仅要保证计量的准确性，还必须确保各种组分在整批饲料的均匀分布，尤其是一些添加量极少而对水产动物生长有明显作用或有一定毒性的活性成分（如维生素、抗生素和微量元素等）混合时更应注意其混合均匀度，因此混合设备是配合饲料生产的关键设备。它是使配合饲料中各种物料得到均匀混合、确保配合饲料质量的重要环节，也是决定配合饲料厂生产质量的工序。目前我国配合饲料厂所用的混合机有卧式螺带混合机和立式行星绞龙混合机等。

1. 混合机的类型

　　（1）卧式螺带混合机　卧式螺带混合机（图4-9）具有混合速度快、混合周期短等优点，所以是我国水产饲料厂使用非常广泛的混合机，它在混合稀释比较大的情况下亦能达到较好的混合效果。卧式螺带混合机不仅能混合流动性好的物料，也能混合黏性较大的物料，必要时也能加入一定量的液体物料，在油脂类添加量小于10%时均能正常混合。

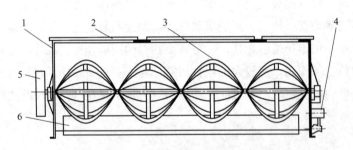

图4-9　卧式螺带混合机结构

1—机壳；2—进料口；3—叶片转子；4—出料门控制机构；
5—传动机构；6—排料口

　　在卧式螺带混合机机壳的顶部，通常设有2个进料口，便于分别连接大小两台配料秤的排料口。在大型水产饲料厂，一般将混合机的一个进料口与大配料秤卸料口相连，而将小配料秤出口和人工投料口一起连接混合机的另一个进料口上。另一些水产饲料厂则让主体物料进一个进料口，人工投入的小组分物料进另一进料口。根据加工工艺的需要或便于操作，可只使用一个进料口，而将另一进料口封闭，也可在混合机顶部再开设一个进料口，使用3个进料口。

　　机体内有4条螺带固定在水平转轴上组成螺带转子。为了加强混合能力，采用内外两层螺带，内层螺带和外层螺带分别为左螺旋和右螺旋。当2条外螺带把物料由混合机的一端送往另一端时，另2条内螺带则把物料做反方向输送，从而达到物料相混的目的。

（2）立式行星绞龙混合机　立式行星绞龙混合机简称行星混合机（图4-10）。行星混合机混合作用较强，混合时间较短，最终的混合质量较好，所以常被用作预混合饲料的混合设备。但是如果混合机设计不好时可能在底部存在死角。

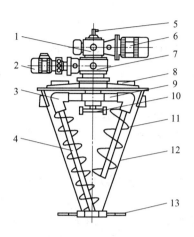

图 4-10　立式行星绞龙混合机

1—自动变速器；2—公转轴电机；3—转向改换头；4—螺旋轴；
5—液体加入口；6—自转轴电机；7—公转变速器；8—进料口；
9—传动曲柄；10—液体喷洒器；11—螺旋；12—机筒；13—卸料门

立式行星绞龙混合机主要是由圆锥形混合筒、螺旋绞龙、曲柄、公转轴电机与自转轴电机、公转变速器等组成。在设备中，螺旋绞龙轴的顶端连在曲柄上，当曲柄转动时，通过曲柄的带动及齿轮的传动，使螺旋绞龙在围绕着锥形筒体公转的同时又进行自转。筒体内的物料不仅因向上运送而产生上下翻动，而且还围绕着筒体四周转动而产生搅动。

2.注意事项

混合时间是影响混合均匀度的重要因素。在一定限度内，混合均匀度与混合时间成正比。但混合均匀后，继续延长混合时间，则能造成物料再分离，降低均匀度，对不同混合机的最佳混合时间，应通过试验确定。此外，物料在混合机中的充满系数也影响混合均匀度，充满系数过高或过低都能降低混合均匀度。通常认为，卧式螺带混合机的一般充满系数为0.8左右，也可实验确定混合时间短、均匀度好、生产率又高时的充满系数。其他如物料的物理特性等对混合均匀度也有影响，应在生产时加以注意。

五、制粒设备

颗粒饲料的优点已在养殖业中充分体现出来，它可以防止动物挑食、浪费饲料和采食营养物质不均衡，从而使饲料效率明显提高以及易于运输、储存等，另外颗粒饲料可以提高饲料在水中的稳定性。因而颗粒饲料，已逐渐被广大养殖者所接受。

制粒设备主要包括调质器、压粒机、冷却器、破碎机和分级筛。目前配合饲料厂使用的多是环模式压力机。压制颗粒，简单说就是一个挤压热塑过程。粉状饲料在调质器里与蒸汽混合调剂，饲料中的蛋白质和淀粉受热并混入一定水汽增加可塑性，粗纤维受湿热软化。此时，饲料中含水量达15%～16%，被压辊从环模口挤压成型，由切刀断成需要长度的颗粒。此时颗粒温度为75～85℃。热颗粒被送入冷却器中通过冷空气使之冷却干燥和硬化后，经分级筛筛去粉碎即为成品。根据所需要的颗粒大小选择不同孔径的环模板。

为了提高混合机产量，有时用大孔环模制粒，然后再经辊式破碎机破碎筛分出需要颗粒料，细粉送回压粒机再次制粒。

六、包装设备

配合饲料厂生产的产品（粉状配合饲料和颗粒饲料）以两种形式出厂。一种是包装出厂，另一种是散装出厂。我国配合饲料厂多数使用一次性覆膜编织袋包装出来出售，虽然提高了饲料成本，但避免了疫病的交叉感染。

目前用于饲料产品的定量打包机，国内使用较少，实际生产中大部分是采用人工称重和装袋，用缝口机缝口。也有部分厂家采用了自动打包流水线，使打包工作效率大大提高。

第三节　配合饲料加工与质量控制

水产饲料的加工不仅因饲料配方中原料组成成分而异，还会因机械设备及生产技术人员的操作不同，而使饲料的生产成本和产品质量产生差异。因此，选择配合饲料的具体加工方法，是决定饲料成本和饲料质量的关键点。

一、原料的接收和储存

原料可分为需进行粉碎的粉状物料、粉状的谷物及动物加工副产品、容重较大的无机矿物料和微量组分。由于上述原料的理化性质和后续加工方法都存在差异，所以必须在接收和储存过程中，考虑实际情况选择合理高效的方法。

1.原料的接收

（1）质量检验　无论采用何种接收方法，都必须对饲料原料进行质量检验，尤其是一些价格昂贵的饲料原料如鱼粉、氨基酸和维生素等。饲料原料检验就是通过人体感官或借助化学试剂和化学设备，客观地测定或评价饲料品质或其中特定成分的浓度或质量特性。原料的检测过程依原料而异，首先要求饲料企业的专门采购人员必须详细了解相应饲料原料的颜色、气味、密度和浓度等，同时还必须了解各种原料的规格、质量是否和生产要求相符，经检验合格的原料方可进行后续操作。

（2）原料的接收　原料在接收之前首先应进行称量，原料的称量是接收工序的一项工作内容。称量的装置有地衡、自动秤、台秤和电子计量秤等。

① 散装接收　散装原料一般具有量大、成本低的特点，而且较适用于机械化生产，工作效率高，使用除尘装置时工作卫生条件好，所以能进行散装运输及存放的原料应尽量采用散装接收方式。

② 袋装接收　矿物质、黏合剂、维生素和药物等用袋装或瓶装的原料，则应按原来的包装形式储藏。一些易于吸湿返潮或流动性很差的细粉状原料也以包装的形式储存为好。

③ 液体原料的接收　液体原料需用桶装或罐车装运。桶装的液体原料可类似袋装接收，用人工接收或机械接收。罐车装运的液体原料运至厂内后，由接收泵将液体原料泵入储存罐。

2.原料的储存

饲料原料的储存，在饲料厂中是十分重要的问题，它影响到生产的正常进行及工厂的经济效益。仓型及仓容是保证原料及成品储存质量和储存能力的关键因素。水产饲料原料和成品的储存仓分为房式仓、筒式仓和平板仓3种。房式仓的优点是造价低，适合粉料、油料等包装物料；缺点是装卸工作机械化程度低、操作管理麻烦，需要较多的人力、物力，劳动强度大。筒式仓的优点是便于进出仓机械化，操作管理方便，劳动强度小；缺点是造价高，施工技术要求高，主要用于存放谷物等粉状料。平板仓主要用于暂存物料，这些料仓通常由平板钢板按合适的形状和容量加工而成。

二、原料的清理

与诸多行业的清理目的有所不同，保持产品纯度只是水产饲料清理的目的之一。由于水产饲料原料及加工机械的特殊性，保证加工设备的正常运转、避免设备损伤则是水产饲料原料清理更主要的目的。在配合饲料厂使用的各种原料中，进入配合饲料厂后，可重复清理除去运输、储藏过程中产生的杂质，也可不需要清理而直接进入下一生产工序。油脂等液体原料在卸料或加料的管路中，设置过滤器进行清理。原料中的谷物及加工副产品则含有石块、泥土、皮屑、绳头、麻袋片、铁钉、螺钉、垫圈、钢珠、铁块等杂质。

正常生产过程中，水产饲料的原料清理主要是去除长纤维杂质、大型杂质和硬质杂质。该三类杂质去除后各设备的安全、正常生产才有保障。水产饲料厂常用的清理方法有筛选法和磁选法。筛选法可筛除大于饲料的沙石、秸秆、绳线等大型杂质及长纤维杂质；磁选法可除去铁杂。原料中的一些与原料大小相近的石块及某些不锈钢、铜等非磁性硬质杂物对饲料加工设备危害极大，应采取有效的措施将它们去除。

1.筛选

当物料与筛面接触时，由于筛面的孔径只准许小于筛面大小的物料通过孔径，于是将原料与杂质分离开来。所以在进行清理过程中杂质粒度的大小是选择筛面的决定因素之一，要保证筛出大于或小于饲料原料颗粒的杂质。在筛选法中所使用的设备包括初清筛、冲孔筛和编织筛等。筛选设备的技术要求是：饲料原料的除杂率要大于95%。因此，筛面选择与工作性能是决定筛选效率的关键。

2.磁选

磁选法主要是根据饲料原料和金属杂质的磁化率不同，将饲料原料与一些金属杂质区分开来。由于钢铁、铸铁、镍、钴及合金等金属具有易被磁化的性质，谷物等原料为非导磁体，在物料进入磁场时，磁性金属杂质磁化，被磁场的异性刺激吸引而与饲料分离。磁选设备的技术要求是：饲料中的磁性金属杂质的除杂率必须达到80%以上。

三、原料的粉碎

饲料粉碎的工艺流程是根据要求的粒度、饲料的品种等条件而定。按原料粉碎次数，可分为一次粉碎工艺和循环粉碎工艺或二次粉碎工艺。

1.一次粉碎工艺

一次粉碎工艺是最简单、最常用、最原始的一种粉碎工艺，无论是单一原料、混合原料，均经一次粉碎后即可，按使用粉碎机的台数可分为单机粉碎和并列粉碎，小型饲料加工厂大多采用单机粉碎，中型饲料加工厂有将两台或两台以上粉碎机并列使用。一次粉碎工艺是先将原料经过清理工序后即进行粉碎，而粉碎得到的物料直接送入配料仓。该工艺优点是投资小、工艺和操作简单，缺点是粒度不均匀，粉碎时间长，电耗较高。

2.二次粉碎工艺

为弥补一次粉碎工艺的不足，饲料生产企业在一次粉碎工艺的基础上加以改进，创造出了二次粉碎工艺。它有三种工艺形式，即单一循环粉碎工艺、阶段二次粉碎工艺和组合二次粉碎工艺。

（1）单一循环二次粉碎工艺　用一台粉碎机将物料粉碎后进行筛分，筛上物再回流到原来的粉碎机再次进行粉碎。

（2）阶段二次粉碎工艺　该工艺的基本设置是采用两台筛片不同的粉碎机，两粉碎机上各设一道分级筛，将物料先经第一道筛筛理，符合粒度要求的筛下物直接进入混合机，筛上物进入第一台粉碎机，粉碎的物料再进入分级筛进行筛理。符合粒度要求的物料进入混合机，其余的筛上物进入第二台粉碎机粉碎，粉碎后进入混合机。

（3）组合二次粉碎工艺　该工艺是在两次粉碎中采用不同类型的粉碎机，第一次采用对辊式粉碎机，经分级筛筛理后，筛下物进入混合机，筛上物进入锤片式粉碎机进行第二次粉碎。

与一次粉碎工艺相比，二次粉碎工艺避免了重复粉碎，从而降低了粉碎机的工作时间和能耗，其耗电量仅为一次粉碎工艺的60%～70%；此种方法的粉碎粒度更加均匀，保证了配合饲料的质量。二次粉碎工艺所要求的设备投入更高，较适合大型饲料企业使用。

四、配料

配料是指水产配合饲料加工中，按照设定的配方，称取各种原料，配合成堆料或料流的过程。配料的正确性直接影响到饲料的营养成分能否达到配方的设计要求，甚至会影响到配合饲料的加工成本。配料工序要求在配合饲料生产规定的计量时间内，完成配料任务并保证要求的计量精度且计量稳定可靠。配料工艺从不同的角度，对其有不同的划分方法，现从多个角度探讨配料工艺的不同划分方法。

1.以工作过程划分

从配料工艺按工作过程来分，可分为分批配料和连续配料两种。目前，国内大多数配合饲料生产企业采用分批配料方式。分批配料方式所用配料设备简单，但增加了与粉碎、混合等加工工序衔接的难度。连续配料工艺简单，便于操作，但所用配料设备复杂，需要较完善的自动控制功能。

2.以工作原理划分

按工作原理可将配料工艺分为重量式和容量式两种。容量式配料装置是按照物料的容积比例大小进行配料，配料设备简单，造价低，易操作、维修，但计量时易受物料的容重、水分、流动性等特性及物料充满程度变化等因素的影响，配料精度不够稳定，误差大，也不便于调换配方。重量式配料装置是按照物料的重量来配料，又分为分批重量式计量方式和连续式重量计量方式。分批重量式计量虽然设备费用较大，维修要求较高，但计量精度高，稳定可靠，调换配方容易，自动化程度高，现在饲料厂多采用该种方式进行计量。

3.以配料设备划分

（1）人工添加配料　人工控制添加配料适用于小型饲料加工厂和饲料加工车间。这种配料工艺是将参加配料的各种组分由人工称量，然后由人工将称量过的物料倾倒入混合机中，因为全部采用人工计量、人工配料，工艺极为简单，设备投资少，产品成本降低，计量灵活、精确，但人工的操作环境差、劳动强度大、劳动生产率很低，尤其是操作工人劳动较长时间后，容易出差错。

（2）自动配料　自动配料系统通常由配料仓、给料器和自动配料秤组成。需称量的原料分别存放在各个配料仓中。每个配料仓下连接一台给料器，给料器下连接配料秤。一台配料秤上可连接多台给料器，每一配料周期中称取多种原料，这种形式的配料秤称为多料秤。有些配料秤上连接一台给料器，每批次只称一种原料，这种配料秤被称为单料秤。目前，水产饲料厂采用多料秤的较多。

4.根据配料仓与秤的搭配来划分

（1）一仓一秤配料工艺　在每个配料仓的下面装置一台配料秤，由于各种物料的用量不相同，所选配的配料秤的形式及称量范围也不相同。称量时，每台秤每个生产周期只称量一种组分，可同时完成各种原料的给料、称量和卸料等程序，每个称量周期仅需1min左右，从而缩短了配料周期，速度快，精度高。但配料装置多，投资费用高，不便于维修、调试、管理和实现自动化控制。

（2）多仓一秤配料工艺　目前，中小型饲料厂应用最广的就是多仓一秤配料工艺。配料仓可根据需要设置8～24个，分别存放各种主、辅料；每个配料仓下的给料器大小与各物料配比率相适应，以便既能满足给料速度的要求，又能在给料达到要求而停止转动时，不会因使用过大的给料器而导致过多的偶然撒落物料；所有物料称量共用一台秤。如果料仓的个数允许，配比率为1%～3%的小料既可作为单一组分参加配料，也可以制成预混合饲料参与配料或人工加入混合机中。该配料工艺简单，计量设备少，设备的调节、维修、管理方便，易于实现自动化。但是配料周期较长，累计称量过程中，产生的误差不易控制，导致配料精度不稳定。

（3）多仓数秤配料工艺　多仓数秤配料工艺是将配料仓分组，各组使用不同容量的称量设备，分别称取配比量相近的物料。如：多仓两秤配料工艺，应用于大型配合饲料厂。各种组分根据配比率分成两组称量，配比率大于10%（或5%）的大料在主料秤中称量；配比率1%～10%（或1%～5%）的小料由称量为大秤1/5～1/4的小秤称量；配比率小于1%的通过预混合饲料加入或人工投入。

五、混合

混合工艺可分为分批混合和连续混合两种。分批混合就是将各种混合组分根据配方的比例混合在一起，并将它们送入周期性工作的"批量混合机"分批地进行混合，这种混合方式改换配方比较方便，每批之间的相互混杂较少，是目前普遍应用的一种混合工艺，但启闭操作比较频繁，因此大多采用自动程序控制。连续混合工艺是将各种饲料组分同时分别地连续计量，并按比例配合成一股含有各种组分的料流，当这股料流进入连续混合机后，则连续混合而成一股均匀的料流，这种工艺的优点是可以连续地进行，容易与粉碎及制粒等连续操作的工序相衔接，生产时不需要频繁地操作，但是在换配方时，流量的调节比较麻烦而且在连续输送和连续混合设备中的物料残留较多，所以两批饲料之间的互混问题比较严重。

六、制粒

1.调质

调质是制粒过程中最重要的环节。调质的好坏直接决定着颗粒饲料的质量。调质目的即将配合好的干粉料调质成为具有一定水分、一定湿度利于制粒的粉状饲料，目前我国饲料厂都是通过加入蒸汽来完成调质过程。

2.制粒

（1）环模制粒　调质均匀的物料先通过保安磁铁去杂，然后被均匀地分布在压辊和压模之间，这样物料由供料区、压紧区进入挤压区，被压辊钳入模孔连续挤压开分，形成柱状的饲料，随着压模回转，被固定在压模外面的切刀切成颗粒状饲料。

（2）平模制粒　混合后的物料进入制粒系统，位于压粒系统上部的旋转分料器均匀地把物料撒布于压模表面，然后由旋转的压辊将物料压入模孔并从底部压出，经模孔出来的棒状饲料由切辊切成需求的长度。

3.冷却

在制粒过程中由于通入高温、高湿的蒸汽同时物料被挤压产生大量的热，使得颗粒饲料刚从制粒机出来时，含水量达16%～18%，温度高达75～85℃，在这种条件下，颗粒饲料容易变形破碎，储藏时也会产生黏结和霉变现象，必须使其水分降至14%以下，温度降低至比气温高8℃以下，这就需要对饲料进行冷却操作。

4.破碎

在颗粒机的生产过程中为了节省电力，增加产量，提高质量，往往将物料先制成一定大小的颗粒，然后再根据水生动物饲用时的粒度要求，用破碎机破碎成合格的产品。

5.筛分

颗粒饲料经破碎工艺处理后，会产生一部分粉末、凝块等不符合要求的物料，因此破碎后的颗粒饲料需要筛分成颗粒整齐、大小均匀的产品。

七、包装

将经过生产线生产出来的配合饲料成品进行筛分与质检，按规格分别称量包装，贴上标签，标签上注明饲料组成、投喂对象、生产日期和保质期等内容，并按照要求储存于仓库或运输出厂。包装不仅影响产品形象，而且对预混合饲料的质量也有影响。特别是预混合饲料中的一些微量组分会在储存过程中逐渐失去活性。为此要求包装材料应采用无毒、无害、结实、防湿、避光的材料，包装要严密、美观、严防混杂。

【思考题】

1.渔用配合饲料的特点（　　）、（　　）、（　　）、（　　）。

2.渔用配合饲料的加工工序（　　）、（　　）、（　　）、（　　）、（　　）、（　　）。

3.饲料原料的除杂有哪些方法？

4.配合饲料的基本生产工艺流程有哪些？

5.水产饲料加工对粉碎有何要求？

6.简述水产配合饲料混合过程的要求及所需设备？

7.圆筒清理筛和圆锥粉料筛有何不同？

技能训练八　参观饲料厂

【目的要求】

1.熟悉配合饲料厂的生产工艺流程、主要设备和生产方法。

2.熟悉配合饲料质量管理措施。

3.了解配合饲料生产现状、市场需求,初步形成配合饲料厂的管理思路。

【参观内容】

1.教师或配合饲料厂管理人员带领学生对配合饲料厂的厂区构造,设施及其布局进行介绍,学生实地参观,并绘制和记录设备布局草图。

2.观察各种饲料原料的基本性状及理化特性,掌握常见饲料原料的质量鉴别方法。

3.参观成品仓库,了解产品堆放及进出管理办法,了解成品配合饲料质量检验和鉴别的方法。

4.参观饲料生产车间,了解饲料加工机械的基本类型,饲料产品的输送、称重、混合、包装等加工过程。

5.请销售人员介绍产品销售及售后服务的策略和工作方法。

6.由饲料厂负责人介绍配合饲料生产现状、市场需求,使学生初步形成配合饲料厂的管理思路。

【作业】

写出带有真实数据的参观考察报告,并在报告中提出个人对饲料厂生产经营方式的看法。

技能训练九　颗粒饲料成品质量检验

【颗粒饲料含水率的检测】

1.实验仪器　分析天平,铝盒(3个),电热干燥箱,冷却器。

2.测定步骤　取样品约20g,分成3份,分别放入已烘干至恒重的3个铝盒内,立即称样重(m_S),将3个铝盒放入电热干燥箱烘干至质量不变为止。取出放入冷却器中冷却后,再次称重(m_g)。

3.结果计算　相对含水率的计算公式为:

$$H_j=(m_S-m_g)\div m_S\times100\%$$

将3个样本得到的数据分别用来计算相对含水率(H_j),再求平均值。

【颗粒饲料密度测定】

1. 实验仪器　分析天平，游标卡尺。

2. 测定步骤　取10粒颗粒饲料的样品，称重（m_1）后将颗粒两端磨平，用游标卡尺分别测定样品的直径（D）和长度（H）。

项目	样　品										
	1	2	3	4	5	6	7	8	9	10	平均
直径 /cm											
长度 /cm											

3. 结果计算

（1）求出饲料颗粒的平均粒重（m）：

$$m=0.1m_1$$

（2）用下列公式计算颗粒饲料的密度：

$$\rho=4m \div (\pi D^2 \cdot H)$$

【颗粒饲料的水中稳定性测定】

1. 实验仪器　烧杯（500ml×3），金属丝编织的方孔筛网（3片，网孔大小为2.5mm×2.5mm），计时器。

2. 测定步骤　将金属筛网片置于烧杯中部，烧杯盛满水，取3粒饲料样本分别投入烧杯内的筛网上。记录饲料颗粒投入水中至开始溃散的时间。

3. 结果计算　将3粒饲料溃散时间平均即可。

【作业】

分别测定颗粒饲料含水率、密度和在水中的稳定性，并写出实验报告。

第五章　投饲、摄食与消化吸收

【学习指南】

　　本章主要学习内容为：配合饲料在水产动物养殖过程中的投饲技术和水产动物对投饲饲料的摄食、消化和吸收。因此，需要首先了解饲料系数的定义及意义，明确影响饲料系数的因素，采用饲料全年分配法、投饲率表法或日投饲率计算法确定投饲量后，运用"三看""四定"原则进行科学投饲；在水产养殖生产中，养殖者要想促进水产动物快速健康生长，获得最大的经济效益，同时需要了解水产动物的摄食习性与对营养物质的消化吸收特点，结合影响水产动物消化吸收的因素，促进水产动物对饲料的摄食、消化和吸收。

【教学目标】

　　1.明确饲料系数的定义及意义。

　　2.熟悉影响饲料系数的因素。

　　3.掌握确定投饲量的方法。

　　4.掌握影响水产动物消化率的因素。

【技能目标】

　　1.明确影响饲料系数的因素，提高饲料利用率。

　　2.能根据养殖实践确定养殖场的投饲量。

　　3.能正确测定水产动物饲料表观消化率。

第一节　配合饲料的投饲

一、饲料系数

在当前海、淡水产品的养殖过程中，饲料的费用约占养殖成本的60%以上。因此，在水产品养殖的过程中配合饲料的正确使用起到了举足轻重的作用。只有充分发挥配合饲料的效能，降低使用饲料的成本，才能以较低的饲料系数取得较高的经济效益。

1.饲料系数的定义及意义

饲料系数也称饵料系数、饲料报酬、增肉系数或饲料增重比，是指养殖对象增加单位重量所消耗饲料的重量，它是评定水产动物饲料质量常用的一个指标。其比值越小，表示生产单位水产品所用的饲料越少，经济效益可能越高。其计算公式如下。

$$F = \frac{R_1 - R_2}{G_1 + G_2 - G_0}$$

式中，F为饲料系数；R_1为投饵量；R_2为残饵量；G_0为实验开始时养殖对象的总体重；G_1为实验过程中死亡的重量；G_2为实验结束时养殖对象总体重。

饲料系数用来衡量配合饲料质量以及养殖对象对饲料吸收利用程度，一般来说，营养价值越高，越容易被鱼消化吸收的饲料，其饲料系数就低，而饲料效率就高，这样饲料成本就可降低。

投饵系数受多方面因素影响，如饲料配方、加工工艺、投喂方法和水环境条件等因素。另外，在计算饲料系数或饵料系数时，动物及饲料中的水分含量通常是不扣除的。因此含水量高的饲料比干的饲料会有较高的饲料系数或饵料系数，因为饲料中含有很多的水分，故含水量不同的饲料在相互比较时，应将两种饲料的含水量调在同一水平上进行比较。

2.影响饲料系数的因素

养殖对象对饲料的消化率受许多因素的影响，如饲料配方、加工工艺、投喂方法和水环境条件等，也都是影响饲料系数和饲料成本的主要因素。影响饲料系数的因素主要包括：饲料的营养组成、养殖种类和密度、管理技术、养殖环境条件因素等。

（1）饲料的营养组成　饲料的营养组成与配比，对饲料的系数影响很大。如蛋白质和脂肪含量是水产动物饲料的两个主要营养指标。在一定范围内，其含量越高，鱼类的消化吸收越好，饲料系数就越高。但同样含量或相近含量的饲料，又与其有效成分的存在状态和结构的不同而有较大差异，以大麦、燕麦和小麦为例：鲤鱼对这三种籽粒饲料的蛋白质消化率为"大麦＞燕麦＞小麦"。这主要是小麦蛋白品质比大麦和燕麦差，也就是说小麦中的赖氨酸和苏氨酸的含量低。根据必需氨基酸指数计算的饲料中蛋白质的生物学价值：小麦为55、燕麦为70、大麦为73。

鱼类对饲料的营养需要有其自身的特点。如鱼类能充分利用饲料中的蛋白质和脂肪，但不能很好地利用碳水化合物，而且很难消化纤维素，鱼类的食性不同营养需要也不同，所以要因鱼而异制定合理的饲料配方，饲料系数很大程度上决定于饲料配方的合理性。

（2）养殖的种类和密度　不同种类的鱼、虾类食性各异，生活习性、生长能力以及最适生长所需的营养要求不同，即使是相同食性的养殖品种，其争食能力和摄食量也不同，如草鱼和团头鲂同属草食性，草鱼摄食量与抢食能力强于团头鲂。

另外，还应注意品种之间对摄食的相互干扰行为，避免饲料利用率下降。

（3）养殖密度　养殖密度过大，会造成水体缺氧，硫化氢、氨氮等有害成分增多，在这种条件下生活的养殖对象，饵料系数肯定上升；相反若密度太稀，则不能充分发挥水体的潜力，浪费水体资源和饲料，产值效益下降，饵料系数同样升高。

（4）水环境因子　在水产养殖生产中，水环境因子能够明显影响饲料系数的变化，其中主要是水温和溶氧两个指标。

大多数鱼、虾等水产动物是变温动物，其体温随着水温的变化而变化。其机理是养殖品种体温的变化引起代谢酶的活力发生变化。从而引起代谢强度发生变化。在水温过低的情况下，酶的活力较低，但当温度过高以后，可能会引起酶的结构变化而失活。所以在适宜的温度季节，一定要充分供给饲料和营养，保证其代谢潜力的最大发挥，获得最高生长效益和养殖效益。例如鲤鱼在水温20～27℃时，对饲料利用率比14～15℃时大2倍以上。通过工厂化海参保苗观察，在水温20～25℃时，摄食效率明显比17℃以下时高。因此应根据水温变化，来适当的调节投饵率。

其次，影响饲料系数的水质指标中主要是水中溶氧量。据测定当水中氧含量在4mg/L以上时，鱼的摄食强度和消化吸收率随水中溶解氧的增加而增大，达到5mg/L以上时，饵料系数更低。据报道鲤鱼在溶氧3～6mg/L时，比0.5～2mg/L其饲料效率增加1倍；在水温24～32℃时，草鱼在5～6mg/L溶氧量时的摄食量比2.6～3.0mg/L时高2.0～2.3倍。由此可见，当水中溶氧量高时，养殖对象对饲料的摄食量大，饲料系数降低。

（5）管理技术　确定合理的最适投饵量和实施科学管理是降低饵料系数的关键因素。养殖过程中正确运用"三看、四定"投饵法进行喂养，是降低饲料系数，增加养殖效益的重要方面。包括在养殖过程中，根据养殖对象的生长阶段、摄食特性等，来确定饲料投喂比例和饲料粒径，选择具有较好的适口性、诱食性的饲料等。

例如，在常规的海淡水鱼类养殖中，一般10g以下的鱼种，应选择粒径为0.5～1.5mm的破碎料进行投喂；10～15g的幼鱼，应选择粒径为1.5～3.0mm、长度为4～5mm的柱状颗粒饲料进行投喂；50g以上的养成鱼阶段，应选择粒径4～6mm、粒长6～8mm的柱状颗粒料投喂。而且还应注意饲料在水中要有良好的稳定性，虾料要达到30min内松软且3h内不溃散，鱼料要求达到2h。

另外，注意饲料储存期间的管理，饲料尽量不要一次进货过多。进货时，重点检查饲料生产品牌、生产日期、保质期及营养成分是否符合饲养标准。饲料质量用眼看、手摸、鼻嗅、口尝等方法，进行饲料新鲜程度的感官初步鉴定，有条件应根据实际测定饲料的各项营养指标进行选择。

（6）充分利用天然饵料　在投喂过程中，应该考虑天然饵料对养殖对象生长的重要作用。在养殖前，施放基肥，养殖期间，适时追肥培养鱼苗的适口天然饵料是降低饵料系数的重要补充手段。例如，在虾、蟹处于苗种期间，大都体嫩纤小，此时天然浮游生物中的轮虫、枝角类、桡足类及小型底栖生物是良好适口食物，它们营养全面，而且易于取食，利于虾苗、蟹苗的生长。因此，培养充足的天然饵料，可节省人工饲料1/3以上。有良好的天然饵料的虾类养殖水面，投喂的人工饲料的饵料系数，可降低到1.0以下。

另外，在计算饲料系数时，动物及饲料中的水分含量通常是不扣除的。因此含水量高的饲料比干的饲料会有较高的饲料系数或饵料系数，因为饲料中含有很多的水分，故含水量不同的饲料在相互比较时，应将两种饲料的含水量调在同一水平上进行比较。

二、投饲量与确定投饲量的方法

1. 投饲量（率）

（1）投饲量与投饲率　在生产中常以投饲率来代替饲料系数，来评定配合饲料的质量。投饲率（又称投饵率或投饵系数）是指投饲量与摄食动物体重的百分比。其计算公式如下：

$$F = \frac{R_1}{G_2}$$

在养殖动物体重相同的条件下，投饲率越高，则日投饲量越大。投饲量一般指每日投喂养鱼的饲料重量，其计算公式是：日投饲量=养殖品种的平均体重×尾数×投饲率。鱼苗与成鱼相比，一尾鱼苗的摄食量小于一尾成鱼，但单位体重的摄食量却比成鱼高得多，因此，鱼的体重越小，投饲率越高。

（2）投饲量（率）对水产养殖品种生长的影响　水产动物的生长与日投饲量（率）之间有着密切的关系，投饲量（率）过低或过高都不利于养殖对象的生长和养殖效益的提高。较低的投饲率虽然可使养殖品种获得较高的饲料利用率，但过低的投饲率会导致鱼摄食量相对不足，必然会造成对饲料营养成分在数量上的缺乏。在这种情况下，较高的饲料利用率并不能完全补偿饲料营养的不足，从而影响养殖品种的生长；投饲率过高，致使投喂的饲料不能有效地转化为鱼体重量，浪费饲料且污染水体。朱秋华等研究表明，当投饲率从1.5%增至4.0%时，鲈鱼增重率不再升高，饲料效率显著下降。

另外，水产动物的投饲率还与鱼体大小、饲料蛋白质含量和水温等有着密切的关系，一般而言，投饲率随着鱼体重的增加和饲料蛋白含量的升高而降低。

2. 确定投饲量的方法

水产养殖增产增收的关键是准确把握养鱼投饲量。投饵量过低，鱼类处于半饥饿状态，生长发育缓慢，低成本高效益无从谈起。投饵量过大，容易造成浪费，而且鱼类病害增多，效益大幅下降。

正确的投喂量可降低养殖生产成本，提高养殖产量，增加经济效益。在生产上，确定最适投饲量方法主要有以下两种：饲料全年分配法和投饲率表法。

（1）饲料全年分配法　饲料全年分配法就是综合考虑养殖品种、养殖方式、所用饲料的营养价值，及以往养殖生产实践经验，预计全年饲料用量后，再根据当地水温变化情况和养殖对象的生长特点，将饲料分配到每旬、每月甚至每天，以确定日投饲量的方法。即通过计划养殖品种的全年净产量和所用饲料的饲料系数，估算出全年饲料总需要量，再结合养殖品种、季节性水温变化、水质情况等，分配到每月、每天的投饲量，这样才能保证满足养殖品种的正常摄食，及时的供应饲料和有计划的生产。

① 年投饲量　根据鱼类净增重倍数和饲料系数进行推算，即年投饲量=鱼种放养量×净增重倍数×饲料系数。鱼类净增重倍数一般为4～5，全价配合饲料饵料系数一般为2左右，混合饲料为3～3.5，如果几种饲料交替使用，则分别以各自的饵料系数计算出使用量，然后相加即为年投饲量。

② 月投饲量　即年投饲量×当月饲料分配百分比。一般江苏等地春季放养鱼种，从3月份开始投喂至11月份结束，期间每月投饵量比例参考：3月1%～2%、4月3%～4%、5月8%、

6月13%、7月18%、8月20%、9月21%、10月12%、11月3%。应用时可根据具体情况进行适当调整。

③ 日投饲量　即根据月投饲量分上、中、下三旬安排。如3～8月，上旬的日投饲量是当月投饲量日平均数的80%，中旬为平均数，下旬为平均数的120%；从9月起，上旬的日投饲量为当月投饲量日平均数的120%，下旬为平均数的80%。阴雨天、闷热天、鱼患病时应少投或不投。

（2）投饲率表法　投饲率亦称日投饲率，指每天所投饲料量占养殖对象体重的百分数。投饲率表法是根据不同养殖对象，不同规格鱼类在不同水温条件下试验得出的最佳投饲率而制成的投饲率表，以此为主要依据，结合饲料质量及鱼类摄食情况，再按水体实际载鱼量来决定当日的投喂量。

① 鱼类　如网箱养殖规格为50g/尾的真鲷1500尾，当时的水温为25℃，查真鲷的投饲率（表5-1）。

表5-1　真鲷的投饲率

平均体重/g	水温/℃	投饲率/%	平均体重/g	水温/℃	投饲率/%
30	22～27（7～8月）	12	170～600	17～27（5～11月）	4～7
30～90	27～22（9～10月）	12～7	600～730	17～13（12～4月）	5～3
90～110	22～13（11月）	7～4	730～1000	17～27（5～10月）	5～8
110～170	13～17（12～4月）	4～2			

此规格和水温下，投饲率取10%，则该网箱当日的投饲量为50g/尾×1500尾×10%=7.5kg。

这是一种比较粗略的计算方法，因为投饲率是在当时特定的养殖条件下测定的，使用饲料的营养价值与我们计算投饲量时使用的饲料有所不同，投饲率也应有所变化。

② 虾类　计算对虾的日投饲量方法：估测池内虾的尾数，根据实测虾的体长、体重，再根据前人做的试验结果或者饲料袋的投饲率，计算出日投饲量，使用时需根据实际情况加以调整。

如广东省湛江市海洋与渔业局养虾技术人员，在生产实践中经多年摸索总结出斑节对虾各阶段日投配合饲料量（表5-2），即遵循计算对虾的日投饲量的方法。随意取体长2.0cm，体重0.12g时，投饲率为18%，则日投饲量=0.12g/尾×10000尾×18%=0.216kg≈0.22kg。

表5-2　斑节对虾各阶段日投配合饲料量

体长/cm	体重/g	投饲率/%	日投饲量/（kg/万尾）
1.0	0.016	20	0.03
1.5	0.05	20	0.10
2.0	0.12	18	0.22
3.0	0.42	15	0.63
4.0	1.01	10	1.01
5.0	1.98	8	1.58
6.0	3.43	6.5	2.2

体长 /cm	体重 /g	投饲率 /%	日投饲量 /（kg/ 万尾）
7.0	5.45	6	3.3
8.0	8.15	5	4.1
9.0	11.6	4	4.6
10.0	15.9	3.8	6.0
11.0	21.2	3.5	7.4
12.0	27.6	3.0	8.3

（3）日投饲率计算法　日投饲率计算法是某水温条件下，把饲料的营养价值作为投饲量变化的一个参数时，用动物的每日营养需求量及饲料中主要养分——蛋白质的营养价值来推算日投饲率。

$$日投饲率=\frac{动物对蛋白质的需要量[g/(d·kg体重)]}{1000(g)×饲料中粗蛋白质含量(\%)×粗蛋白质消化率}$$

例如：在25℃条件下，鲤鱼鱼种的配合饲料中蛋白质含量为38%，粗蛋白质的消化率为70%，鲤鱼鱼种对蛋白质的需要量为12g蛋白质/（d·kg体重），计算鲤鱼鱼种的日投饲率。

解：根据上述公式：

$$日投饲率=\frac{12[g/(d·kg体重)]}{1000g×38\%×70\%}=4.5\%$$

一般认为，确定每日的投饲率必须考虑饲料产品的质量差异、天气变化因素、养殖对象的健康状况、池塘水质条件等因素。就饲料而言，需结合日投喂次数、饲料营养成分高低等确定投喂量。

三、投饲技术

采用科学投饲技术，可获得较好的经济效益和较高的饲料转化率。科学投饲技术包括正确估算鱼种放养量，根据鱼种放养量确定投饲率，另外合理的投喂次数、投喂时间和投喂方法也很重要。在我国传统的养殖经验中，科学投饲讲究"三看"（看天气、看水质、看鱼情）和"四定"（即定质、定量、定时、定位）的投饲原则，是对投饲技术的高度概括。

1. 鱼种放养量的估算

鱼种的合理搭配和放养就是一个实现池塘生物结构合理配置的过程，也是提高池塘养鱼经济效益的重要一环。一般来讲，在一定范围放养密度与鱼产量呈正相关；与出池规格呈负相关。当放养密度超过该范围时，鱼产量和出池规格都下降。具体计算方法较多，现主要介绍以下两种。

（1）抽样法　从鱼池中捕捞部分鱼后分别称重并记录，然后用鱼体总重除以鱼的总尾数得出鱼体的平均重量，再从放养鱼尾数中减去死亡鱼数所得尾数，乘以抽样计算的鱼体平均重量，即可估算出水体的放养量。一般抽样合理，操作熟练，结果都比较接近实际。

（2）比例估算法　从池塘中随机捕捉一部分鱼，做上记号后放回池塘，过一段时间后，再捕捞一部分，数出其中做过记号的鱼数，算出做过记号的鱼所占比例，即可估算水体载鱼量。

例如：一位养鱼专业户想测定一个鱼塘中养鱼的条数，他上个月从鱼塘中分不同时间、不同地点多次随机捕捉了100条鱼，并把它们作了标记后又放回鱼塘，过段时间后又从鱼塘中随机捕捉了50条鱼，发现其中2条是有标记的，那么做过记号的鱼在池塘里全部鱼中所占的比例为2/50=0.04，而池塘里的总鱼数=1000/0.04=25000尾。

2.投喂次数与投喂时间

（1）投喂次数　投喂次数也称投饲频率，一般指每天投饲的次数。饲料的投喂次数与鱼种类、生长阶段、饲料构成以及养殖环境（水温、溶氧）有关。不同养殖品种的摄食间隔或摄食频率不同，受胃排空速率影响。如罗非鱼投喂频率3次/d，投喂间隔4h可将胃排空，若投喂间隔为2～3h，则胃负载过重，所以建议养殖场将投饲时间间隔定为4h。

如瓦氏黄颡鱼幼鱼投饲频率0.5～3次/d，其生长率随投喂频率增加而升高；但当投喂频率由3次/d增加到4次/d时，生长率未继续升高。

我国淡水草食性和杂食性鱼类，多属鲤科"无胃鱼"，摄食饲料由食道直接进入肠内消化，一次容纳的食物量远不及肉食性的有胃鱼类。因此，对鲤鱼、鲫鱼、草鱼和团头鲂等采用多次投喂，可以提高消化吸收率和饲料效率。一般情况下以每天投饵2～4次，时间间隔保持在3h左右较为适宜。投喂的次数过多，容易造成鱼长时间处于食欲兴奋状态，使体内能量消耗过多，对生长也不利。正确的掌握鱼类的摄食习性，合理的给饵，才能充分发挥饲料的生产效能，达到降低饲料系数的目的。

（2）投饲时间　池塘养鱼第一次应从8:30开始，最后一次应在16:00结束；网箱养鱼第一次应从7:30开始，最后一次应在18:00结束。不论网箱养鱼还是池塘养鱼，每次投饲时间以持续30～40min为宜。具体的投饲时间还应根据鱼类的摄食习性、日投饵次数以及养鱼水体的水质状况等来决定。一般的原则是：尽量选择在一天中溶氧量较高的时间投饵，有利于鱼类的摄食和饵料的消化吸收，有利于提高饵料的利用率。但一些特殊的养殖品种如甲鱼、罗氏沼虾和河蟹等具有昼伏夜出的习性，这些品种喜欢在傍晚或夜间进食，白天应该少投饵，傍晚多投饵。

3.投饲技巧

（1）合理的混养　池塘的基本条件要满足，注、排水方便，水源充足且稳定，水质条件好且无任何污染，还须配备增氧机和潜水泵等。池塘放鱼前要清塘消毒，以彻底杀灭病原体和寄生虫。放养品种要符合精养条件，鱼种应一次性放足，放养规格要整齐，池塘混养需要合理搭配，如配合饲料养殖鲤鱼为主，混养鱼类如鲢、鳙鱼等为辅，使之主要食用天然饵料。

（2）调节水质　良好的水质条件是提高饲料效率的保证。一般春季放养鱼苗，每月加水2～3次，每次加水的深度为10cm左右，保持水质"肥、活、嫩、爽"。同时，应定期将生石灰兑水泼洒池塘或者使用微生态试剂调节水质，提高池水pH值和肥度，以有利于鱼类生长及饵料生物的繁殖，同时又能预防鱼病。定时打开增氧机，通过增氧机及时改善底层的缺氧状态，使池水上下层水体溶氧趋于平衡，促进鱼类快速生长。

（3）摄食驯化　摄食驯化在鱼类养殖中，主要是在投喂时有意识的提供一种（如音响）信号使之形成摄食的条件反射。在生产实践中，驯化方式主要有：强化诱集驯化法、挂袋驯化法、灯光诱集驯化法、饥饿状态诱集法等。其中利用强化诱集驯化法是先停食1～2d，使鱼处于饥饿状态增强抢食欲望，持续向水中几粒、几粒地撒料，开始投饲时，量要少，反复几次。每次训食时间为40～60min，并伴随固定的声响、加长投喂时间。几天后鱼逐渐到水面摄食后进入正常的投饲。

使用投饵机的池塘，驯化时应开机空转几分钟，再将投料量控制在最少，抛洒速度调至最慢，投饲时间设为半小时，几天后鱼即能全部到水面摄食。在驯化投喂过程中，注意掌握好"慢—快—慢"的节奏和"少—多—少"的投喂量。

（4）投饲方法　水产养殖中的饵料投喂应遵循"三看"（看天气、看水质、看鱼情）和"四定"（即定质、定量、定时、定位）原则。

① 看天气　不同的季节，投饲量存在很大差异。春季水温低，水质差，摄食少，因此应少投喂饵料；夏季水温逐渐升高，鱼类食欲增大，可加量投喂，但需注意饲料质量并防止过量，必须经常调节水质，防止鱼病的暴发流行；秋季天气转凉，水温渐低，但水质稳定，仍是鱼类生长季节，因此仍要保持投饵量；冬季，气温持续下降，鱼类摄食量渐减，投饵减少。

还要看天气变化：天气晴朗可多投喂，梅雨季节应少投喂，在暴雨或溶氧较低的情况下，要减少投饲量甚至不投饲，天气闷热无风、气候剧变、阴雨连绵、雾天都应停止投饲。

② 看水质　水体透明度一般30cm左右，表明肥度适中，可进行正常投喂；透明度大于50cm时，水质太瘦应及时施肥调节水体肥度；透明度小于20cm时，水质过肥，应适当加注新水，降低水体肥度。如果池水发黑，则表示水质过老或变坏，需要打开增氧机、减少投饵，排出部分水体后及时注入新水。

③ 看鱼情　根据鱼的吃食情况适当调整投饲量，投饵也应按照"慢—快—慢"、"少—多—少"原则。开始投饵诱鱼时，要慢投、少投，当鱼集群上浮水面抢食时，则快投、多投。当发现大部分鱼沉入中下层摄食减少时，转为慢投、少投。待水面基本恢复平静时即停止投喂。投饲时要照顾鱼群边缘弱小鱼的吃食。具体方法是：向鱼群中间不间断地慢投、少投，随即同时将大量饲料投向鱼群四周外围，使分布在四周的弱小鱼群也能吃到饵料，以免造成鱼类的等级化摄饵模式。控制投饲量达到"八分饱"，能保持鱼类有旺盛的食欲，提高饲料效率。

④ 定位　进行池塘养殖一般选在饵料台上进行定位投喂。具体做法是：在池塘中间离池埂3～4m搭设好饵料台。从鱼类驯化阶段开始，若长期定点投喂，便于鱼类定时集中到固定地点进食，减少饵料的浪费和水质污染，同时通过定位投饲可集中观察养殖品种健康情况和摄食情况。

⑤ 定时　确定投喂时间应根据不同的摄食节律，养殖品种的日摄食活动归纳为白天摄食、晚上摄食、晨昏摄食和无明显节律4种类型。例如斜带石斑鱼仔鱼主要以白天摄食；鲆仔、稚、幼鱼呈现白天摄食为主，清晨和黄昏双高峰的特点；黄鳝（15～50g）主要为夜间摄食型；异育银鲫无明显摄食节律，属于全天摄食型。每次投饵要根据养殖鱼类的具体情况，设定固定的时间投喂。如每天投喂两次的，一般在8:00～9:00，投喂全天饵料量的1/3；17:00～18:00，投喂全天饵料量的2/3。

⑥ 定质　投饲的饲料选择正规厂家生产的、营养全面、蛋白质含量充足、符合养殖品种生长发育阶段需要的饲料。这种质量好的饲料不仅提高饲料转化率，还能提高鱼体免疫力和环境适应力，减少疾病发生。一定要保证质量，不能投喂发霉或变质的饲料。

⑦ 定量　根据池塘条件及鱼类品种、规格、重量等确定日投喂量后，按照常规标准投喂一定数量的饲料，每次投饵以80%的摄食鱼群游走为准。同时结合水温、水质和养殖品种发育阶段摄食特点，灵活调整投喂量。

4.投饲方式

目前水产养殖中主要有人工投饲和机械投饲两种。但前者工作量大，因此多采用机械投饲。机械投饲方法可分为机械定时投饲、鱼动投饲和自动投饲三种。不同投饲方式各有其特点，适应不同的养殖环境和条件。

（1）机械定时投饲是利用电子时钟控制，定时定量地向固定位置撒落饲料，或人工启动电动机，向水中投撒饲料。这种方法不便于调节投饲速度，投饲效果不甚理想。

（2）鱼动投饲是利用鱼类游动时，碰触鱼用自动投饲机的水下装置，而引起一定量饲料的抖落。鱼用自动投饲机由机械部分和电力控制部分组成，机械部分包括：料斗、机架、分饲器、落料调节"T"形拉杆和回位弹簧；电力控制系统包括电磁铁、定时器、定时选择按钮、电源开关及电源线。由于定时器是按鱼动的时间间隔通、断电源，电磁铁也按一定的时间间隔开启、关闭落料调节器，把饲料分次投完。鱼用自动投饲机结构简单，制造成本低，耗电量少，经济实惠，更易为养鱼户所接受。

（3）自动投饲使用自动投饲机，自动投饲机一般由料箱、下料装置、抛撒装置和控制器四部分组成。目前，应用较多的是自动定时、定量投饲机。鱼塘自动投饲机具有能自动定时、定量抛撒各种规格的颗粒饲料，节省人力，抛撒扇面角度大于120°，且均匀、节约饲料量，可以随时观察养殖品种的摄食状况等优点，是目前养殖中应用最为普遍的一种投饲机。

【思考题】

1.名词解释：饲料系数　日投喂量　投饲率
2.简述影响饲料系数的因素。
3.简述投喂过程中应注意的事项。

第二节　水产动物的摄食及其影响因素

随着水产养殖业的快速发展，越来越多的水产动物被纳入养殖范畴，而要养好它们，获得良好的经济效益、社会效益和生态效益，关键技术之一就是了解它们的摄食习性，消化吸收特点及影响因素。

一、摄食

1.摄食器官

（1）口　鱼类的头部主要有口、须、眼、鼻孔等器官，多数养殖鱼类的口一般位于吻端，由上、下颌组成，它既是摄食器官，也是鱼类呼吸时入水的通道。有些鱼类的口附近着生有须，如鲤鱼和鲶具须两对，埃及胡子鲶有须四对。须具有感觉和味觉作用，并可辅助寻觅食物。鱼的口腔和咽腔无明显的界限，统称为口咽腔。口咽腔内有齿、舌、鳃耙等构造，这些构造与摄食有密切关系，称为摄食器官。

口的大小、形状和位置（口上位、口端位、口下位）都与其摄食食物的大小和摄食方式有关。

（2）齿　依据其着生的位置不同分颌齿、腭齿、舌齿、咽齿等，齿的有无、形状、大小、分布位置随鱼的种类而不同，并与其食性相一致：肉食性鱼类上、下颌上都生有牙齿，鱼齿的基本作用是能咬住食物，且可将其撕碎；鲤科杂食性和草食性鱼类咽齿发达，呈臼状或梳状，与压碎螺蚬类等具有坚硬外壳和切割水草等饵料的功能相适应。

（3）舌　鱼并无真正意义上的舌，一般为原始型，仅为基舌骨的突出部分并外覆黏膜，着生在口腔的底部，无肌肉组织，也没有弹性，缺乏独立活动的能力。但舌上分布着味蕾，有味觉功能，起挑选事物的作用。

（4）鳃耙　鳃耙是鱼鳃弓内侧面附生的突出物，是鱼类滤取食物的主要器官，在鳃耙的顶端，鳃弓的前缘分布有味蕾，有味觉功能。不同鱼类的鳃耙有无、发达程度有所不同。鲢鱼鳙鱼的鳃耙发达是鲢鱼、鳙鱼的主要摄食器官。

2.摄食

（1）鱼类摄食过程　鱼类的食物调节中枢在视丘下部，有抑制和促进摄食两部分。生活时，能够接受内外刺激：体内刺激由化学感受器感知水温、光强、营养物质的浓度变化；外界刺激通过视觉、侧线、嗅觉和听觉感知食物的形状、色泽、动态、声音等。水产动物要摄食食物，首先要具有确定食物位置的功能，这就是食物定位。食物定位一般由视觉、嗅觉或味觉来决定。然后靠近目标开始摄食，不适合的食物吐出去，口感好的继续摄食。摄取的食物进入消化道后，绝大部分在消化酶的作用下被消化、吸收和利用，剩余部分以粪便形式排出体外。

（2）摄食量与摄食效率　鱼在一定时间内（天）摄取食物的数量或生物量，称为摄食量

在适宜条件下，使空腹的鱼（虾）一次吃饱，其摄食量称为饱食量。在胃没完全排空之前的摄食量叫再摄食量。单位时间（常指一昼夜）单位体重的鱼体的摄食量，叫摄食效率。摄食效率通常以百分数表示。

$$日摄食效率(\%)= 日摄食量 \times 100/ 体重$$

动物摄食既有收获，也有消耗，能达到最佳摄食，就具有较强的适应性，也能较好的生长、发育。摄食效率取决于食物的大小、可见度、形状和逃避能力，同时，水环境中的光照、湿度、溶氧等也会影响摄食效率。

（3）摄食强度　摄食强度取决于动物的饱食水平和食物在消化道的输送速度。即与胃肠道的排空速度有关。摄食强度主要受下列几个方面因素的影响：

① 饲养动物的生理状况；

② 鱼的体重和生理阶段；

③ 水温和溶氧高低；

④ 饲料的营养组成及饲料颗粒的大小和丰度；

⑤ 不同的投饲方法及饲养动物的种类等。

二、影响水产动物摄食的因素

影响水产动物摄食的内外因素并不是相互独立的，它们时刻都互相影响、相互作用着。

1.内部因素

（1）胃容积的大小　鱼、虾的种类不同，胃容积对体重的比例变化很大。即使在相同的体重和环境条件下，饱食量也因种类不同而存在明显的差异。对有胃鱼来说，胃容积的大小直接影响到鱼的摄食量，而且由于胃的存在，往往形成摄食的节律性。一般来说，胃容积大

的鱼，摄食量大，摄食的节律性强，耐受饥饿的能力也强；对无胃鱼来说，前肠相当于胃容积的大小，也或多或少地影响着鱼类的摄食及其节律，但远没有有胃鱼那样明显。

（2）体重　不同种类同体重的鱼摄食量不同；同一种类不同体重的鱼摄食量也不同。一般来说，同一种类不同体重鱼的饱食量随着体重的增加呈直线指数函数增加，而日摄食效率呈指数函数减少。

（3）空腹状态　有些鱼、虾要等到胃几乎排空之后才重新开始摄食。而大多数种类都是在胃排空之前便开始摄食，所以再摄食量相当于当时的胃空隙量。显然，饥饿的时间越长再摄食量就越大，直至与饱食量相等。多数鱼、虾的摄食活动具有明显的日周期变化，例如大鲮鲆的摄食活动从黎明开始持续到下午两点，对虾在黄昏及黎明有特别旺盛的索饵活动。但金鱼、蓝鳃鱼整天都在不断摄食。如果投饵时间与养殖对象的索食活动周期一致，就可以提高饲料的利用率。

（4）群体摄食　如鲫鱼、歧尾斗鱼等，群体行动时比单独行动时摄食量大。也许因为习惯群体生活的种类，群体行动时没有孤独感和紧张感。此外，群体摄食活动存在强烈的模仿和竞争意识。在中国对虾的营养试验中发现，在一个没有索饵行为的虾池中投入几粒饲料时，在没有任何个体发现饲料之前，池中仍一片平静。一旦其中有一尾虾发现饲料并抱起摄食时，全池顿时便沸腾起来，你追我赶，争相取食。但等级化摄食行为会造成群体中的小个体摄食不足。

（5）投喂饲料的习惯程度　例如，用鲐鱼肉投喂竹荚鱼、河鲀、石斑鱼、丝鳍粗单角鲀和鲕鱼，开始它们的摄食量都低，经过驯化3～10d之后，才达到最大饱食量（尾崎久雄，1983）。一些饲料原料经常是养殖对象在自然生态中从未遇到过的农副产品，如花生粕、豆粕和稻糠等，经过驯化后，都可以成为优良的饲料源。

（6）环境的适应程度　在虹鳟仔鱼的放流试验中发现，放流初始，摄食效率低，体重下降。然后，摄食效率逐日增加，体重恢复。可见，放流前必须对仔鱼进行摄食和环境适应驯化。其实，从工厂化育苗场到生产池塘也是一个环境的剧变过程，放苗前注意对环境及饲料的适应驯化，对提高苗种时期的存活率与生长率是十分必要的。

（7）摄食活动和摄食量也因鱼、虾的健康状况、洄游等生理因素的影响而变化。

2.外部因素

（1）生态条件　养殖动物只有在最适生态条件下，才能达到最大摄食量。鱼、虾为变温动物，因此，其摄食活动受水温影响特别大。一般说，在适温范围内，水温越高，摄食量越大。而水温过高或过低都会降低摄食量。溶解氧过低尤其是浮头或泛塘时，鱼、虾食欲衰退，摄食量急剧减少，但另一方面，溶氧含量过高也会导致其摄食量下降。残饵、粪便所产生的氨态氮、亚硝酸氮和硫化氢等有毒物质，以及由于池水的富营养化而导致原生动物、微生物的过度繁生和工业废水、农药余毒等水质污染问题都会引起鱼、虾摄食量的减少，因此摄食量是判断水质优劣的一个指标。pH值、盐度、天气突变等环境条件的突然变化会抑制摄食。

（2）光照强度　一般地说，适当的亮度有助于摄食。光照强度很低的情况下，鳕鱼、鲫鱼等对甲壳类的捕食强度下降。光周期也影响摄食，一般情况下，自然光周期较合适。

（3）饲料的颗粒大小、硬度、比重及色彩等物理性状　不同动物或同种动物不同的生长阶段，其口径大小都不同，对饲料颗粒的大小要求也不同。甲壳动物喜欢摄食大小合适的硬颗粒饲料，而鲕鱼稚鱼、鳗鲕等喜欢表面光滑、质地较软的饲料；一般来说，生活于上层的鱼类摄食浮性膨化饲料较方便，而底栖性鱼类则嗜食沉性饲料。饲料形状符合饲养动物摄食要求的摄食量较大，反之则摄食量降低。最适摄食理论认为动物总是设法获得尽可能大的净能摄入量，因此饲料颗粒不仅要大小合适，而且要大小均匀。因为鱼、虾总是最先摄食较大的颗粒以获得更大的净能摄入量，然后再摄食或不摄食较小颗粒和碎屑。而这些小颗粒营养物质溶失更快，而且容易造成水质污染。

有些鱼类对色彩比较敏感，合适的视觉刺激能够提高摄食量。例如真鲷、鲤鱼等对色彩比较敏感，脂溶性红色素及虾黄素类化合物对真鲷有强烈的引诱作用；鲤鱼能被蚕蛹的光色素强烈吸引。

（4）饲料的化学组成　饲料的化学组成是影响鱼、虾摄食的最重要因素，如田螺水煮液、核苷酸、氨基酸、糖萜素、磷脂、肉碱等对鱼类的摄食具有强烈的引诱作用。

第三节　水产动物对营养物质的消化、吸收及其影响因素

一、消化吸收的器官和腺体

1.消化、吸收的器官

一般鱼类的消化器官呈管道结构，始于口腔，经食道、胃（或无胃）和肠，止于肛门或泄殖孔。其中无胃鱼类：口腔→食道→前肠→中肠→后肠→肛门。有胃鱼类：口腔→食道→胃→十二指肠→小肠→直肠→肛门。肠道是消化食物和吸收营养物质的重要场所。对无胃的鲤科鱼类更是如此。肠道的长短与鱼类的食性相一致。一般肉食性鱼类的肠道较短，直管状或有一弯曲；草食性鱼类肠道较长，如草鱼肠长为体长的2～5倍；杂食性介于二者之间。

2.消化腺

鱼类的消化腺有两类：一类是埋在消化道管壁内的，如胃腺和肠腺等，它们是埋在消化管壁内的小型消化腺；另一类是位于消化道附近的，如肝脏、胰脏或肝胰脏，有输出导管连于消化管上。

有胃鱼类大都能分泌酸性胃液，胃液由胃酸（盐酸），胃蛋白酶和黏液组成。胃液分泌的质和量随饲料的性质而变化。多数鱼类无真正的肠腺。

肝脏位于鱼体腔前部，不仅是鱼类最大的消化腺，而且是功能最多的新陈代谢器官之一。肝脏分泌的胆汁一般呈绿色或黄色，不含消化酶。胆汁的作用为：使脂肪乳化，以增大脂肪与消化酶的接触面积；激活脂肪酶；使肠腔保持碱性环境；刺激肠管运动；参与蛋白质消化过程。

胰脏分内分泌部和外分泌部。外分泌部是消化腺，为胰脏的主要部分，分泌消化酶。内分泌部为胰岛，多分散于外分泌部组织之间，分泌胰岛素等激素，是内分泌腺。板鳃类和肺鱼类胰脏坚实致密，单叶或双叶。但鲤科鱼类的肝脏形态无规则，呈弥散状分布在肠系膜上，而且肝脏组织中混杂着胰脏组织，因此合称肝胰脏。胰脏外分泌部能分泌胰蛋白酶、胰脂肪酶、胰淀粉酶和胰麦芽糖酶等。这些消化酶能对饲料中蛋白质、脂肪和糖类等物质起消化作用。

二、营养物质的消化方式

鱼类对营养物质的消化吸收是由消化器官完成的，消化器官包括消化管和消化腺。鱼的

种类不同，其消化管结构和机能也有差异，但它们对饲料的消化有着共同规律。即对饲料的消化方式主要包括物理性消化、化学性消化和微生物性消化。其中化学性消化是主要消化方式，微生物性消化作用在鱼类中较弱。

1.物理性消化

鱼的物理性消化器官主要是口咽腔内的牙齿和消化管的管壁肌肉。它们能将食物撕碎、压扁、磨烂和搅拌，以使食物与消化液充分接触，从而得到化学性消化，同时将食物从消化管的一个部位运送到消化管的另一个部位。

2.化学性消化

这种消化主要是酶消化。食物在胃蛋白酶、胰蛋白酶、糜蛋白酶、胰脂酶、胰淀粉酶、寡糖酶、肽酶等消化酶催化下被消化。这是水产动物消化食物的主要方式。

3.微生物性消化

鱼消化管尤其是后端消化管栖居有微生物，如鱼胃的幽门垂和噬齿动物的盲肠一样，含有较少量的细菌，而这些细菌能分泌纤维素分解酶以及其他酶，从而对食物有一定的消化作用，同时还含有B族维生素以及其他成分的作用。

三、主要营养物质的消化与吸收

1.蛋白质的消化吸收

蛋白质的消化始于胃（胃内盐酸使之变性，蛋白质的立体结构被分解），接着在胃蛋白酶、十二指肠胰蛋白酶和糜蛋白酶等的作用下，蛋白质分子被降解为数目不等的多肽，到小肠在多肽经胰腺分泌的羟基肽酶和氨基肽酶等酶的作用下，进一步降解为寡肽和游离氨基酸，被直接吸收或经二肽酶水解为氨基酸后被吸收。

鱼类对动物蛋白质的消化吸收率大都在90%以上；对植物蛋白质的消化吸收率稍差些。

2.糖类的消化吸收

糖类消化的部位主要在小肠，养分的变化以淀粉形成葡萄糖为主，粗纤维是难溶性糖类，其主要化学成分是纤维素、半纤维素和木质素。不同鱼类，淀粉酶的活性不同。一般草食性和杂食性的鱼类比肉食性鱼类的淀粉酶的活性要强，所以草食性和杂食性的鱼类对糖类的消化吸收要好于肉食性鱼类。

3.脂肪的消化、吸收

消化部位主要在肠前部或幽门盲囊，若饲料脂肪过多，吸收作用可延至肠的后端。

脂类是脂肪和类脂质的总称，是一类不溶于水而溶于有机溶剂，并能为机体利用的有机化合物。脂类进入小肠后与大量胰液和胆汁混合，在肠的蠕动下，脂类乳化与胰脂肪酶充分接触。在胰脂酶的作用下甘油三酯水解为甘油一酯和脂肪酸。磷脂由磷脂酶水解成溶血性卵磷脂。胆固醇酯由胆固醇酯水解酶水解成胆固醇和脂肪酸。它们聚合在一起形成水溶性的适于吸收的乳糜微粒。当混合乳糜微粒与肠绒毛膜接触时即破裂，所释放出的脂类水解产物被肠黏膜上皮细胞吸收。

四、消化率及其影响因素

使食物变成能被机体吸收利用的形式的生理过程，称为消化。经过消化后的小而简单的营养物质被消化道（主要是肠）吸收，进入机体内环境被机体利用的过程，就是所谓的吸收。具备称之为营养物质的必要条件之一便是：可被消化吸收。然而，不同饲料源的营养物质的可被消化吸收的程度是不一样的。这种可被消化吸收的程度可以用消化吸收率（简称消化率）表示。消化率是动物从食物中所消化吸收的部分占总摄入量的百分比。消化率是评价饲料营养价值的重要指标之一。

1.消化率的测定

研究动物对饲料的消化率主要有两种方法：体外消化法和体内消化法。体外消化法是利用酶试剂或研究对象的消化器官的酶提取液在试管内进行的消化试验。此法简便但无法反映体内消化的真实情况，所以很少采用。体内消化法就是用试验饲料喂养试验动物，测量饲料在体内的实际消化吸收量。体内试验法又分直接法和间接法两种。

（1）直接法　测量动物对饲料的总摄入量和粪便的总排出量便可求得饲料的总消化率。如测量饲料和粪便中某一营养成分的含量，就可以计算某一营养成分的消化率。具体计算公式如下。

$$AD(\%) = \frac{I - E}{I} \times 100\%$$

式中，AD为表现消化率；I为饲料或某一成分的总摄入量；E为粪便或某一成分的总排出量。

粪中所出现的各种成分不仅来未被消化的饲料，还混有消化过程体内分泌的消化液、黏液、消化道脱落的上皮细胞及肠内微生物等成分，上式没有把粪便中来自体内的成分扣除，所以称表观消化率（Apparent Digestibility，AD）。只有把这些体内成分（e）扣除之后，才能计算出真消化率（True Digestibility，TD）。

$$TD(\%) = \frac{I - (E - e)}{I} \times 100\%$$

很显然，表观消化率与真消化率的差异大小取决于来自体内成分（e）占总粪便排出量的比例大小。鱼、虾体内排出成分中数量最多的是氮（蛋白质），所以测量蛋白质消化率时尤应注意。粪便中不是来自食物的氮被称为代谢氮。若要测定饲料蛋白质的真消比率，就必须测量代谢氮。测量代谢性粪氮的方法主要有三种。

① 停饵法　即不投饵，把动物消化道的排出氮量当做代谢氮。但是，代谢性粪氮排出量与饲料摄入量有正相关关系，所以停饵法的测定值会偏低。

② 基础饲料法　投喂无氮饲料时，粪氮的排出量即为代谢性粪氮。但是要鱼、虾充分摄食无蛋白饲料是相当困难的。

③ 相关分析法　实验发现粪氮排出量与饲料蛋白质含量密切相关。如果做一个蛋白梯度试验，测量不同蛋白质水平的粪氮排出量。把蛋白质水平与粪氮排出量之间的关系用回归分析的方法建立起来后，用数学方法便可求得当饲料蛋白质为零时粪氮排出量。

通常，需连续重复几个消化周期，求得其平均值。直接法要准确测定动物的摄食量与粪便排出量，还要浓缩水体，分析溶于水中的营养物和排泄物，工作量是相当大的。由于这些原因，直接法的应用没有间接法那样广泛。

（2）间接法　间接法的原理是在饲料中存在的或人工均匀掺入的一种完全不被消化吸收

的指示剂，它可以随食物在消化道内一起移动，本身无毒，也不妨碍饲料的适口性和营养物质的消化吸收，且定量容易。这样，根据指示剂及营养成分在饲料和粪便中的含量变化，便可计算营养成分的消化率：

$$DE(\%) = \left[1 - \frac{A'}{A} \times \frac{B}{B'} \right] \times 100$$

式中　A——饲料中某成分的含量，%；

　　A'——粪便中相应成分的含量，%；

　　B——饲料中指示剂的含量；

　　B'——粪便中指示剂的含量（单位与 B 同）。

如果计算总消化率，由下式求得：

$$DE(\%) = \left[1 - \frac{B}{B'} \right] \times 100$$

实验只要获得指示剂及所研究的营养成分在饲料和粪便中的含量即可，而不必测定总摄食量和排泄量，因此大大地减少了工作量，实验槽也不必像直接法那样限制在小水体条件下进行，在接近自然条件下也可以进行。因此间接法无论在陆生动物还是在水产动物的消化率研究中都得到了广泛的应用。

人工掺入的指示剂叫做外源指示剂。氧化铬（Cr_2O_3）是目前应用最广泛的外源指示剂，另外还有 Fe_2O_3、TiO_2、$BaSO_4$、$^{144}CeCl$ 和 ^{32}P-磷钼酸铵等。

饲料本身含有的符合指示剂要求的物质称为内源指示剂。酸性不溶灰、粗纤维、色原等常作内源指示剂。

间接法的关键一环是指示剂在饲料中必须均匀分布。外源指示剂要过100目以上的筛，采用分步混合法。充分混合后要抽样检查，要求含量的变异系数小于5%（麦康森，1988）。

2. 影响消化率的主要因素

（1）水温　在适温范围内水温升高会加快食物在消化道的移动速度，缩短食物在消化道的停留时间，从而可能降低消化率。但另一方面由于水温的升高，酶活力增加而使消化速度加快。所以水温对消化率的影响较为复杂。一般来说，多数鱼、虾在正常的自然水温变化过程中，能平衡食物移动速度和酶活力之间的关系。因此水温的自然变化不会引起消化率的显著变化。低温时，除了食物移动速度慢，增加消化时间外，有的种类还可以增加酶的分泌量以弥补酶活力的不足。在15～35℃范围内，测量中国对虾对蛋白质的消化率表明，除在15℃时不摄食和35℃由于高温死亡外，其他各个温度水平对消化吸收率没有显著的影响（麦康森等，1988）。但虹鳟对蠕虫的消化率随温度的升高而增加。

（2）投饲频度　投饲频度增加使食物在消化道移动反射性加快，未被完全消化吸收的粪便会排掉，因而使消化率下降。但有些实验显示在低摄食效率时，表观消化率反而下降。这是由于低摄食效率时，代谢性产物在粪便中所占比例增大，其真消化率仍是高的。

（3）种类生长阶段　不同动物或同种动物在不同生长阶段，其食性、酶的活性、运动习性、营养要求等都会有所不同。其对营养物质的消化率也可能有相应的变化。如中国对虾的消化酶活力也随着生长阶段不同而变化。

（4）营养物质的含量及营养物质间的相互作用　许多研究结果表明，消化率受营养素含量的影响，营养素含量越高，消化率就越高。其实，真消化率并不受营养素含量的影响，受影响的是表观消化率。因为表观消化率没有扣除粪便中的内源性成分，当被测营养物质含量越低时，粪中的内源性成分比例就越大，影响就越明显。因此，测量营养物质含量较低（相对于内源性含量）的表观消化率时，应注意由于内源性成分所引起的误差。

例如，纤维素对大多数水产动物来说并不能被消化吸收，但它有利于粪便成形、刺激肠管蠕动和促进消化、利于共生菌繁殖等作用，因此成为必不可少的饲料成分之一。但是不同动物的食物应含多少纤维素才合适仍是个问题。当纤维素含量为0～5%时，金鱼对蛋白质的消化率没有明显的差异。但在10%以上时，有的个体因粪便堵塞而死亡；25%的纤维素使虹鳟生长受阻。

饲料的脂肪含量对蛋白质的消化率影响不大，但氧化脂肪会降低蛋白质的消化率，这可能是由于氧化脂肪的毒性引起。

（5）加工工艺　配合饲料要经过复杂的加工过程。各种工艺都对营养成分的物理、化学特性产生不同程度的影响，从而可能影响其消化率。因此，研究加工工艺对消化率的影响，对选择合理的加工工艺，提高饲料的质量具有重要的意义。

原料的粉碎是饲料加工中的一个重要环节，粉碎程度不仅影响饲料的消化率，而且影响饲料颗粒的水中稳定性。在一定范围内粉碎得越细，消化率就越高。例如过10～30目筛的白鱼粉，虹鳟对它的消化率仅为11%，过30～50目筛时，消化率为51%，过50目筛以上，消比率为73%，过120目筛以上时，消化率便没有什么差异了。当然不同养殖品种或同一品种的不同生长阶段对饲料原料的粉碎程度的要求也不是一致的。

蒸汽加热调质是饲料加工的另一个重要环节。一般温和的加热调质可使某些蛋白质变性，有利于消化吸收。如大豆蛋白经加热处理，使抗胰蛋白酶因子失活，利于消化；生淀粉加热熟化能提高其消化率。然而，长时间的高温加热，会使某些种类的氨基酸变性，因而使消化率下降。

【思考题】

1. 名词解释：饱食量　摄食量　摄食效率　消化　吸收　消化率　表观消化率　真消化率
2. 影响鱼、虾摄食量的主要因素是什么？
3. 影响消化率的因素有哪些？
4. 鱼类的消化器官和消化腺有哪些？
5. 鱼类对主要营养物质是如何进行消化的？

技能训练十　水产动物表观消化率的测定

【目的要求】

通过该实验使学生了解和掌握指示剂法测定消化率的方法和原理，使学生能分析测试某种饲料原料中某种营养成分的消化率。

【药品及器材】

水族箱、试验鱼（黄颡鱼、鲤鱼、草鱼等）、橡皮管、吸球、滤纸、比色管、Cr_2O_3 标准液、凯氏定氮仪、Cr_2O_3、检测饲料、烧杯或锥形瓶、培养皿、增氧器、漏斗等。

【原理】

指示剂法的原理是利用在饲料中存在的盐酸不溶灰分或人工均匀掺入一种完全不被消化吸收的指示剂（Cr_2O_3），它可以随食物在消化道内一起移动，本身无毒，也不妨碍饲料的适口性和营养物质的消化吸收，且定量容易。这样，根据指示剂及营养成分在饲料和粪便中的含量变化，便可计算出营养成分的消化率。

【操作方法】

1.实验设计

（1）以测定某种配合饲料中粗蛋白的消化率为例。首先预配合好饲料，并将指示剂（Cr_2O_3，在饲料中的添加量应在 1%～3%）按逐级放大的方式均匀混入饲料，充分混合后 Cr_2O_3 含量的变异系数小于 5%。

（2）以试养草鱼为例，在水族箱内装好充氧设备并试养 10 尾左右体长、体重相同（150～200g）的雄性个体。试验期间水质保持在溶解氧 6mg/L 以上，pH 值 6.5 左右，水温（23±1）℃。用待测饲料预饲 1 周，每天投饵 3 次（8:30，12:30，18:00），投饵量为鱼体重的 2%，每次投饵 0.5h 后清除筛网上的残饵及排泄物，用橡皮管进行虹吸排除粪便，此阶段不收集粪便。

（3）试验期，经预饲期后，开始正式试验（饲养管理同预饲期），每天收集粪便，多收集几天，收集方法可用橡皮管吸包膜完整的粪便，再经过滤收集粪便。然后将几天收集的粪便混合均匀，70℃烘干（最好用冷冻干燥法）备用。

2.测定 将粪便转入分解瓶，按照粗蛋白质定量的方法分解、蒸馏和滴定测定粪便中的粗蛋白质含量，然后利用凯氏定氮的消化液，通过比色法测定 Cr_2O_3 的含量（参见本技能训练后的附录）。用同样的分析方法测定饲料的粗蛋白含量及 Cr_2O_3 的含量。

3.计算 计算公式为：

$$DE(\%) = \left[1 - \frac{A'}{A} \times \frac{B}{B'}\right] \times 100$$

式中 DE——饲料中某种营养物质的消化率，%；

　　A——饲料中某种营养物质的含量，%；

　　A'——粪便中相应营养物质的含量，%；

　　B——饲料中指示剂的含量，%；

　　B'——粪便中指示剂的含量，%。

附录：混合日粮或粪样中 Cr_2O_3 的分析测定

（1）称风干混合日粮或粪样 0.2～0.5g，放入 100ml 干燥的凯氏烧瓶中，再加入 5ml

氧化剂。将凯氏烧瓶放置在毒气柜中具有石棉网的电炉上，用小火燃烧。时时转动凯氏烧瓶，加热约10min。待瓶中溶液呈橙色，消化作用即告完成。如溶液中有黑色炭粒时，说明消化作用不完全，需补加少量氧化剂继续加热。

（2）消化完毕，将凯氏烧瓶冷却后，加入10ml蒸馏水，摇匀。将瓶中溶液转移入100ml的容量瓶中。应再用蒸馏水冲洗凯氏烧瓶数次，将此洗液一并注入上述容量瓶中，直至凯氏烧瓶洗净为止。然后加蒸馏水稀释至容量瓶刻度处，摇匀。

（3）比色　以蒸馏水为空白对照，在光电比色计的440nm与480nm光波下测定样本溶液 Cr_2O_3 的光密度。再根据 Cr_2O_3 的标准曲线求得样本中 Cr_2O_3 的百分含量。

（4）Cr_2O_3 标准曲线的制作　称取绿色粉状的 Cr_2O_3 0.05g于100ml干燥的凯氏烧瓶中。加氧化剂5ml［氧化剂配法：溶解10g钼酸钠于150ml蒸馏水中，慢慢加入150ml浓硫酸（相对密度1.84）。冷却后，加200ml过氯酸（70%～72%），混匀］。将凯氏烧瓶在电炉上用小火消化，直至瓶中溶液呈透明为止。然后将此液移入100ml容量瓶中，稀释至刻度。吸取瓶内溶液放入若干个50ml带盖量筒中。筒内再加入不等量的蒸馏水，配成一系列不同浓度的标准溶液，然后在光电比色计440nm与480nm光波下测定溶液的光密度。根据溶液浓度及光密度读数，可画出 Cr_2O_3 的标准曲线，作为测定饲粮及粪样中 Cr_2O_3 含量时的参考。

第六章 无公害饲料与绿色饲料

【学习指南】

随着我国人民生活由温饱型向小康型过渡，物质需求由数量向质量转化，群众对自身健康保护意识增强，对无公害、无污染、安全营养的绿色食品需求日益迫切，开发无公害饲料和绿色饲料，不仅有利于维护人民健康、增强人民体质，并且能促进全民提高环保意识，积极有效地控制与解决日趋严重的"公害"，创造更加美好的生存环境。本章主要介绍无公害饲料、绿色饲料等基本概念，无公害饲料与绿色饲料的区别与联系及发展概况，明确开发绿色饲料，发展无公害饲料生产的意义，根据提高饲料安全性的主要措施，进行无公害饲料与绿色饲料的生产。

【教学目标】

1. 掌握无公害饲料、绿色饲料等基本概念。
2. 了解无公害饲料与绿色饲料的发展概况。
3. 明确开发绿色饲料，发展无公害饲料生产的意义。
4. 了解GMP、HACCP与无公害、绿色渔用饲料生产的关系。
5. 明确影响饲料安全的主要因素，生产无公害饲料和绿色饲料。

【技能目标】

1. 能区分无公害饲料、绿色饲料与有机饲料。
2. 明确GMP、HACCP的基本含义，树立食品安全意识。

第一节　概述

一、无公害饲料与绿色饲料的发展概况

　　水产养殖尽管历史悠久，但在20世纪以前，世界的水产品供应主要都是依靠天然捕捞。由于世界人口的快速增长，对自然资源的过度利用和环境恶化，人们才开始大规模发展水产养殖，以满足日益增长的市场需求。特别是亚洲地区，水产养殖业迅猛发展，提供了全球90%以上的水产养殖产品，其中中国又占亚洲水产养殖产量的90%以上。可以说，中国的水产养殖是20世纪80年代才发展起来的产业，而且是大农业中发展最快的行业。

　　那么，我国如此大的水产养殖产量靠什么获得呢？大部分用传统的办法，依靠施肥、使用单一的饲料原料或低值的鱼、虾或贝类为饲料进行养殖。据统计，我国每年直接用于水产养殖的饲料原料高达3000万t，其中鲜杂鱼、虾达400万t，如折合成蛋白质计算，则是用1kg饲料蛋白换取1kg的鱼肉。这是对我国有限资源的巨大浪费，是对我国脆弱的养殖环境的无情摧残。

　　在水产养殖中直接使用饲料原料或低值鲜杂鱼、虾做饲料，是养殖环境污染和病原传播的重要途径，是无公害饲料生产的主要障碍。同时，在这样环境条件下养殖的产品，将对我们的食品安全构成威胁。英国的疯牛病就是一个很好的例证。所以说，水产养殖中饲料工业的滞后将是我国水产养殖可持续发展的主要障碍之一。我们必须借鉴发达国家，立法禁止在水产养殖过程中直接使用饲料原料或低值鲜杂鱼、虾做饲料，全面推广无公害优质人工配合饲料。尽管中国的水产饲料生产已经具备相当规模，但是在配方的科学合理性方面还需要进一步完善，在饲料生产全过程的质量控制，有害物质控制的制度化、规范化和信息化等方面的管理水平仍然较低，亟待进一步提高和规范。

　　水产品是农产品的重要门类之一，无公害水产品的生产是一个从生产环境、生产过程到产品质量都要求符合有关标准和规范，并且经过认证合格、获得证书的整个过程。其中无公害渔用饲料的生产和使用就是影响水产品质量的一个重要环节。

　　截至2002年底国家质量监督检验检疫局已批准发布了8项无公害农产品国家标准，出台了49项绿色食品标准，73项无公害食品行业标准。目前，中国已发布实施68项无公害水产品标准，这些都充分说明生产无公害饲料、绿色饲料已经提上日程。

二、相关术语

1.无公害饲料（食品）

　　广义的无公害食品包括有机食品、自然食品、生态食品、绿色食品、无污染食品等。在这里，无公害饲料（食品）是指使用无公害原料、生产过程和产品质量均符合国家有关标准和规范的要求，经认证合格、获得认证证书并允许使用无公害标志的饲料。无公害饲料是对饲料的基本要求，严格地说，饲料产品都应达到这一要求。

　　对无公害饲料的生产要求：无农药残留；无有机或无机化学毒害品；无抗生素残留；无致病微生物；霉菌毒素不超过标准。因此，无公害饲料从原料选购、配方设计、包装设计等环节进行严格的质量控制，并实施动物营养系统调控，以改变和控制可能发生的养殖产品公害或环境污染，生产出低成本、低污染、高效益的饲料产品。

无公害农产品标志使用权由农业部农产品质量安全中心审批。标志图案（图6-1）主要由麦穗、对勾和无公害农产品字样组成，麦穗代表农产品，对钩表示合格，橙色寓意成熟和丰收，绿色象征环保和安全。

图 6-1　无公害农产品标志

2.绿色饲料（食品）

"绿色"的概念首先来源于食品，是无污染的、安全、优质、营养类食品的统称，包括了产地环境质量标准、生产过程标准、产品标准、包装标准及其他相关标准，是一个"从土壤到餐桌"严格的全程质量控制标准体系。由绿色食品概念衍生出"绿色蔬菜""绿色水果""绿色农业""绿色水产品""绿色养殖""绿色饲料"及"绿色饲料添加剂"等。所以，绿色饲料（食品）是遵循可持续发展原则，按照特定生产方式生产，经专门机构认证，许可使用绿色饲料（食品）标志的无污染的安全、优质、营养类饲料。

许多人认为天然食品就是无污染绿色食品。这是一个认识上的误区，有关专家指出，天然食品并不等于绿色食品。这是因为环境污染无处不在，天然植物生长其中，同样会受到污染。同时，天然植物本身也会产生一些有毒、有害物质（如亚硝酸盐等）以抵抗更多虫害。由于与环境保护有关的事物国际上通常都冠之以"绿色"，为了更加突出这类食品出自良好生态环境，因此定名为绿色食品。另外，绿色食品一些严格的标定是天然食品达不到的。首先，绿色产品强调出自最佳生态环境；其次，要实行全过程质量控制。

绿色食品标志由三部分构成，即上方的太阳，下方的叶片和中心的蓓蕾，象征自然生态；颜色为绿色，象征着生命、农业、环保；图形为正圆形，意为保护。AA级绿色食品标志与字体为绿色（图6-2），底色为白色，A级绿色食品标志与字体为白色（图6-3），底色为绿色。绿色食品标志作为一种产品质量证明商标，其商标专用权受《中华人民共和国商标法》保护。

图 6-2　AA 级绿色食品标志

图6-3　A级绿色食品标志

　　我国的绿色食品分A级和AA级两种，其主要区别是在生产过程中，AA级不使用任何农药、化肥和人工合成激素；A级则允许限量使用限定的农药、化肥和合成激素。按照农业部发布的行业标准，AA级绿色食品等同于有机食品。现在我国获得绿色食品标志AA级的食品有40多种。

3.有机饲料（食品）

　　有机饲料（食品）是指来自于有机农业生产体系，根据国际有机农业生产要求和相应的标准生产加工的，并通过独立的有机食品认证机构认证的一切农副产品，包括粮食、蔬菜、水果、乳制品、畜禽产品、蜂蜜、水产品、调料等。有机食品与其他食品最显著的差别是，有机食品在生产和加工过程中绝对禁止使用农药、化肥、除草剂、合成色素、激素等人工合成物质。有机食品是一类真正源于自然、富营养、高品质的环保型安全食品。

　　有机食品标志采用人手和叶片为创意元素。其一是一只手向上持着一片绿叶，寓意人类对自然和生命的渴望；其二是两只手一上一下握在一起（图6-4），将绿叶拟人化为自然的手，寓意人与自然需要和谐美好的生存关系。该标志是加施于经农业部所属中绿华夏有机食品认证中心认证的产品及其包装上的证明性标志。

图6-4　有机食品标志

　　绿色食品、无公害食品和有机食品都属于农产品质量安全范畴，都是农产品质量安全认证体系的组成部分。无公害食品保证人们对食品质量安全最基本的需要，是最基本的市场准入条件；绿色食品达到了发达国家的先进标准，满足了人们对食品质量安全更高的需求；发展绿色食品是农产品质量安全工作的重要组成部分，起着积极的示范带动作用。有机食品是国际通行的概念，是食品安全更高的一个层次。无公害食品、绿色食品和有机食品的工作是协调统一、各有侧重和相互衔接的。无公害食品是绿色食品和有机食品发展的基础，而绿色食品和有机食品是在无公害食品基础上的进一步提高。

4.可持续发展农业

1987年在日本东京召开的世界环境与发展委员会第八次会议通过了《我们共同的未来》报告，第一次提出"可持续发展"的明确定义是"在满足当代人需要的同时，不损害后代人满足其自身需要的能力"。

可持续发展农业是指采取某种合理使用和维护自然资源的方式，实行技术变革和机制性改革，以确保当代人类及其后代对农产品需求可以持续发展的农业系统。按可持续发展农业的要求，今后农业和农村发展必须达到的基本目标是：确保食物安全，增加农村就业和收入，根除贫困；保护自然资源和环境。

5.绿色壁垒

进入21世纪，国际市场更加一体化，尤其是中国加入WTO后，国家关税和配额对农产品进口的调配作用越来越小，而且国际市场更加关注农产品的生产环境、种植方式和内在质量。同时由于一些发展中国家或地区经济的腾飞，在诸多领域已经成为发达国家激烈的竞争对手，为了摆脱竞争，某些发达国家利用世界日益高涨的绿色浪潮，筑起非关税的"绿色壁垒"，限制或禁止外国商品的进口，以达到其贸易保护主义的目的。

所谓"绿色壁垒"，又称"环境壁垒"，是指一种以保护生态环境自然资源和人类健康为借口的贸易保护主义措施。设置绿色壁垒的方式主要是制定较高的绿色标准，并严格执行，以阻止国外商品进口。

近年来，发达国家以保护环境为名，经常采取单方面的贸易措施，限制外国产品的进口，由此引发的双边或多边贸易摩擦日益增多。欧盟和北美自由贸易区这两大区域性经济组织成员基本上都是发达国家，它们的环保水平和环保标准大致接近。因此发达国家可以通过区域自由贸易的形式，以低于区域环境标准为由将来自于区域以外的产品（包括我国产品），排斥在巨大的区域市场之外。

随着世界经济区域化和集团化趋势的不断加强，我国不可避免地与其他发达国家或区域性经济组织因为环境问题产生双边或多边的贸易摩擦。因此，我们可以利用相关的一些条款和国际组织的协议，联合发展中国家，抵制发达国家利用绿色保护而采取歧视政策。积极参与国际环境公约和国际多边协定中关于环保条款的制定，拒绝接受超出自身能力的条款内容以保护自身利益。同时修正那些不适应国际绿色贸易发展趋势的环保政策，完善绿色环境标准制度，以提高我国产品的出口竞争力。

三、开发绿色饲料，发展无公害饲料生产的意义

1.发展绿色无公害生产是我国经济和社会发展的必然

随着人们物质和文化生活水平的提高，很多人已经认识到影响健康的各个环节，宁可花上高几倍的价格，也愿意享受健康的饮食——绿色无公害食品，这是我国经济和社会发展的必然结果。

2.发展绿色无公害生产有利于推动我国农业的产业化进程

由于不负责任的养殖和生产，导致养什么就病什么、死什么，对虾养殖和扇贝养殖是两个典型的、给养殖生产造成巨大损失的例子，而且生产的水产品和其他农产品被消费者和市场拒绝接受的例子也屡见不鲜。市场经济中市场是推动农业产业化进程的主要调节杠杆，只有从养殖的源头抓起，生产绿色无公害饲料，才能进一步推动我国农业的产业化进程。

3.发展绿色无公害生产是提高农业整体效益的有效途径

在目前现实的社会环境和技术条件下，要生产出完全不受到有害物质污染的商品饲料是很难的。要采取科学地疏导，从大局和长远利益出发，以提高农业的整体效益为目标，讲利益、树典型，做好广大养殖户的思想工作，大力发展绿色无公害产品的生产。

4.发展绿色无公害生产有利于推动农业科技进步

发展绿色无公害生产，不是停留在形式上和口头上，需要我们广大的科技工作者研制、开发和推广使用新型的环保饲料，从而推动农业科技进步，确保发展绿色无公害生产的顺利进行。

5.发展绿色无公害生产有助于不发达地区农民脱贫致富

国家从政策上确定：确保食物安全，增加农村就业和收入，根除贫困，保护自然资源和环境。虽然不发达地区经济和科学技术落后，但同时受到的污染和毒害作用也相对小得多，在这些地区更容易发展绿色无公害生产，有助于不发达地区农民脱贫致富。

6.发展绿色无公害生产是突破"绿色壁垒"参与国际竞争的需要

中国是水产养殖第一大国，但水产品出口创汇却与养殖的产量远不相符，其中一个不可忽视的原因就是养殖产品的品质和卫生安全难以过关。日本和欧盟等国家禁止进口或扣押我国养殖的水产品的事件屡见不鲜；重金属、微生物和抗生素等违禁药物和其他污染物超标，是我国养殖的水产品进入国际市场的主要"绿色壁垒"。所以从根源抓起，发展绿色无公害饲料的生产，是突破"绿色壁垒"参与国际竞争的必然需要。

绿色无公害饲料的生产是世界农业的发展方向，也是保护环境和发展经济相协调的有效措施，有利于促进农业生产的可持续发展，是保护环境与发展生产的统一。

第二节　GMP、HACCP与无公害、绿色饲料的生产

一、GMP和HACCP简介

1.ISO简介

ISO是国际标准化组织的英文缩写，ISO是世界上最大的非政府性标准化专门机构，它在国际标准化中占主导地位。该组织创建于1947年，总部设在瑞士日内瓦。由100多个国家的2700多个不同级别的技术委员会、分技术委员会和工作小组构成。它是一个国际标准协调性组织，其主要活动是制定国际标准，协调世界范围内的标准化工作，组织各成员国和技术委员会进行情报交流，以及与其他国际性组织进行合作，共同研究有关标准化问题。大部分产品的ISO质量标准的执行是自愿的，本身无法律约束力，但是在国际贸易中，许多产品由于未执行ISO标准认定而处于不利地位。

2.GMP简介

GMP是良好生产操作规范的英文缩写，是美国40多年前建立的一种保证产品质量的管理办法，首先应用于药品生产，然后进一步推出了《通用食品制造、加工、包装储运的现行良好操作规范》，该法后来被联合国食品法典委员会（CAC）采纳，形成一套GMP规范作为国际规范推荐给CAC成员国。其他国家结合自己的实际情况，也制定了一些类似GMP的规范和标准。如日本农林水产省制定的《食品制造流通基准》。

GMP特别注重在生产过程实施对食品卫生安全的管理。简要地说，GMP要求食品生产企业应具备良好的生产设备，合理的生产过程，完善的质量管理和严格的检测系统，确保最终产品的质量符合法规要求。GMP所规定的内容，是食品加工企业必须达到的最基本的条件。

我国食品行业应用GMP始于20世纪80年代。1984年，为加强对我国出口食品生产企业的监督管理，保证出口食品的安全和卫生质量，原国家商检局制定了《出口食品厂、库卫生最低要求》。1994年卫生部将其修改为《出口食品厂、库卫生要求》。并参照联合国粮农组织（FAO）、世界卫生组织（WHO）和食品法典委员会的《食品卫生通则》，制定了《食品企业通用卫生规范》（GB 14881—1994）国家标准。随后，陆续发布了《罐头厂卫生规范》、《白酒厂卫生规范》等19项国家标准。

虽然上述标准均为强制性国家标准，但由于标准本身的局限性、我国标准化工作的滞后性、食品生产企业卫生条件和设施的落后状况，以及政府有关部门推广和监管力度不够，这些标准尚未得到全面的推广和实施。为此，卫生部决定在修订原卫生规范的基础上，制定部分食品生产的GMP。

2001年，卫生部组织广东、上海、北京、海南等部分省市卫生部门和多家企业成立了乳制品、熟食制品、蜜饯、饮料、益生菌类保健食品五类GMP的制、修订协作组，确定了GMP的制定原则、基本格式、内容等，不仅增强了可操作性和科学性，而且增加并具体化了良好操作规范的内容，对良好的生产设备、合理的生产过程、完善的质量管理、严格的检测系统提出了要求。

2002年4月，国家质量监督检验检疫总局公布了《出口食品生产企业卫生注册登记管理规定》，这是衡量我国出口食品生产企业能否获取卫生注册证书或者卫生登记证书的标准之一。至此，初步形成了我国食品行业的GMP体系。

目前，我国的食品安全状况仍然令人担忧，主要表现在农业、种植业、养殖业的源头污染对食品安全的威胁日趋严重，一些企业违法生产和经营伪劣食品，企业应用新原料、新工艺（如转基因技术等）给食品安全带来许多新问题，政府有关部门在食品储存、运输、销售等环节监管不力，并缺乏有效的卫生安全管理措施等。因此，加大我国食品行业安全卫生监管的力度，推广和应用GMP势在必行。

3.HACCP简介

HACCP是危害分析和关键控制点的英文缩写。HACCP是指对某一具体食品生产链的生产工序或操作有关风险发生的可能性进行判断、鉴定和评估，以及对其中的生物的、化学的和物理性危害提出预警控制的系统方法。HACCP体系是一种以保证食品安全为基础的预防性控制体系，该体系被认为是控制食品安全和风味品质的最好、最有效的管理体系。它通过对食品原料在种植、饲养、收获、加工、流通、消费过程中实际存在和潜在的危害进行危险性识别和评价，确定对最终产品质量和食品卫生有重要影响的关键控制点并采取相应的预防措施和纠正措施，从而在危害发生前实施有效的控制，最大限度地保证食品的质量和安全。识别、评价、控制关键控制点是HACCP原理的核心，其他一般控制点只是GMP中的一部分。2003年中国成立农业部农产品质量安全中心，下设种植业、畜牧业产品和渔业产品三个分中心，负责全国无公害农产品的认证工作。

综上所述，GMP是实施HACCP体系原理的先决条件和基础，HACCP体系原理是确保GMP贯彻执行的有效管理方法。两者相辅相成，可以更有效地保证食品安全。目前HACCP

认证在国际食品贸易中应用广泛，通过HACCP认证的国内企业不仅在产品质量安全保证、市场拓展、品牌提升和经济效益等方面取得了显著成绩，同时国际食品贸易也更加畅通。

二、无公害、绿色饲料的生产要求

中国的渔用饲料工业取得了举世瞩目的成就，从无到有，到成为世界饲料生产第二大国，是中国国民经济飞速发展的带动，更是我国水产养殖业高速发展的结果。但我国渔用饲料的技术水平、生产管理水平与饲料工业发达的国家相比，仍然存在较大的差距。整个渔用饲料工业仍然缺乏推广和应用GMP和HACCP的意识。

为此，从事水产饲料研究、生产与应用的科技人员必须提高认识和管理水平，除了不断研究逐步完善养殖对象的营养需求参数，提高饲料配方的技术水平外，就是要在整个渔用饲料工业推广和应用GMP和HACCP，为无公害渔用饲料的生产和推广做出自己应有的贡献。相关人员都必须认识到以下几点。

（1）饲料安全是人类食品安全的重要基础，优质水产饲料要有优质的饲料原料做保证。

（2）水产饲料生产者必须把拥护、提供优质产品视为自己的天职，而且应该通过良好的质量控制过程为顾客提供质量稳定的产品。

（3）为了生产质量稳定的优质饲料产品，必须对新老员工进行GMP和HACCP的培训指导，使他们能够完成任务和解决生产中存在的问题，每个员工都必须经过这个环节，确保质量是生产优质配合饲料的基础因素，也是企业长期得以生存的关键因素。

（4）所有饲料厂员工都对确保产品质量负直接责任。在生产过程中，每个人都必须采用已认可的GMP和HACCP进行管理和生产。

（5）指导养殖户如何正确地使用和储存饲料是饲料生产者的责任，他们可以通过标签使用说明、发放技术指导材料等方式，介绍饲料储存和正确使用的方法，及特殊养殖品种和特殊养殖模式对饲料应用的特殊要求等。

（6）饲料生产企业应尽可能根据养殖户的需要，与他们一起研究和交流如何提高饲料质量、养殖产量和质量，同时减少对养殖环境或其他方面的负面影响。

（7）无公害饲料的生产不但要求生产的饲料是无公害的、安全的，而且要求在饲料的生产过程中不得给环境造成公害，要保护环境、保护生态，要将渔业的可持续发展和现代化建设引入良性的发展轨道。

三、无公害渔用配合饲料的生产

无公害渔用饲料，是指根据可持续发展原则，严格执行无公害饲料使用准则和生产操作规程，按照规定限量使用限定的化学合成生产资料，所生产的水产品质量符合无公害水产品标准，经专门机构认定，许可使用无公害食品生产资料标志的，无污染的，安全、优质、营养、高效的渔用饲料。

无公害渔用配合饲料的生产，必须强调最佳的饲料原料和饲料利用率，减少排泄污染；强调饲料和水产品的安全性，不使用抗生素和其他化学合成药物添加剂，绝不使用激素等国家违禁物品，尽量使用中草药等无公害促生长剂和防病抗病药物取代有害化学物质，确保饲料和水产品的安全与卫生。

1.原料质量要求

① 加工渔用饲料所用原料应符合各类原料标准的规定，不得使用受潮、发霉、生虫、腐败变质及受到石油、农药、有害金属污染的原料。

② 皮革粉应经过脱铬、脱毒处理。

③ 大豆原料应经过破坏蛋白酶抑制因子的处理。

④ 鱼粉的质量应符合SC/T 3501—1996的规定。

⑤ 鱼油的质量应符合SC/T 3502—2000中二级精制鱼油的要求。

⑥ 使用的药物添加剂种类及用量应符合NY 5071—2002、《饲料药物添加剂使用规范》、《禁止在饲料和动物饮用水中使用的药物品种目录》、《食品动物禁用的兽药及其他化合物清单》的规定；若有新的公告发布，按新规定执行。

2.检验规则

① 组批　以生产企业中每天（班）生产的成品为一检验批，按批号抽样。在销售者或用户处按产品出厂包装的标示批号抽样。

② 抽样　渔用配合饲料产品的抽样按GB/T 14699.1—1993规定执行。抽样时做好抽样记录，内容包括：样品名称，型号，抽取时间、地点、数量，产品批号，抽样人签字等。批量在1t以下时，按其袋数的1/4抽取。批量在1t以上时，抽样袋数不少于10袋。沿堆积立面以"X"形或"W"形对各袋抽取，产品未堆垛时，应在各部位随机抽取。抽取样品时一般应用钢管或铜管制成的槽形取样器。由各袋取出的样品应充分混匀后按四分法分别留样。每批饲料的检验用样品不少于500g。另有同样数量的样品做留样备查。

③ 判定　渔用配合饲料中所检的各项安全指标均应符合标准要求。所检安全指标中有一项不符合标准规定时，允许加倍抽样将此项指标复检一次，按复检结果判定本批产品是否合格。经复检后所检指标仍不合格的则判定为不合格产品。

3.无公害渔用配合饲料安全限量

饲料产品在生产前，不但需对其卫生指标、营养指标、感官指标等理化指标进行检验，而且要对产品的安全指标进行检验，如果不合格，禁止生产和出厂。水产饲料的药物添加剂应符合NY5072—2002要求，不得选用国家规定禁止使用的药物或药物添加剂，也不得在饲料中长期添加抗菌药物。渔用配合饲料的安全指标限量应符合表6-1的规定。

同时，饲料产品质量是影响养殖水产品质量的重要因素之一，遵循（NY 5071—2002）无公害食品　渔用药物使用原则，无公害水产品中药物残留限量要求遵循水产品中渔药残留限量（NY 5070—2002），严禁使用禁用渔药（表6-2），也是加工生产无公害饲料时需要注意的事项。

表 6-1　渔用配合饲料的安全指标限量（NY 5072—2002）

项目	限量	适用范围
铅（以 pb 计）/（mg/kg）	≤ 5.0	各类渔用配合饲料
汞（以 Hg 计）/（mg/kg）	≤ 0.5	各类渔用配合饲料
无机砷（以 As 计）/（mg/kg）	≤ 3	各类渔用配合饲料
镉（以 Cd 计）/（mg/kg）	≤ 3	海水鱼类、虾类配合饲料
	≤ 0.5	其他渔用配合饲料

项目	限量	适用范围
铬（以 Cr 计）/（mg/kg）	≤ 10	各类渔用配合饲料
氟（以 F 计）/（mg/kg）	≤ 350	各类渔用配合饲料
游离棉酚 /（mg/kg）	≤ 300	温水杂食性鱼类、虾类配合饲料
	≥ 150	冷水性鱼类、海水鱼类配合饲料
氰化物 /（mg/kg）	≤ 50	各类渔用配合饲料
多氯联苯 /（mg/kg）	≤ 0.3	各类渔用配合饲料
异硫氰酸酯 /（mg/kg）	≤ 500	各类渔用配合饲料
噁唑烷硫酮 /（mg/kg）	≤ 500	各类渔用配合饲料
油脂酸价（KOH）/（mg/kg）	≤ 2	渔用育苗配合饲料
	≤ 6	渔用育成配合饲料
	≤ 3	鳗鲡育成配合饲料
黄曲霉毒素 B_1 /（mg/kg）	≤ 0.01	各类渔用配合饲料
六六六 /（mg/kg）	≤ 0.3	各类渔用配合饲料
滴滴涕 /（mg/kg）	≤ 0.2	各类渔用配合饲料
沙门氏菌 /（cfu/25g）	不得检出	各类渔用配合饲料
霉菌 /（cfu/g）	≤ 3×10⁴	各类渔用配合饲料

表 6-2　禁用渔药

药的物名称	化学名称（组成）	别名
地虫硫磷 Fonofos	O-2 基 -S 苯基二硫代磷酸乙酯	大风雷
六六六 BHC(HCH) Benzem,Bexachloridge	1,2,3,4,5,6- 六氯环己烷	
林丹 Iindane,Agammaxare,Gamma-BHC Gamma-HCH	γ-1,2,3,4,5,6- 六氯环己烷	丙体六六六
毒杀芬 Camphechlor(ISO)	八氯莰烯	氯化莰烯
滴滴涕 DDT	4,4′- 二氯二苯三氯乙烷	
甘汞 Calomel	二氯化汞	
硝酸亚汞 Mercurous Nitrate	硝酸亚汞	
醋酸汞 Mercuric Acetate	醋酸汞	
呋喃丹 Carbofuran	2,3- 氢 -2,2- 二甲基 -7- 苯并呋喃 - 甲基氨基甲酸酯	克百威、大扶农

续表

药的物名称	化学名称（组成）	别名
杀虫脒 Chlordimeform	N-(2- 甲基 -4- 氯苯基)N',N'- 二甲基甲脒盐酸盐	克死螨
双甲脒 Anitraz	1,5- 双 -(2,4- 二甲基苯基)-3- 甲基 1,3,5- 三氮戊二烯 -1,4	二甲苯胺脒
氟氯氰菊酯 Flucythrinate	(R,S)-α- 氰基 -3- 苯氧基 -(R,S)-2-(4- 二氟甲氧基)-3- 甲基丁酸酯	保好江鸟、氟氰菊酯
五氯酚钠 PCP-Na	五氯酚钠	
孔雀石绿 Malachite Green	$C_{23}H_{25}CIN_2$	碱性绿、盐基块绿、孔雀绿
锥虫肿胺 Tryparsamide		
酒石酸锑钾 Anitmomyl Potassium Tartrate	酒石酸锑钾	
磺胺噻唑 Sulfathiazolum,ST,Norsultazo	2-(对氨基苯碘酰胺)- 噻唑	消治龙
磺胺脒 Sulfaguanidine	N_1- 脒基磺胺	磺胺胍
呋喃西林 Furacillinum,Nifulidone	5- 硝基呋喃醛缩氨基脲	呋喃新
呋喃唑酮 Furazolidonum,Nifulidone	3-(5- 硝基糠叉胺基)-2 噁唑烷酮	痢特灵
呋喃那斯 Furanace,Nifurpirinol	6- 羟甲基 -2-[-5- 硝基 -2- 呋喃基乙烯基] 吡啶	P-7138 （实验名）
氯霉素 （包括其盐、酯及制剂） Chloramphennicol	由委内瑞拉链霉素生产或合成法制成	
红霉素 Erythromycin	属微生物合成，是 *Streptomyces eyythreus* 生产的抗生素	
杆菌肽锌 Zinc Bacitracin Premin	由枯草杆菌 *Bacillus subtilis* 或 *B.leicheniformis* 所产生的抗生素，为一含有噻唑环的多肽化合物	枯草菌肽
泰乐菌素 Tylosin	*S.fradiae* 所产生的抗生素	
环丙沙星 Ciprofloxacin (CIPRO)	为合成的第三代喹诺酮类抗菌药，常用盐酸盐水合物	环丙氟哌酸
阿伏帕星 Avoparcin		阿伏霉素
喹乙醇 Olaquindox	喹乙醇	喹酰胺醇、羟乙喹氧
速达肥 Fenbendazole	5- 苯硫基 -2- 苯并咪唑	苯硫哒唑

药的物名称	化学名称（组成）	别名
己烯雌酚 （包括雌二醇等其他类似合成等雌性激素） Diethylstilbestrol,Stilbestrol	人工合成的非甾体雌激素	乙烯雌酚，人造求偶素
甲基睾丸酮 （包括雌二醇睾丸素、去氢甲睾酮以及同化物等雄性激素） Methyltestosterone, Metandren	睾丸素 C_{17} 的甲基衍生物	

四、绿色渔用饲料的生产

饲料的安全、优质和无污染是生产绿色食品的根本保障，绿色饲料生产过程控制是控制饲料质量的关键环节，执行绿色饲料和绿色饲料添加剂使用标准及其生产操作规程。

1.绿色饲料使用准则

① 优先使用绿色食品生产资料的饲料类产品。

② 至少90%的饲料来源于已认定的绿色食品产品及其副产品，其他饲料原料可以是达到绿色饲料标准的产品。

③ 禁止使用转基因方法生产的饲料原料。

④ 禁止使用工业合成的油脂。

⑤ 禁止使用禽畜粪便。

2.绿色饲料添加剂使用准则

① 优先使用符合绿色生产资料的饲料添加剂类产品。

② 所选饲料添加剂必须符合NY/T 471附录规定的国家饲料添加剂品种。

③ 禁止使用任何药物性添加剂。

④ 禁止使用激素类、安眠镇静类药物。

⑤ 营养性饲料添加剂的使用量应符合NY/T 14，NY/T 33，NY/T 34，NY/T 65中所规定的营养需要量及营养安全幅度。

3.绿色饲料生产操作规程

① 加工用水必须达到绿色食品要求的水质标准（表6-3）。

表6-3　加工用水质量标准

项目	标准 /（mg/L）	项目	标准 /（mg/L）
汞	≤ 0.001	氟化物	≤ 1.0
镉	≤ 0.01	氯化物	≤ 250
铅	≤ 0.05	总大肠埃希菌数	≤ 3 个 /L
砷	≤ 0.01	细菌总数	≤ 100 个 /ml
六价铬	≤ 0.05	pH 值	6.5 ～ 8.5
氰化物	≤ 0.05		

（2）鲜活饵料和人工配合饲料的原料应来源于无公害生产区域。

（3）人工配合饲料的添加剂使用必须符合《生产绿色食品的饲料添加剂使用准则》。

（4）生产厂区大气质量达标。

（5）采用生态方法处理"三废"及其他无公害技术。

第三节　提高饲料安全性的主要措施

据《中国医药报》2007年报道，福建海水养殖户在养殖过程中滥用抗生素，甚至使用违禁药品现象早已是公开的秘密。但随着水产养殖业长期、大量地滥用抗生素类药物添加剂，严重的负面效应也随之显露出来，药物残留通过食物链的逐级传递积累，最终会对人体健康造成严重危害。为此，应该明确影响饲料安全性的主要因素，采取有效的措施提高饲料的安全性。

一、影响饲料安全性的因素

饲料安全是指饲料中不应含有对饲养动物的健康与生产性能造成实际危害的有毒、有害物质或因素，并且这类有毒、有害物质或因素不会在畜产品中残留、蓄积和转移而危害人体健康或对人类的生存环境构成威胁。影响饲料安全的因素主要有以下几种。

1.滥用违禁药物或不按规定使用药物添加剂

一些饲料加工厂为了追求商业利润，超量添加药物添加剂情况较为普遍，有的不遵守停药期和某些药物在某一生理阶段禁用的规定，最终使人们的健康受到威胁。更有甚者，他们大量使用激素、违禁药品（如瘦肉精）和其他药物添加剂，这些物质残留在产品内，经食物链进入人体，也会导致人类的一系列疾病（如儿童早熟、成人肥胖等）。

2.饲料中过量添加重金属元素

水产动物和陆上的畜禽类不同，它们很容易从水环境中吸收矿物质。据报道，海水鱼每天从海水（高渗液）中摄取的水量是鱼体重的50%，通过摄入海水基本可以满足其对矿物质的需求；淡水鱼生活在低渗环境中，除了从鳃和体表吸收一部分外，还需要从饲料中补充不足。在饲料中添加一定量的微量元素是必需的，但过量添加却贻害无穷。

最常见的是在饲料中添加过量的铜（常常达到250mg/kg）、锌（达3000mg/kg）或砷制剂（如阿散酸）。饲料中过量铜、锌的使用，可以引起养殖生物中毒。铜容易在肝中聚集，人食入铜、锌残留量高的猪肝可危害人体健康。而且，大量铜、锌随粪便排出，严重污染了环境。砷化物在肠道具有抗生素作用，能提高动物增重和改进饲料利用率，同时砷也是一种必需元素，因此饲料生产厂家也使用砷制剂。但砷的吸收率低，通过粪、尿排放到农田、河流，严重污染环境，同时，它们还富集在植物内，特别是水生动物（鱼类、贝介类）中，最终危害人类健康。砷制剂引起的深层次污染影响已发展到分子生态污染，如引起蛋白质、DNA、酶等生物大分子的生态紊乱，进而使动物和人类发生三致（致癌、致畸、致突变）。

3.饲料原料中天然存在的有毒、有害物质

很多饲料成分中含有一些天然有毒、有害物质，如棉籽饼粕中含有棉酚色素及其衍生物，其中游离棉酚毒性最大，是一种嗜细胞性、血管和神经性毒物，并且棉酚还可以通过水产品转移给人类，从而危害人类健康。菜籽饼粕中硫葡萄糖苷降解产物可损害肝脏、消化道、脑垂体并引起甲状腺肿大。大豆粕中含有抗胰蛋白酶、皂角素、血细胞凝集素等有毒、有害物质，影响水产动物对营养物质的消化和吸收；有些动物性饲料中含有组胺、抗硫胺素（鱼、虾及贝类）、抗生物素蛋白（生鸡蛋清）、肌胃糜烂素（劣质鱼粉）等。饲料中含有这些有毒、有害物质，直接危害水产动物的生长与健康。

4.饲料和食品的化学性污染

受饲料原料产地的地质、化学条件或人类活动造成的"三废"污染，以及农药、化肥大量使用的影响，饲料原料有时会含有对生物有害的过量的无机污染物如铅、镉、汞等重金属元素及氟、砷和硒等非金属元素，有时也含有一些有机污染物如 N-亚硝基化合物、多环芳烃类化合物、二噁英、多氯联苯等化合物，这些污染物都具有在环境、饲料和食物链中富集、难分解、毒性强等特点，对饲料安全性和食品安全性构成极大威胁。随着今后工农业生产的发展和新资源、新材料的开发，还可能出现新的污染物，加上人类环境有持续恶化的趋势，因而饲料或食品成分中的环境污染物可能有增无减，对此应该引起足够的重视。

5.饲料的霉变或受到细菌、病毒等微生物污染

饲料霉变主要是由于饲料原料水分含量高，温度高和潮湿的气候条件及在运输、储存、加工及销售过程中，由于保管不善或储存时间过长等因素，引起继发性的霉菌滋生。此外，动物性原料肉骨粉和鱼粉经常污染有沙门菌等微生物。动物摄入被这些有害微生物污染的饲料后，在肝、肾、肌肉中可检出毒素及其代谢产物，因而可能造成动物性食品的污染。饲料是很多致病微生物（病原菌、病毒等）的重要传播途径。如英国发生的疯牛病，就是细菌和病毒污染饲料原料并随后污染畜产品，又通过食物链引发人类患病。此外，口蹄疫、禽流感也长期困扰动物和人类健康，这样的事例已屡见不鲜。

6.转基因饲料原料引发的食品安全性问题

目前已用转基因技术培育出了高油、高赖氨酸玉米、"双低"油菜、高蛋氨酸大豆、无色素腺体棉花等，它们中的一部分已被用作饲料原料。这些原料与自然条件下生产出来的饲料原料相比，具有低毒和营养价值高等优点，但它的推广和使用还存在争议，是一个没有定论的问题，应该引起足够的重视，比如用转基因原料生产出来的饲料饲养出来的动物是否会产生遗传污染；这样的动物性食品是否与非转基因食品"实质等同"，无显著差异；转基因食品在某些情况下是否会产生过敏等。所以，我们应该保持清醒的头脑，采取足够审慎的态度。

二、提高饲料安全性的主要措施

1.建立完备的饲料法律法规体系，强化饲料品质监控系统

我国现行的饲料标准是参照国际标准加以制定的，但由于中外情况有所差别，国外的一

些标准并不一定完全适合我国。因此，根据我国国情，尽快制定与之相适应的法律、法规是当前的首要任务。应组织专家，并委托相关部门，对当前我国饲料生产中存在的问题进行系统调研，也可以采取走出去、请进来的办法，吸取国外的经验教训，本着与国际接轨的准则，对我国现有的有关法律、法规进行修改和补充，建立我国的、也适应WTO成员国间游戏规则的法律法规作为我国提高饲料品质生产的依据，为我国饲料工业走出国门提供法律和技术上的保障。

进一步强化我国饲料品质监控系统，建立国家、省级及省级以下的系统监督检测机构网络，并给予充分的技术（需要精密的仪器设备）和资金支持。依法对饲料厂家、企业进行定期和不定期的抽样监督检测，不准其生产有害产品，不准有害产品在市场上流通，对违法者要严厉处罚。树立只有饲料安全才能确保食品安全的观念。从动物食品的产出过程来看，其质量和安全性要受到饲料的组成、动物的健康、养殖场的环境卫生、加工及产品的储存方式等诸多因素的影响。饲料原料是这一环节的主要源头，饲料生产的安全控制措施是产出安全产品的关键环节。

2.加大科研投入，确定养殖生物的营养需要量和安全限量，禁止过量添加

一般而言，养殖生物的种类、年龄和生理状态不同，对各种营养素的需要量也不同，因而要求的饲料配方也不一样。饲料中各种营养素的含量应以满足需要又维持平衡为准，不含其他不需要的成分或虽含有但不超过动物承受能力。饲料中营养素安全限量的确定，首先要考虑是否对水产动物的生长造成危害，然后是对人类健康的影响。一些重金属元素或其化合物，它们能在生物体内富集，且水产动物对它们的耐受性可能较强，饲料中虽已达到某一浓度，其生命活动未受或较少受影响，但最终会贻害无穷。因此，这些物质安全限量的确定应当以食品卫生标准的限量为饲料中的安全限量，以确保饲料的安全性。

目前，我国水产动物的营养基础研究还很薄弱，绝大部分营养需求量都是引用国外的研究成果，缺少系统性的研究，因而缺少制定标准的依据。国家需要在这方面加大科研投入，确定养殖生物的营养需要量和安全限量，禁止过量添加。

3.加强饲料原料中有毒、有害物质和病原微生物的检测

目前，我国饲料标准体系建设严重滞后，所涉及的指标很不健全，特别是饲料产品中许多违禁药物的检测标准还没有制定，卫生标准很不完善，而且，对这些物质的检测，受我国饲料质量检测机构的仪器设备条件和检测方法所限，影响了监督检测的法律效力。这就要求检测部门，针对饲料原料中不同的有毒、有害物质和病原微生物，建立不同的、有科学依据的检测方法，经检测不合格的饲料禁止用于养殖生产，不合格的原料禁止用于饲料加工，这是关系到饲料工业和养殖业能否持续健康发展的一个重大问题。

4.饲料厂加强法律意识、饲料安全意识建设，严格控制饲料质量

饲料厂是饲料生产的主体，各企业要组织员工认真学习《饲料和饲料添加剂管理条例》等相关法律法规。在生产饲料时，要严格按饲料卫生标准执行，严格控制有害药物和添加剂的使用，加强质量监督检测，绝对不能使用任何违禁药物，严把原料入库关，不符合安全饲料生产的原料禁止入厂；企业每批次产品必须检验，不合格产品严禁出厂；对违规产品加强处理力度；已查处的违规产品，必须完全处理，不得在市场上流通。在生产加工过程中，为预防各种有毒因素的污染，须采取相应的技术措施，对直接接触饲料的容器、器械、导管及工艺中加入的添加剂中的有毒元素加以限制。对于含有天然有毒、有害物质的原料（如豆粕、菜籽粕等），为降低饲料中的这些有毒、有害成分，必须培育并推广相应的无毒或低毒品种，不断改进饼、粕等原料的加工工艺以降低有害成分的残留。

5.建立HACCP质量管理模式，遵守GMP从各个环节确保安全饲料的生产

HACCP即"危害分析与关键控制点"，是国际上公认的食品安全卫生保证体系。它是一个综合性的项目，涵盖整个生产步骤、加工、进料、产品和在关键控制点的数量。HACCP管理是饲料质量生产监管的重要组成部分，也是提高饲料行业国际竞争力的战略性措施，其作用已受到世界各国的关注。目前，已有日本、欧盟、加拿大、美国等国家采用了该体系。根据我国饲料行业的实情，制定与之相适应的HACCP管理模式，从各个环节确保饲料安全，是饲料行业行政管理部门对饲料和饲料添加剂生产全过程实施安全监管，规范饲料生产，保证饲料质量，确保饲料安全和食品安全的科学和有效的手段。

6.加大科研投入，加快绿色水产饲料添加剂的开发

面对加入世界贸易组织（简称"入世"），我国养殖业的发展必然要与国际接轨，跟上世界经济全球一体化的大趋势。而发展绿色、无公害饲料添加剂以保证生产绿色水产品，是入世后我国饲料工业发展的主要趋势。具有良好发展前景的绿色、无公害饲料添加剂、中草药添加剂、酵母细胞壁、低聚糖、糖萜素、磷脂、肉碱等。

1995年5月29日，国务院颁布了《饲料和饲料添加剂管理条例》，使我国饲料安全管理工作步入了依法管理的轨道，农业部结合管理条例的贯彻施行，加大了对饲料和饲料添加剂中违禁药品的查处力度，同时鼓励、开发绿色饲料添加剂产品，用以替代抗生素等饲料添加剂。这对解决药物残留，保护环境和人体健康，加速水产品的出口创汇，具有重要意义。但在我国水产养殖业发展的现状下，绿色水产饲料添加剂要完全取代水产饲料中的抗生素是不太现实的，抗生素退出水产养殖业历史舞台需要一个渐进过程。相信随着水产养殖业和饲料工业的稳步发展，水产动物营养学理论的不断拓新，人民生活水平的普遍提高，安全意识的不断增强，将会有更多满足生产和生活需要的绿色水产饲料添加剂问世。

目前，我国水产品总量已经供大于求，国内市场相对饱和，而在国际市场，我国水产品将面临安全、卫生、健康、生态、环保等方面的严格要求，已经形成了难以逾越的技术性贸易壁垒，成为我国水产品进入国际市场的主要障碍。因此，加强这方面的科研投入，组织有关部门协同攻关，生产出安全环保的优质饲料，是形势所迫。我国正在实施"饲料安全"工程（包括饲料质量监测体系、饲料安全评价体系、饲料安全监测预报网络中心站三个部分），农业部正在组织实施"无公害食品"的行动计划，国家"十五"科技攻关也将解决饲料安全评价和检测技术，建立安全饲料（预混合饲料、浓缩饲料、配合饲料）生产的技术规范等。有理由相信，随着这些措施的实行，我国饲料的安全性问题将完全可能得到解决。

【思考题】

1. 基本概念：无公害饲料　绿色饲料　有机饲料　绿色壁垒　GMP　HACCP
2. 简述开发绿色饲料，发展无公害饲料生产的意义。
3. 简述GMP、HACCP与无公害、绿色渔用饲料生产的关系。
4. 影响饲料安全性的主要因素有哪些？
5. 如何提高饲料的安全性？

附录 饲料和饲料添加剂管理条例（2017年修订）

（1999年5月29日中华人民共和国国务院令第266号发布 根据2001年11月29日《国务院关于修改〈饲料和饲料添加剂管理条例〉的决定》第一次修订 2011年10月26日国务院第177次常务会议修订通过 根据2013年12月7日《国务院关于修改部分行政法规的决定》第二次修订 根据2016年2月6日《国务院关于修改部分行政法规的决定》第三次修订 根据2017年3月1日《国务院关于修改和废止部分行政法规的决定》第四次修订）

第一章 总 则

第一条 为了加强对饲料、饲料添加剂的管理，提高饲料、饲料添加剂的质量，保障动物产品质量安全，维护公众健康，制定本条例。

第二条 本条例所称饲料，是指经工业化加工、制作的供动物食用的产品，包括单一饲料、添加剂预混合饲料、浓缩饲料、配合饲料和精料补充料。

本条例所称饲料添加剂，是指在饲料加工、制作、使用过程中添加的少量或者微量物质，包括营养性饲料添加剂和一般饲料添加剂。

饲料原料目录和饲料添加剂品种目录由国务院农业行政主管部门制定并公布。

第三条 国务院农业行政主管部门负责全国饲料、饲料添加剂的监督管理工作。

县级以上地方人民政府负责饲料、饲料添加剂管理的部门（以下简称饲料管理部门），负责本行政区域饲料、饲料添加剂的监督管理工作。

第四条 县级以上地方人民政府统一领导本行政区域饲料、饲料添加剂的监督管理工作，建立健全监督管理机制，保障监督管理工作的开展。

第五条 饲料、饲料添加剂生产企业、经营者应当建立健全质量安全制度，对其生产、经营的饲料、饲料添加剂的质量安全负责。

第六条 任何组织或者个人有权举报在饲料、饲料添加剂生产、经营、使用过程中违反本条例的行为，有权对饲料、饲料添加剂监督管理工作提出意见和建议。

第二章 审定和登记

第七条 国家鼓励研制新饲料、新饲料添加剂。

研制新饲料、新饲料添加剂，应当遵循科学、安全、有效、环保的原则，保证新饲料、新饲料添加剂的质量安全。

第八条 研制的新饲料、新饲料添加剂投入生产前，研制者或者生产企业应当向国务院农业行政主管部门提出审定申请，并提供该新饲料、新饲料添加剂的样品和下列资料：

（一）名称、主要成分、理化性质、研制方法、生产工艺、质量标准、检测方法、检验报告、稳定性试验报告、环境影响报告和污染防治措施；

（二）国务院农业行政主管部门指定的试验机构出具的该新饲料、新饲料添加剂的饲喂效果、残留消解动态以及毒理学安全性评价报告。

申请新饲料添加剂审定的，还应当说明该新饲料添加剂的添加目的、使用方法，并提供该饲料添加剂残留可能对人体健康造成影响的分析评价报告。

第九条　国务院农业行政主管部门应当自受理申请之日起5个工作日内，将新饲料、新饲料添加剂的样品和申请资料交全国饲料评审委员会，对该新饲料、新饲料添加剂的安全性、有效性及其对环境的影响进行评审。

全国饲料评审委员会由养殖、饲料加工、动物营养、毒理、药理、代谢、卫生、化工合成、生物技术、质量标准、环境保护、食品安全风险评估等方面的专家组成。全国饲料评审委员会对新饲料、新饲料添加剂的评审采取评审会议的形式，评审会议应当有9名以上全国饲料评审委员会专家参加，根据需要也可以邀请1至2名全国饲料评审委员会专家以外的专家参加，参加评审的专家对评审事项具有表决权。评审会议应当形成评审意见和会议纪要，并由参加评审的专家审核签字；有不同意见的，应当注明。参加评审的专家应当依法公平、公正履行职责，对评审资料保密，存在回避事由的，应当主动回避。

全国饲料评审委员会应当自收到新饲料、新饲料添加剂的样品和申请资料之日起9个月内出具评审结果并提交国务院农业行政主管部门；但是，全国饲料评审委员会决定由申请人进行相关试验的，经国务院农业行政主管部门同意，评审时间可以延长3个月。

国务院农业行政主管部门应当自收到评审结果之日起10个工作日内作出是否核发新饲料、新饲料添加剂证书的决定；决定不予核发的，应当书面通知申请人并说明理由。

第十条　国务院农业行政主管部门核发新饲料、新饲料添加剂证书，应当同时按照职责权限公布该新饲料、新饲料添加剂的产品质量标准。

第十一条　新饲料、新饲料添加剂的监测期为5年。新饲料、新饲料添加剂处于监测期的，不受理其他就该新饲料、新饲料添加剂的生产申请和进口登记申请，但超过3年不投入生产的除外。

生产企业应当收集处于监测期的新饲料、新饲料添加剂的质量稳定性及其对动物产品质量安全的影响等信息，并向国务院农业行政主管部门报告；国务院农业行政主管部门应当对新饲料、新饲料添加剂的质量安全状况组织跟踪监测，证实其存在安全问题的，应当撤销新饲料、新饲料添加剂证书并予以公告。

第十二条　向中国出口中国境内尚未使用但出口国已经批准生产和使用的饲料、饲料添加剂的，由出口方驻中国境内的办事机构或者其委托的中国境内代理机构向国务院农业行政主管部门申请登记，并提供该饲料、饲料添加剂的样品和下列资料：

（一）商标、标签和推广应用情况；

（二）生产地批准生产、使用的证明和生产地以外其他国家、地区的登记资料；

（三）主要成分、理化性质、研制方法、生产工艺、质量标准、检测方法、检验报告、稳定性试验报告、环境影响报告和污染防治措施；

（四）国务院农业行政主管部门指定的试验机构出具的该饲料、饲料添加剂的饲喂效果、残留消解动态以及毒理学安全性评价报告。

申请饲料添加剂进口登记的，还应当说明该饲料添加剂的添加目的、使用方法，并提供该饲料添加剂残留可能对人体健康造成影响的分析评价报告。

国务院农业行政主管部门应当依照本条例第九条规定的新饲料、新饲料添加剂的评审程序组织评审，并决定是否核发饲料、饲料添加剂进口登记证。

首次向中国出口中国境内已经使用且出口国已经批准生产和使用的饲料、饲料添加剂的，应当依照本条第一款、第二款的规定申请登记。国务院农业行政主管部门应当自受理申请之日起10个工作日内对申请资料进行审查；审查合格的，将样品交由指定的机构进行复核检测；复核检测合格的，国务院农业行政主管部门应当在10个工作日内核发饲料、饲料添加剂进口登记证。

饲料、饲料添加剂进口登记证有效期为5年。进口登记证有效期满需要继续向中国出口饲料、饲料添加剂的，应当在有效期届满6个月前申请续展。

禁止进口未取得饲料、饲料添加剂进口登记证的饲料、饲料添加剂。

第十三条 国家对已经取得新饲料、新饲料添加剂证书或者饲料、饲料添加剂进口登记证的、含有新化合物的饲料、饲料添加剂的申请人提交的其自己所取得且未披露的试验数据和其他数据实施保护。

自核发证书之日起6年内，对其他申请人未经已取得新饲料、新饲料添加剂证书或者饲料、饲料添加剂进口登记证的申请人同意，使用前款规定的数据申请新饲料、新饲料添加剂审定或者饲料、饲料添加剂进口登记的，国务院农业行政主管部门不予审定或者登记；但是，其他申请人提交其自己所取得的数据的除外。

除下列情形外，国务院农业行政主管部门不得披露本条第一款规定的数据：

（一）公共利益需要；

（二）已采取措施确保该类信息不会被不正当地进行商业使用。

第三章 生产、经营和使用

第十四条 设立饲料、饲料添加剂生产企业，应当符合饲料工业发展规划和产业政策，并具备下列条件：

（一）有与生产饲料、饲料添加剂相适应的厂房、设备和仓储设施；

（二）有与生产饲料、饲料添加剂相适应的专职技术人员；

（三）有必要的产品质量检验机构、人员、设施和质量管理制度；

（四）有符合国家规定的安全、卫生要求的生产环境；

（五）有符合国家环境保护要求的污染防治措施；

（六）国务院农业行政主管部门制定的饲料、饲料添加剂质量安全管理规范规定的其他条件。

第十五条 申请从事饲料、饲料添加剂生产的企业，申请人应当向省、自治区、直辖市人民政府饲料管理部门提出申请。省、自治区、直辖市人民政府饲料管理部门应当自受理申请之日起10个工作日内进行书面审查；审查合格的，组织进行现场审核，并根据审核结果在10个工作日内作出是否核发生产许可证的决定。

生产许可证有效期为5年。生产许可证有效期满需要继续生产饲料、饲料添加剂的，应当在有效期届满6个月前申请续展。

第十六条 饲料添加剂、添加剂预混合饲料生产企业取得生产许可证后，由省、自治区、直辖市人民政府饲料管理部门按照国务院农业行政主管部门的规定，核发相应的产品批准文号。

第十七条 饲料、饲料添加剂生产企业应当按照国务院农业行政主管部门的规定和有关标准，对采购的饲料原料、单一饲料、饲料添加剂、药物饲料添加剂、添加剂预混合饲料和用于饲料添加剂生产的原料进行查验或者检验。

饲料生产企业使用限制使用的饲料原料、单一饲料、饲料添加剂、药物饲料添加剂、添加剂预混合饲料生产饲料的，应当遵守国务院农业行政主管部门的限制性规定。禁止使用国务院农业行政主管部门公布的饲料原料目录、饲料添加剂品种目录和药物饲料添加剂品种目录以外的任何物质生产饲料。

饲料、饲料添加剂生产企业应当如实记录采购的饲料原料、单一饲料、饲料添加剂、药物饲料添加剂、添加剂预混合饲料和用于饲料添加剂生产的原料的名称、产地、数量、保质期、许可证明文件编号、质量检验信息、生产企业名称或者供货者名称及其联系方式、进货日期等。记录保存期限不得少于2年。

第十八条　饲料、饲料添加剂生产企业，应当按照产品质量标准以及国务院农业行政主管部门制定的饲料、饲料添加剂质量安全管理规范和饲料添加剂安全使用规范组织生产，对生产过程实施有效控制并实行生产记录和产品留样观察制度。

第十九条　饲料、饲料添加剂生产企业应当对生产的饲料、饲料添加剂进行产品质量检验；检验合格的，应当附具产品质量检验合格证。未经产品质量检验、检验不合格或者未附具产品质量检验合格证的，不得出厂销售。

饲料、饲料添加剂生产企业应当如实记录出厂销售的饲料、饲料添加剂的名称、数量、生产日期、生产批次、质量检验信息、购货者名称及其联系方式、销售日期等。记录保存期限不得少于2年。

第二十条　出厂销售的饲料、饲料添加剂应当包装，包装应当符合国家有关安全、卫生的规定。

饲料生产企业直接销售给养殖者的饲料可以使用罐装车运输。罐装车应当符合国家有关安全、卫生的规定，并随罐装车附具符合本条例第二十一条规定的标签。

易燃或者其他特殊的饲料、饲料添加剂的包装应当有警示标志或者说明，并注明储运注意事项。

第二十一条　饲料、饲料添加剂的包装上应当附具标签。标签应当以中文或者适用符号标明产品名称、原料组成、产品成分分析保证值、净重或者净含量、贮存条件、使用说明、注意事项、生产日期、保质期、生产企业名称以及地址、许可证明文件编号和产品质量标准等。加入药物饲料添加剂的，还应当标明"加入药物饲料添加剂"字样，并标明其通用名称、含量和休药期。乳和乳制品以外的动物源性饲料，还应当标明"本产品不得饲喂反刍动物"字样。

第二十二条　饲料、饲料添加剂经营者应当符合下列条件：

（一）有与经营饲料、饲料添加剂相适应的经营场所和仓储设施；

（二）有具备饲料、饲料添加剂使用、贮存等知识的技术人员；

（三）有必要的产品质量管理和安全管理制度。

第二十三条　饲料、饲料添加剂经营者进货时应当查验产品标签、产品质量检验合格证和相应的许可证明文件。

饲料、饲料添加剂经营者不得对饲料、饲料添加剂进行拆包、分装，不得对饲料、饲料添加剂进行再加工或者添加任何物质。

禁止经营用国务院农业行政主管部门公布的饲料原料目录、饲料添加剂品种目录和药物饲料添加剂品种目录以外的任何物质生产的饲料。

饲料、饲料添加剂经营者应当建立产品购销台账，如实记录购销产品的名称、许可证明文件编号、规格、数量、保质期、生产企业名称或者供货者名称及其联系方式、购销时间等。

购销台账保存期限不得少于2年。

第二十四条 向中国出口的饲料、饲料添加剂应当包装，包装应当符合中国有关安全、卫生的规定，并附具符合本条例第二十一条规定的标签。

向中国出口的饲料、饲料添加剂应当符合中国有关检验检疫的要求，由出入境检验检疫机构依法实施检验检疫，并对其包装和标签进行核查。包装和标签不符合要求的，不得入境。

境外企业不得直接在中国销售饲料、饲料添加剂。境外企业在中国销售饲料、饲料添加剂的，应当依法在中国境内设立销售机构或者委托符合条件的中国境内代理机构销售。

第二十五条 养殖者应当按照产品使用说明和注意事项使用饲料。在饲料或者动物饮用水中添加饲料添加剂的，应当符合饲料添加剂使用说明和注意事项的要求，遵守国务院农业行政主管部门制定的饲料添加剂安全使用规范。

养殖者使用自行配制的饲料的，应当遵守国务院农业行政主管部门制定的自行配制饲料使用规范，并不得对外提供自行配制的饲料。

使用限制使用的物质养殖动物的，应当遵守国务院农业行政主管部门的限制性规定。禁止在饲料、动物饮用水中添加国务院农业行政主管部门公布禁用的物质以及对人体具有直接或者潜在危害的其他物质，或者直接使用上述物质养殖动物。禁止在反刍动物饲料中添加乳和乳制品以外的动物源性成分。

第二十六条 国务院农业行政主管部门和县级以上地方人民政府饲料管理部门应当加强饲料、饲料添加剂质量安全知识的宣传，提高养殖者的质量安全意识，指导养殖者安全、合理使用饲料、饲料添加剂。

第二十七条 饲料、饲料添加剂在使用过程中被证实对养殖动物、人体健康或者环境有害的，由国务院农业行政主管部门决定禁用并予以公布。

第二十八条 饲料、饲料添加剂生产企业发现其生产的饲料、饲料添加剂对养殖动物、人体健康有害或者存在其他安全隐患的，应当立即停止生产，通知经营者、使用者，向饲料管理部门报告，主动召回产品，并记录召回和通知情况。召回的产品应当在饲料管理部门监督下予以无害化处理或者销毁。

饲料、饲料添加剂经营者发现其销售的饲料、饲料添加剂具有前款规定情形的，应当立即停止销售，通知生产企业、供货者和使用者，向饲料管理部门报告，并记录通知情况。

养殖者发现其使用的饲料、饲料添加剂具有本条第一款规定情形的，应当立即停止使用，通知供货者，并向饲料管理部门报告。

第二十九条 禁止生产、经营、使用未取得新饲料、新饲料添加剂证书的新饲料、新饲料添加剂以及禁用的饲料、饲料添加剂。

禁止经营、使用无产品标签、无生产许可证、无产品质量标准、无产品质量检验合格证的饲料、饲料添加剂。禁止经营、使用无产品批准文号的饲料添加剂、添加剂预混合饲料。禁止经营、使用未取得饲料、饲料添加剂进口登记证的进口饲料、进口饲料添加剂。

第三十条 禁止对饲料、饲料添加剂作具有预防或者治疗动物疾病作用的说明或者宣传。但是，饲料中添加药物饲料添加剂的，可以对所添加的药物饲料添加剂的作用加以说明。

第三十一条 国务院农业行政主管部门和省、自治区、直辖市人民政府饲料管理部门应当按照职责权限对全国或者本行政区域饲料、饲料添加剂的质量安全状况进行监测，并根据监测情况发布饲料、饲料添加剂质量安全预警信息。

第三十二条 国务院农业行政主管部门和县级以上地方人民政府饲料管理部门，应当根据需要定期或者不定期组织实施饲料、饲料添加剂监督抽查；饲料、饲料添加剂监督抽查检测工作由国务院农业行政主管部门或者省、自治区、直辖市人民政府饲料管理部门指定的具有相应技术条件的机构承担。饲料、饲料添加剂监督抽查不得收费。

国务院农业行政主管部门和省、自治区、直辖市人民政府饲料管理部门应当按照职责权限公布监督抽查结果，并可以公布具有不良记录的饲料、饲料添加剂生产企业、经营者名单。

第三十三条　县级以上地方人民政府饲料管理部门应当建立饲料、饲料添加剂监督管理档案，记录日常监督检查、违法行为查处等情况。

第三十四条　国务院农业行政主管部门和县级以上地方人民政府饲料管理部门在监督检查中可以采取下列措施：

（一）对饲料、饲料添加剂生产、经营、使用场所实施现场检查；

（二）查阅、复制有关合同、票据、账簿和其他相关资料；

（三）查封、扣押有证据证明用于违法生产饲料的饲料原料、单一饲料、饲料添加剂、药物饲料添加剂、添加剂预混合饲料，用于违法生产饲料添加剂的原料，用于违法生产饲料、饲料添加剂的工具、设施，违法生产、经营、使用的饲料、饲料添加剂；

（四）查封违法生产、经营饲料、饲料添加剂的场所。

第四章　法律责任

第三十五条　国务院农业行政主管部门、县级以上地方人民政府饲料管理部门或者其他依照本条例规定行使监督管理权的部门及其工作人员，不履行本条例规定的职责或者滥用职权、玩忽职守、徇私舞弊的，对直接负责的主管人员和其他直接责任人员，依法给予处分；直接负责的主管人员和其他直接责任人员构成犯罪的，依法追究刑事责任。

第三十六条　提供虚假的资料、样品或者采取其他欺骗方式取得许可证明文件的，由发证机关撤销相关许可证明文件，处5万元以上10万元以下罚款，申请人3年内不得就同一事项申请行政许可。以欺骗方式取得许可证明文件给他人造成损失的，依法承担赔偿责任。

第三十七条　假冒、伪造或者买卖许可证明文件的，由国务院农业行政主管部门或者县级以上地方人民政府饲料管理部门按照职责权限收缴或者吊销、撤销相关许可证明文件；构成犯罪的，依法追究刑事责任。

第三十八条　未取得生产许可证生产饲料、饲料添加剂的，由县级以上地方人民政府饲料管理部门责令停止生产，没收违法所得、违法生产的产品和用于违法生产饲料的饲料原料、单一饲料、饲料添加剂、药物饲料添加剂、添加剂预混合饲料以及用于违法生产饲料添加剂的原料，违法生产的产品货值金额不足1万元的，并处1万元以上5万元以下罚款，货值金额1万元以上的，并处货值金额5倍以上10倍以下罚款；情节严重的，没收其生产设备，生产企业的主要负责人和直接负责的主管人员10年内不得从事饲料、饲料添加剂生产、经营活动。

已经取得生产许可证，但不再具备本条例第十四条规定的条件而继续生产饲料、饲料添加剂的，由县级以上地方人民政府饲料管理部门责令停止生产、限期改正，并处1万元以上5万元以下罚款；逾期不改正的，由发证机关吊销生产许可证。

已经取得生产许可证，但未取得产品批准文号而生产饲料添加剂、添加剂预混合饲料的，由县级以上地方人民政府饲料管理部门责令停止生产，没收违法所得、违法生产的产品和用于违法生产饲料的饲料原料、单一饲料、饲料添加剂、药物饲料添加剂以及用于违法生产饲料添加剂的原料，限期补办产品批准文号，并处违法生产的产品货值金额1倍以上3倍以下罚款；情节严重的，由发证机关吊销生产许可证。

第三十九条 饲料、饲料添加剂生产企业有下列行为之一的，由县级以上地方人民政府饲料管理部门责令改正，没收违法所得、违法生产的产品和用于违法生产饲料的饲料原料、单一饲料、饲料添加剂、药物饲料添加剂、添加剂预混合饲料以及用于违法生产饲料添加剂的原料，违法生产的产品货值金额不足1万元的，并处1万元以上5万元以下罚款，货值金额1万元以上的，并处货值金额5倍以上10倍以下罚款；情节严重的，由发证机关吊销、撤销相关许可证明文件，生产企业的主要负责人和直接负责的主管人员10年内不得从事饲料、饲料添加剂生产、经营活动；构成犯罪的，依法追究刑事责任：

（一）使用限制使用的饲料原料、单一饲料、饲料添加剂、药物饲料添加剂、添加剂预混合饲料生产饲料，不遵守国务院农业行政主管部门的限制性规定的；

（二）使用国务院农业行政主管部门公布的饲料原料目录、饲料添加剂品种目录和药物饲料添加剂品种目录以外的物质生产饲料的；

（三）生产未取得新饲料、新饲料添加剂证书的新饲料、新饲料添加剂或者禁用的饲料、饲料添加剂的。

第四十条 饲料、饲料添加剂生产企业有下列行为之一的，由县级以上地方人民政府饲料管理部门责令改正，处1万元以上2万元以下罚款；拒不改正的，没收违法所得、违法生产的产品和用于违法生产饲料的饲料原料、单一饲料、饲料添加剂、药物饲料添加剂、添加剂预混合饲料以及用于违法生产饲料添加剂的原料，并处5万元以上10万元以下罚款；情节严重的，责令停止生产，可以由发证机关吊销、撤销相关许可证明文件：

（一）不按照国务院农业行政主管部门的规定和有关标准对采购的饲料原料、单一饲料、饲料添加剂、药物饲料添加剂、添加剂预混合饲料和用于饲料添加剂生产的原料进行查验或者检验的；

（二）饲料、饲料添加剂生产过程中不遵守国务院农业行政主管部门制定的饲料、饲料添加剂质量安全管理规范和饲料添加剂安全使用规范的；

（三）生产的饲料、饲料添加剂未经产品质量检验的。

第四十一条 饲料、饲料添加剂生产企业不依照本条例规定实行采购、生产、销售记录制度或者产品留样观察制度的，由县级以上地方人民政府饲料管理部门责令改正，处1万元以上2万元以下罚款；拒不改正的，没收违法所得、违法生产的产品和用于违法生产饲料的饲料原料、单一饲料、饲料添加剂、药物饲料添加剂、添加剂预混合饲料以及用于违法生产饲料添加剂的原料，处2万元以上5万元以下罚款，并可以由发证机关吊销、撤销相关许可证明文件。

饲料、饲料添加剂生产企业销售的饲料、饲料添加剂未附具产品质量检验合格证或者包装、标签不符合规定的，由县级以上地方人民政府饲料管理部门责令改正；情节严重的，没收违法所得和违法销售的产品，可以处违法销售的产品货值金额30%以下罚款。

第四十二条 不符合本条例第二十二条规定的条件经营饲料、饲料添加剂的，由县级人民政府饲料管理部门责令限期改正；逾期不改正的，没收违法所得和违法经营的产品，违法经营的产品货值金额不足1万元的，并处2000元以上2万元以下罚款，货值金额1万元以上的，并处货值金额2倍以上5倍以下罚款；情节严重的，责令停止经营，并通知工商行政管理部门，由工商行政管理部门吊销营业执照。

第四十三条 饲料、饲料添加剂经营者有下列行为之一的，由县级人民政府饲料管理部门责令改正，没收违法所得和违法经营的产品，违法经营的产品货值金额不足1万元的，并处2000元以上2万元以下罚款，货值金额1万元以上的，并处货值金额2倍以上5倍以下罚款；情节严重的，责令停止经营，并通知工商行政管理部门，由工商行政管理部门吊销营业执照；构成犯罪的，依法追究刑事责任：

（一）对饲料、饲料添加剂进行再加工或者添加物质的；

（二）经营无产品标签、无生产许可证、无产品质量检验合格证的饲料、饲料添加剂的；

（三）经营无产品批准文号的饲料添加剂、添加剂预混合饲料的；

（四）经营用国务院农业行政主管部门公布的饲料原料目录、饲料添加剂品种目录和药物饲料添加剂品种目录以外的物质生产的饲料的；

（五）经营未取得新饲料、新饲料添加剂证书的新饲料、新饲料添加剂或者未取得饲料、饲料添加剂进口登记证的进口饲料、进口饲料添加剂以及禁用的饲料、饲料添加剂的。

第四十四条　饲料、饲料添加剂经营者有下列行为之一的，由县级人民政府饲料管理部门责令改正，没收违法所得和违法经营的产品，并处2000元以上1万元以下罚款：

（一）对饲料、饲料添加剂进行拆包、分装的；

（二）不依照本条例规定实行产品购销台账制度的；

（三）经营的饲料、饲料添加剂失效、霉变或者超过保质期的。

第四十五条　对本条例第二十八条规定的饲料、饲料添加剂，生产企业不主动召回的，由县级以上地方人民政府饲料管理部门责令召回，并监督生产企业对召回的产品予以无害化处理或者销毁；情节严重的，没收违法所得，并处应召回的产品货值金额1倍以上3倍以下罚款，可以由发证机关吊销、撤销相关许可证明文件；生产企业对召回的产品不予以无害化处理或者销毁的，由县级人民政府饲料管理部门代为销毁，所需费用由生产企业承担。

对本条例第二十八条规定的饲料、饲料添加剂，经营者不停止销售的，由县级以上地方人民政府饲料管理部门责令停止销售；拒不停止销售的，没收违法所得，处1000元以上5万元以下罚款；情节严重的，责令停止经营，并通知工商行政管理部门，由工商行政管理部门吊销营业执照。

第四十六条　饲料、饲料添加剂生产企业、经营者有下列行为之一的，由县级以上地方人民政府饲料管理部门责令停止生产、经营，没收违法所得和违法生产、经营的产品，违法生产、经营的产品货值金额不足1万元的，并处2000元以上2万元以下罚款，货值金额1万元以上的，并处货值金额2倍以上5倍以下罚款；构成犯罪的，依法追究刑事责任：

（一）在生产、经营过程中，以非饲料、非饲料添加剂冒充饲料、饲料添加剂或者以此种饲料、饲料添加剂冒充他种饲料、饲料添加剂的；

（二）生产、经营无产品质量标准或者不符合产品质量标准的饲料、饲料添加剂的；

（三）生产、经营的饲料、饲料添加剂与标签标示的内容不一致的。

饲料、饲料添加剂生产企业有前款规定的行为，情节严重的，由发证机关吊销、撤销相关许可证明文件；饲料、饲料添加剂经营者有前款规定的行为，情节严重的，通知工商行政管理部门，由工商行政管理部门吊销营业执照。

第四十七条　养殖者有下列行为之一的，由县级人民政府饲料管理部门没收违法使用的产品和非法添加物质，对单位处1万元以上5万元以下罚款，对个人处5000元以下罚款；构成犯罪的，依法追究刑事责任：

（一）使用未取得新饲料、新饲料添加剂证书的新饲料、新饲料添加剂或者未取得饲料、饲料添加剂进口登记证的进口饲料、进口饲料添加剂的；

（二）使用无产品标签、无生产许可证、无产品质量标准、无产品质量检验合格证的饲料、饲料添加剂的；

（三）使用无产品批准文号的饲料添加剂、添加剂预混合饲料的；

（四）在饲料或者动物饮用水中添加饲料添加剂，不遵守国务院农业行政主管部门制定的饲料添加剂安全使用规范的；

（五）使用自行配制的饲料，不遵守国务院农业行政主管部门制定的自行配制饲料使用规范的；

（六）使用限制使用的物质养殖动物，不遵守国务院农业行政主管部门的限制性规定的；

（七）在反刍动物饲料中添加乳和乳制品以外的动物源性成分的。

在饲料或者动物饮用水中添加国务院农业行政主管部门公布禁用的物质以及对人体具有直接或者潜在危害的其他物质，或者直接使用上述物质养殖动物的，由县级以上地方人民政府饲料管理部门责令其对饲喂了违禁物质的动物进行无害化处理，处3万元以上10万元以下罚款；构成犯罪的，依法追究刑事责任。

第四十八条 养殖者对外提供自行配制的饲料的，由县级人民政府饲料管理部门责令改正，处2000元以上2万元以下罚款。

第五章 附 则

第四十九条 本条例下列用语的含义：

（一）饲料原料，是指来源于动物、植物、微生物或者矿物质，用于加工制作饲料但不属于饲料添加剂的饲用物质。

（二）单一饲料，是指来源于一种动物、植物、微生物或者矿物质，用于饲料产品生产的饲料。

（三）添加剂预混合饲料，是指由两种（类）或者两种（类）以上营养性饲料添加剂为主，与载体或者稀释剂按照一定比例配制的饲料，包括复合预混合饲料、微量元素预混合饲料、维生素预混合饲料。

（四）浓缩饲料，是指主要由蛋白质、矿物质和饲料添加剂按照一定比例配制的饲料。

（五）配合饲料，是指根据养殖动物营养需要，将多种饲料原料和饲料添加剂按照一定比例配制的饲料。

（六）精料补充料，是指为补充草食动物的营养，将多种饲料原料和饲料添加剂按照一定比例配制的饲料。

（七）营养性饲料添加剂，是指为补充饲料营养成分而掺入饲料中的少量或者微量物质，包括饲料级氨基酸、维生素、矿物质微量元素、酶制剂、非蛋白氮等。

（八）一般饲料添加剂，是指为保证或者改善饲料品质、提高饲料利用率而掺入饲料中的少量或者微量物质。

（九）药物饲料添加剂，是指为预防、治疗动物疾病而掺入载体或者稀释剂的兽药的预混合物质。

（十）许可证明文件，是指新饲料、新饲料添加剂证书，饲料、饲料添加剂进口登记证，饲料、饲料添加剂生产许可证，饲料添加剂、添加剂预混合饲料产品批准文号。

第五十条 药物饲料添加剂的管理，依照《兽药管理条例》的规定执行。

第五十一条 本条例自2012年5月1日起施行。

参考文献

[1] 李爱杰.水产动物营养与饲料学[M].北京：中国农业出版社，1996.

[2] 魏清和.水生生物营养与饲料学[M].北京：中国农业出版社，2016.

[3] 王中华.饲料加工工艺与设备[M].北京：化学工业出版社，2010.

[4] 张丽英.饲料分析与质量检测技术[M].北京：中国农业大学出版社，2021.

[5] 黄国清，易中华.动物营养与饲料[M].北京：中国农业大学出版社，2016.

[6] 黄蜂.水生生物营养与饲料学[M].北京：化学工业出版社，2011.

[7] 麦康森.水产动物营养与饲料学[M].北京：中国农业出版社，2020.

[8] 李军，王利琴.动物营养学[M].北京：中国农业出版社，2007.

[9] 张力，杨孝列.动物营养与饲料[M].北京：中国农业大学出版社，2007.

[10] 邱以亮.畜禽营养与饲料[M].北京：高等教育出版社，2006.

[11] 林浩然.鱼类生理学[M].广东：广东高等教育出版社，2007.

[12] 陈代文.动物营养与饲料学[M].北京：中国农业出版社，2015.

[13] 郭金玲，等.配合饲料质量控制与鉴定[M].北京：金盾出版社，2007.

[14] 赵剑萍.饲料生产企业产品营销策略探讨[J].市场论坛，2011（02）：80-81.

[15] 路兆宽，林泽英.准确把握鱼类投饲量的方法及措施[J].农业科技，2003（08）：8.

[16] 沈维华，李百川.游离氨基酸在鱼饲料中的应用效果[J].水产养殖.1989（05）：26-28.

[17] 朱秋华，钱国英，等.投饲率对鲈鱼生长和体成分的影响[J].浙江农业学报.2004（06）：36-40.

[18] 宗国庆.浅谈提高池塘养鱼饲料利用率的措施[J].江西水产科技.2010（04）：34-35.

[19] 麦康森.无公害渔用饲料配制技术[M].北京：中国农业出版社，2003.

[20] 刘蓉，姜正安.科学投喂鱼类饲料[J].养殖与饲料，2006（02）：31-33.

[21] 任泽林，霍启光，等.氧化鱼油对鲤鱼生产性能和肌肉组织结构的影响[J].动物营养学报，2001
（01）：59-64.

[22] 薛晓生，王碧莲，等.小肽营养的研究新进展[J].饲料研究，2000（06）：19-20.

[23] 刘玉梅，朱谨钊，等.中国对虾和仔虾消化酶活力及氨基酸组成的研究[J].海洋与湖沼，1991
（06）：571-575.

[24] 王道尊，宋天复，等.饲料中蛋白质和糖的含量对青鱼鱼种生长的影响[J].水产学报，1984（01）：
9-17.

[25] 邓君明.动植物蛋白源对牙鲆摄食、生长和蛋白质及脂肪代谢的影响[D].青岛：中国海洋大学，
2007.

[26] 李志琼，杜宗君，等.饲料营养对水产品肉质风味的影响[J].水产科学，2002（03）：38-41.

[27] 金宏，杨良玖，等.矿物质的营养作用及其在鱼饲料中的添加量[J].内陆水产，1999（03）：
10-11.

[28] 周凡，何丰，等.真鲷饲料营养研究进展[J].养殖与饲料，2012（02）：41-46.

[29] 王进波，刘建新.寡肽的吸收机制及其生理作用[J].饲料研究，2000（06）：1-4.

[30] 刘正旭，霍永久.我国饲料企业发展存在的问题及对策[J].饲料博览，2014（08）：21-23.

[31] 李然.我国饲料企业发展经营的宏观研究[J].中国饲料，2020（08）：96-99.

[32] 杨辉.饲料企业引入ISO9000认证的必要性与现实意义[J].养殖与饲料，2006（03）：46-49.

[33] 孙金凤，王仁杰，熊英，等.1949年后稻渔综合种养的发展历程、现状与趋势分析[J].中国渔业质量与标准，2021，11（3）：48-55.

[34] 刘永新，李梦龙，方辉，等.我国水产种业的发展现状与展望[J].水产学杂志，2018，31（2）：50-56.

[35] 赵红霞，王国霞，孙育平，等.水产新型饲料添加剂的研发与应用[J].广东农业科学，2020，47（11）：135-143.